“十三五”职业教育园林园艺类专业规划教材

园林植物习性与应用

主　编　丛　磊
副主编　韩　婧　夏繁茂　于　岩
参　编　曾祥划　王　琴　张彦昌

机械工业出版社

本书重点介绍南北方常见园林植物（园林花卉、园林树木、观赏竹、棕榈类植物、草坪与地被植物）的分布与生境、生长发育规律、观赏特性与园林应用相关内容。本书是“园林植物识别”课程的深入学习及进阶，是园林技术、观赏园艺专业的核心课程用书，重点培养学生具备从事园林绿化相关工作所需的基本知识与基本技能，可作为职业院校园林及其相关专业的教学用书，也可作为园林设计、施工人员及园林爱好者的参考用书。

本书配有电子课件，选用本书作为授课教材的教师可登录 www. cmpedu. com 注册、下载，或联系编辑（010-88379934）索取。

图书在版编目（CIP）数据

园林植物习性与应用/丛磊主编. —北京：机械工业出版社，2018. 3
“十三五”职业教育园林园艺类专业规划教材
ISBN 978-7-111-59036-1

Ⅰ. ①园…　Ⅱ. ①丛…　Ⅲ. ①园林植物－高等职业教育－教材　Ⅳ. ①S68

中国版本图书馆 CIP 数据核字（2018）第 017059 号

机械工业出版社（北京市百万庄大街 22 号　邮政编码 100037）
策划编辑：王莹莹　　责任编辑：臧程程
责任校对：朱继文　王明欣　封面设计：马精明
责任印制：张　博
北京中科印刷有限公司 印刷
2018 年 2 月第 1 版第 1 次印刷
210mm × 285mm · 14. 25 印张 · 424 千字
0001—1900册
标准书号：ISBN 978-7-111-59036-1
定价：54.80 元

凡购本书，如有缺页、倒页、脱页，由本社发行部调换
电话服务　　网络服务
服务咨询热线：010-88379833　　机 工 官 网：www. cmpbook. com
读者购书热线：010-88379649　　机 工 官 博：weibo. com/cmp1952
教育服务网：www. cmpedu. com
封面无防伪标均为盗版　　金 书 网：www. golden-book. com

前　言

“园林植物习性与应用”是在学习“园林植物识别”课程的基础上，深入认识和掌握常见园林植物的分布与生境、生长发育规律、观赏特性与园林应用知识，从而为园林植物栽培养护、绿地养护、植物配置及种植设计、园林设计、园林工程等专业课程的学习打下坚实基础。

编者在编写过程中，主要参考近年来国内相关的教材和书籍，详细描述常见园林植物的分布与生境（原产地、温度、光照、土壤等），给予准确数字解释，力求让读者明确每种园林植物的适宜生长环境及生长地；介绍每种园林植物常见繁殖方法及生长发育规律，有助于读者理解和认识植物形态及观赏特性的演变规律；从植物的花语、观赏特性入手，分析其适宜的园林用途及方式方法。文字叙述上力求简练，突出重点，形象生动，通俗易懂；部分植物配合典型的园林应用图片，易于掌握，方便读者充分理解该植物的造景及用途。

内容编写分工：中国农业大学烟台研究院丛磊与于岩共同编写单元一、单元二、单元三、单元八、单元五（课题4、课题5、课题6）（单元五内容与中国农业科学院果树研究院张彦昌合编）；深圳职业技术学院韩婧编写单元四（课题1、课题2）；湖北工业大学王琴编写单元四（课题3、课题4）；山东省济宁高级职业学校夏繁茂编写单元四（课题5）、单元五（课题2）；广东省林业职业技术学校曾祥划编写单元五（课题1、课题3）、单元六、单元七。

全书共计收录园林植物应用插图200余张，全书大部分插图为编者个人拍摄及收录，其中观赏竹部分图片由林如顺拍摄，在此真挚地向图片拍摄及提供者致谢。

北京林业大学园林学院刘燕教授对全书进行了审阅，并提出宝贵的指导措施和修改建议；辽宁朝阳工程技术学校陈振锋老师，在编写前及编写过程中给予诚挚的建议和帮助，特此感谢。

本书虽经严格审核，但由于编者理论水平和实践经验所限，不妥之处在所难免，还望广大读者批评指正，以期在修订和再版时改正、完善和提高。

编者

目　录

单元一　园林植物的生长发育规律

植物在同化外界物质的过程中，通过细胞的分裂和扩大，导致体积和重量不可逆地增加，这种现象称为“生长”。植物生活史中，在细胞、组织、器官分化的基础上的结构和功能的变化，这种现象称为“发育”。生长与发育关系密切，生长是发育的基础。植物个体在一生中的生长发育历程，即植物个体从播种开始，经幼年、性成熟开花、结实、衰老直至衰老死亡的全过程，称为“生命周期”。

一年生植物在一年内完成生命周期，它的年周期就是生命周期。二年生植物需跨年，生命周期短。多年生植物的生长发育则明显存在两个周期，即年周期和生命周期。研究植物的生长发育规律，对植物的繁殖、育苗、栽培养护、移植成活，以及植物的习性、观赏特性与园林应用等，具有预见性和可控性，并能充分发挥园林绿化功能。

课题 1　园林花卉的生长发育规律

一、生命周期

草本植物生命周期可大概分为两类，一二年生花卉从种子萌发、幼苗生长、开花、结实、死亡，经历 1 ~2 年时间；多年生花卉从种子萌发、幼苗生长、开花、结实、休眠、再萌发、生长的循环过程，生命周期是多年的。所有草本植物生长发育过程通常可以理解为生长（即营养生长，种子萌发及根、茎、叶营养器官的出现和生长）、发育（强调植物的质变，即生殖生长，指成花、开花、结实的过程）两个阶段。

在适宜的温度、光照、水分、土壤等条件下，发育成熟的植物种子都会萌发，向下形成根系，向上长出茎和叶。其幼苗或营养生长阶段，地上茎伸长和增粗或产生分枝，叶片数量不断增大。但植物营养生长到一定阶段，受内外环境的影响，就转入生殖生长，即进行花芽分化，然后开花、结实。

二、年周期

在年周期中表现明显的有两个阶段，即生长期和休眠期的规律性变化。但是由于花卉种类极其繁多，原产地立地条件也极为复杂，同样年周期的情况也多种变化，尤其是休眠期的类型和特点多种多样。

1. 一年生花卉

一年生花卉多为春播花卉，播种萌发后，当年开花结实，采收种子，植株完成生命周期而枯死，仅有生长期的各时期变化，因此年周期即为生命周期，较短而简单。这类花卉在幼苗成长后不久就进行花芽分化，直到秋季才开花结实，多为短日性。如百日草、一串红、鸡冠花、万寿菊等。

2. 二年生花卉

二年生花卉多为秋播花卉，播种的当年进行营养生长，以幼苗状态越冬休眠或半休眠，次年春季开花结实，后逐渐死亡。植株完成生命周期也不超过一年，但跨越一个年度，多为长日性。如三色堇、金盏菊、桂竹香等。

3. 球根花卉

球根花卉分春植球根和秋植球根两大类。春植球根类似一年生花卉，当年春季种植，秋季开花，冬季地上部枯死，以地下贮藏根休眠越冬，多为短日性，如大丽花、美人蕉、唐菖蒲、荷花等；秋植球根类似二年生花卉，秋季种植，次年春季开花，夏季地上部枯死，以地下贮藏根休眠越夏，多为长日性，如郁金香、水仙、风信子等。

4. 宿根花卉

宿根花卉分为两大类，即地上部分枯死以地下部分越冬类，耐寒性较强，春夏生长，在开花结实后，地上部分枯死，地下贮藏器官形成后进入休眠进行越冬，如鸢尾、芍药、菊花、萱草等；第二类是地上部分常绿花卉，通常耐寒性较弱，在适宜环境条件下，几乎周年生长，保持常绿而无明显的休眠期，如君子兰、万年青、沿阶草、麦冬草等。

【课题评价】

一、本地常见园林花卉的年生长周期调查与记载，见下表。

年生长周期调查记录表

调查者： 调查时间： 年 月 日

项　目	花卉名称		类型	栽培形式
	观测地点		土壤种类	
调查项目	播种期		萌芽期	
	叶片生长期			
	开花期	开花始期	开花盛期	开花末期
	果实发育期	幼果出现期	果实成熟期	果实脱落期

二、分组讨论及总结常见园林花卉的年生长发育规律。

课题2 园林树木的生长发育规律

一、生命周期

树木的生命周期是指从繁殖开始，经过幼年、青年、成年、老年直至个体生命结束为止的全部生活史。根据树木繁殖方法分为两种，即有性（种子）繁殖，获得实生树；无性（营养器官）繁殖，获得营养繁殖树。

1. 实生树的生命周期特点

实生树的整个生命周期从受精卵开始，发育成胚胎，形成种子，萌发成植株，生长、开花、结实直

至衰老死亡。分阶段性的，通常把实生树的个体发育阶段划分为：幼年阶段和成年阶段。

（1）幼年阶段　幼年阶段指从种子萌发形成幼苗到该植物特有的营养形态构造基本建成，并具有开花潜能（有形成花芽的生理条件，但不一定开花）时为止的这段时期。它是实生苗过渡到性成熟以前的时期，也称为童期。这一时期完成之前，采取任何措施都不能诱导开花，但这一阶段可以缩短。

一般木本植物的幼年阶段需经历较长的年限才能开花，且不同树种或品种也有较大差异。如紫薇、月季、枸杞、糯米条等当年播种当年就可开花，幼年阶段不到1年；桃需要3年，杏、梅花需要4～5年；白桦需要5～10年；银杏需要15～20年；而红松可达60年以上。此外，幼年阶段的长短还因环境因素的差异而不同，一般干旱贫瘠条件下，树木生长弱，幼年阶段经历的时间短；湿润肥沃土壤上，营养生长旺盛，幼年阶段较长；全光下树木开花较浓荫处时间早，幼年阶段短。

（2）成年阶段　成年阶段指树木具有开花潜能，获得了形成花序（性器官）的能力，在适合的外界条件下，随时都可以开花结实，且可通过发育的年循环而反复多次地开花结实。此阶段经历的时间最长，直到树木衰老死亡，如圆柏属部分树种可达2000年以上，侧柏属、雪松属可经历3000年以上，红豆杉可达5000年。

2. 营养繁殖树的生命周期特点

营养繁殖树由树木的营养器官，如枝、芽、根等发育而成独立植株，生长、开花、结实直至衰老死亡。其生命周期或发育特性，常常因母树发育阶段和营养体采集部位而异。

（1）处于成熟阶段的枝条　取自成年母树树冠成熟区外围的枝条繁殖的个体，它们的发育阶段是采穗母树或母枝发育阶段的继续与发展，在成活时就具备了开花的潜能，不会再经历个体发育的幼年阶段，但除接穗带花芽者成活后可当年或第二年开花外，一般都要经过一定年限的营养生长才能开花结实，比实生树开花结实要早很多。

（2）处于幼年阶段的枝条　取自阶段发育比较年轻的实生幼树或成年植株下部的幼年区的干萌条或根蘖条进行繁殖的树木个体，因其发育阶段处于幼年阶段，即使进行开花诱导也不会开花。这一阶段要经历多长时间取决于采穗前的发育进程和以后的生长条件，但总体上比实生树经历的幼年阶段短、开花结实要早。

二、年周期

在一年中，树木都会随着季节变化而发生许多变化，如：萌芽、抽枝展叶或开花、新芽形成或分化、果实成熟、落叶并转入休眠等规律性变化的现象，称为物候或物候现象。这种每年随环境周期变化而出现形态和生理机能的规律性变化，称为树木的年生长周期，简称年周期。与之相适应的树木器官的运动时期称为物候期。不同物候期树木器官所表现出的外部形态特征则称为物候相。通过物候认识树木生理机能与形态发生的节律性变化及其自然季节变化之间的规律，有助于更好地服务于树木的栽培养护。园林树木种及品种对环境反应不同，其物候进程差异很大。

1. 落叶树的主要物候期

落叶树明显分为生长和休眠两大物候期。从春季萌芽生长后，在整个生长期中都处于生长阶段，表现为营养生长和生殖生长两个方面。到了冬季为适应低温和不利的环境条件，树木处于休眠状态，为休眠期。在生长期与休眠期之间又各有一个过渡期，即从生长转入休眠的落叶期和由休眠转入生长的萌芽期。

（1）萌动展叶期　萌芽是开始生长的标志，叶展开为止。此期是树木由休眠期转入生长期的标志，是休眠转入生长的过渡阶段。芽一般在前一年的夏天形成，在生长停止的状态下越冬（冬芽），春天再萌芽绽开。此期较早，树体内部树液已经开始流动，根系明显活动。

（2）生长期　幼叶展开至叶柄形成离层开始脱落为止，包含生长初期、生长旺期、生长末期。这一时期在一年中占有时间较长，树木在外形上发生极显著的变化，如细胞增多、体积膨大，形成许多新器官。其中成年树表现为营养生长和生殖生长两个方面。

（3）落叶期　从叶柄开始产生离层至叶片落尽或完全失绿，即树木由生长转入休眠期。一般认为是秋季光周期的变化，即日照时间变短所引起的。枝条成熟后的正常落叶是树木做好越冬的准备。

（4）相对休眠期　从叶落尽或完全变色至树叶流动，芽开始膨大为止的时期，是树木在一年中对外界环境抗性最强的阶段。树木休眠是在进化中为适应不良环境，如低温、高温、干旱等所表现出来的一种特性。正常的休眠有冬季、旱季、夏季休眠。夏季休眠一般只是某些器官的活动被迫休止，而不是表现为落叶。温带、亚热带的落叶树休眠，主要是对冬季低温所形成的适应性。休眠期是相对生长期而言的一个概念，其实树体自身仍然进行着各种生理活动，如呼吸、蒸腾、根的吸收、芽的分化、养分转化等，这些活动较生长期相对微弱得多。

2. 常绿树的年周期

常绿树各器官的物候动态表现极为复杂，其特点是没有明显的落叶休眠期，树冠终年保持常绿。叶片脱落的叶龄不同，一般都在1年以上，如常绿针叶树的松针叶存活2～5年，老叶多在冬春间脱落，刮大风天气尤甚；常绿阔叶树的老叶可存活2～3年，在萌芽展叶后脱落换叶。其物候与落叶树无多大差别，可分为萌芽、开花、枝条生长、果实发育、花芽分化、相对休眠期等阶段，但在一年中的物候期和实际进程不同。如有些种类可一年中多次抽梢（春梢、夏梢、秋梢、冬梢），各次梢间有相当的间隔；有些树种一年可多次开花结果，如柠檬、四季柑等；有些树种抽一次梢结一次果，如金柑；有些树种可常年开花，如四季桂、月月桂等；有些树种果实期很长，如伏令夏橙，春季开花，到次年春末果实才成熟。

三、各器官生长特点

正常生长的树木，主要由树根、茎枝、树叶组成。

1. 根系的生长

树木的根系没有生理自然休眠期，只要满足其所需要的条件，周年均可生长。但多数情况下，由于树木种类、遗传物质、年龄、季节、自然条件和栽培技术的差异，根系的年生长表现为一个周期或多个周期。

根系的年生长包括现有根系的伸长和新侧根的发生与伸长。一般对温带地区落叶树木来说，根系一年中的生长可有多个生长周期，如金冠苹果的根系一年中有3次生长高峰。第一次，在萌动展叶期以前(3月上旬至4月中旬)，至新梢加速生长期后，根系生长转入低潮；第二次，从新梢将近停止生长开始到果实加速生长和花芽分化前后，即6月底至7月初；第三次，9月上旬至11月下旬，花芽分化完成，果实采收结束，叶片养分回流，造成根系大量发生，后期土温下降，根的生长减慢，12月下旬停止生长，被迫进入休眠。

树木的根系由比较长寿的大型多年生根和许多短命的小根组成。根系在离心生长过程中，随着年龄增长，骨干根早年形成的须根，由根颈沿骨干根向尖端出现衰老死亡，即自疏，这种现象贯穿于根系生长发育的全过程。健康树木的很多小根在形成后不久就死去。根系寿命长短也与土壤环境、树体生命力强弱等密切相关。

2. 茎枝的生长

（1）茎枝的生长类型

1）直立生长。茎有明显的负向地性，一般都垂直于地面生长，多年枝条伸展的方向取决于背地角

的大小，主要有几种类型：垂直型，树木的主干、主茎、枝条都有垂直向上生长的特性，形成紧抱的树形，如紫叶李、铅笔柏、杜松等；斜伸型，枝条与树干主轴呈一锐角斜向上生长，形成开张的杯状、圆形、半圆形的树形，如榉树、樱花、梅花、白蜡、国槐等；水平型，枝条与树干主轴呈直角沿水平方向生长，形成塔形、圆柱形的树形，如冷杉、雪松、南洋杉等；扭转型，枝条在生长中呈现扭曲和波状形，如龙游梅、龙桑、龙爪柳等。

2）下垂生长。枝条生长有明显的向地性，当芽萌发呈水平或斜向伸出以后，随着枝条的生长而逐渐向下弯曲，部分树种甚至在幼年时只能靠高嫁才能直立。这类树种容易形成伞形树冠，如垂柳、龙爪槐、垂枝榆、垂枝樱、垂枝梅等。

3）攀援生长。茎细长柔软，自身不能直立，自身可以缠绕或具有攀附能力的器官（卷须、吸盘、吸附气生根、钩刺等），借他物支撑，向上生长，在植物学上称为藤本植物。如茎缠绕型的紫藤、金银花等；具卷须的葡萄等；具吸盘的地锦等、具吸附气生根的凌霄等；具钩刺的蔷薇等；以叶柄缠绕的铁线莲等植物。

4）匍匐生长。茎蔓细长，自身不能直立，无攀附器官的藤本或无直立主干的灌木，常匍匐于地面生长。匍匐灌木如偃柏、铺地柏、沙地柏等；攀援植物在无物可攀时，也只能匍匐地面生长，在园林中作为地被植物应用。

（2）树木的分枝方式　除棕榈科的许多种外，分枝是植物生长的基本特征之一。其分枝方式影响枝层的分布、枝条的疏密、排列方式、总体树形等。

1）总状（单轴）分枝。这类树木顶芽优势极强，生长势旺，每年能向上继续生长，从而形成高大通直的树干。如大多数针叶树种。阔叶树种属于这一分枝方式的大都在幼年期表现突出，如杨树类、栎树类、七叶树等。

2）合轴分枝。树木新梢在生长末期因顶端分生组织生长缓慢，顶芽瘦小或不充实，到冬季干枯死亡，有的枝顶形成花芽，不能继续向上生长，而由顶端下部的侧芽取而代之，继续生长，每年如此循环往复，均由侧芽抽枝逐段合成主轴。园林中大部分阔叶树木属于这一类，如槐树、榆树、白蜡、榉树、悬铃木、香樟、樱花、梅花、石楠等。

3）假二叉分枝。具有对生叶（芽）的树种顶梢在生长末期不能形成顶芽，下面的侧芽萌发抽梢的枝条，长势均衡，向相对侧向分生侧枝的生长方式。如丁香、泡桐、楸树、梓树、女贞、卫矛、桂花等。

4）多岐式分枝。树种顶芽在生长末期，生长不充实，侧芽之间的节间短或在顶梢直接形成3个以上势力均等的侧芽，下一个生长季，梢端附近能抽梢3个以上的新梢同时生长的分枝方式。具有这种分枝方式的树种，一般主干低矮，如苦楝、臭椿、结香等。

有些植物，在同一植株上有两种不同的分枝方式，如杜英、玉兰、木莲、木棉等，既有单株分枝，又有合轴分枝；女贞，既有单轴分枝，又有假二叉分枝。还有部分树种，在幼苗期为单轴分枝，长到一定时期会变为合轴分枝。

（3）不同树木茎枝生长的周期性变化　树木最初以根颈为中心，向两端不断扩大空间地“离心生长”，随着年龄增长，生长中心不断外移，内膛小枝长势减弱，并逐渐从根颈开始，枯枝脱落并沿骨干枝逐渐向枝端推进，即“离心秃裸”，此后离心生长的同时也发生离心秃裸。由于树木自身遗传性和树体生理以及土壤条件等影响，其离心生长是有限的，后期远离根颈最远的外围枝条，由于重力、养分运输距离远、弯曲下垂等，出现枝条生长势衰弱，或向心枯死，而靠近高位处或枯死部位附近萌生徒长枝，开始树冠的更新，由此产生由冠外向内膛，由顶部向下部，直至根颈进行的“向心更新”，最终造成树木体态的缩小和变化。而根颈萌条会不断再离心生长和离心秃裸，后期开始第二轮的向心更新，部分树种可以驯化多次，但树冠一次比一次矮小，甚至死亡。

在乔木树种中，凡是无潜伏芽或潜伏芽寿命短的只有离心生长和离心秃裸，没有或几乎没有向心更新，如桃树等；只有顶芽而无侧芽者，只有顶芽延伸的离心生长，而无离心秃裸，更无向心更新，如棕榈等；竹类多为无性繁殖，绝大多数种类几十年内可以达到个体生长的最大高度，成竹后虽然也有短枝和叶片的更新，但没有离心生长、离心秃裸和向心更新的现象。灌木离心生长时间短，地上部枝条衰亡较快，向心更新不明显，多以干基萌条和根萌条更新为主。多数藤木的离心生长较快，主蔓基部易光秃，其更新与乔木相似，有些与灌木相似，或介于两者之间的类型。

3. 树叶的生长

树木单叶的发育，自叶原基出现以后，经过叶片、叶柄的分化，直到叶片的展开和叶片停止增长为止，构成了叶片的整个发育过程。新梢不同部位的叶，其开始形成的时间以及生长发育的时期各不相同。枝条基部的叶原基是在冬季休眠前在冬芽内出现的，至翌年休眠结束后再进一步分化，叶片和叶柄进一步延伸，萌芽后叶片展开，叶面积迅速增大，同时叶柄也继续伸长。

叶片出现的时间有先后，在一株树上有各种不同叶龄的叶片，并处于不同的发育阶段。在春天，因枝梢处于开始生长阶段，基部叶的生理活动较活跃，但随着枝条的伸长，活跃中心不断向上转移，下部的叶片渐趋衰老。

4. 花芽分化与开花

由叶芽的生理和组织状态转化为花芽的生理和组织状态的过程，称为花芽分化，部分或全部花器官的分化完成称为花芽形成。外部或内部的一些条件对花芽分化的促进作用称为花诱导。花芽生理分化完成的现象称为花孕育。花芽分化是重要的生命过程，是完成开花的先决条件，但在外形上是不易察觉的。花芽分化受树种、品种、树龄、经营水平和外界条件的综合影响。

（1）花芽分化的类型

1）夏秋分化型（6 ~ 10 月）。绝大多数早春和春夏间开花的树木，如海棠、樱花、梅、连翘、玉兰、丁香、紫叶李等。它们一般在前一年的夏秋（6 ~ 8 月）间开始花芽分化，并延迟到 9 ~ 10 月完成花器官分化的主要部分。部分树木种类，如板栗、柿树等，花器官分化发育延续时间更长，待冬季低温至翌年春季，还需要一段低温，进一步完成性器官的发育。有些树种的花芽，即使由于某些条件的刺激和影响，在夏秋已经完成分化，但仍需经低温后才能提高其开花质量。

2）冬春分化型（11 ~ 4 月）。原产于暖地的某些树木，如荔枝、龙眼、柑橘等，需要从 12 月至翌年春季期间分化花芽，其分化时间较短且连续进行。这一类型中的有些树木延迟到年初分化，而在冬季较寒冷的浙江、四川等地，有提前分化的趋势。

3）当年分化型。许多夏秋开花的树木，如木槿、紫薇、槐树、珍珠梅、荆条等，都是在当年新梢上形成花芽并开花，不需要经过低温。

4）一年多次分化型。在一年中能多次抽梢，每抽梢一次，就分化一次花芽并开花的树木，如月季、茉莉花、无花果、四季橘、四季桂等，这类树木，春季第一次开花的花芽有些是前一年形成的，各次分化交错发生，没有明显的停止期，大体上有一定的节律。

（2）树木的开花习性　开花习性是植物在长期系统发育过程中形成的比较稳定的习性。

1）开花阶段的划分。树木开花可分为花蕾或花序出现期、开花始期（5% 的花已开放）、开花盛期（50% 的花开放）、开花末期（仅留存约 5% 的花开放）4 个时期。

2）花、叶开放先后的类型。主要有 3 类：

① 先花后叶类。此类树木在春季萌动前已完成花器分化，花芽萌动不久即开花，先开花后长叶。如连翘、迎春、杏、梅、玉兰等。

② 花、叶同放类。此类树木的花器分化在萌芽前完成，开花和展叶几乎同时。如榆叶梅、桃花与紫藤的晚开花品种、苹果、海棠、日本晚樱等。

③ 先叶后花类。此类部分树木，如葡萄、柿、枣等，在上一年形成的混合芽抽生新梢，于当年形成

的新梢上完成花芽的分化，其萌芽开花较晚，一般于夏秋开花。开花最迟的有紫薇、木槿、凌霄、槐树、桂花、珍珠梅等，而枇杷、油茶、茶树等甚至可延迟到初冬开花。

四、树木各器官生长发育的相关性

植物的一部分对另一部分生长或发育的调节效果称为相关性。相关性的出现主要是由于树木内营养物质的供求关系和激素等调节物质的作用，一般表现为互相抑制或互相促进。最普遍的相关现象包括地上部分与地下部分、营养生长与生殖生长的相关等。

树木地上部分与地下部分是一个整体，它们之间存在着密切的相关关系，在生长量上保持着一定的比例，称为冠根比或枝根比（T/R）。这个参数可以诊断树体健康水平和质量负载能力。冠根比与树种或品种、土壤条件、栽培措施等密切相关，透气性好的土壤冠根比小，栽培养护措施好的冠根比小；冠根比随年龄而变化，一般自幼龄期开始，冠根比逐渐增加，至成年期后，保持相对稳定状态；树木的冠幅与根系的水平分布范围有相关性，一般表现为在树冠的同一方向内，地上部的枝叶多，其相对的地下部分根量也多；此外，根系与枝条在年周期的生长情况也存在相关性，当早春根系开始生长，利用贮藏养分，形成一个生长小高峰，而后根系生长减弱，枝条生长则由慢到快，出现生长高峰，当地上部枝条生长迟缓，地下根系又会出现新的生长高峰，即根系与枝条生长高峰交替出现。

营养生长与生殖生长的相关性主要表现在枝叶生长、果实发育、花芽分化与产量之间的相关。一般来说，在一定限度内，树体营养生长与生殖生长、产量增加呈正相关，即良好的营养生长是生殖器官正常发育的基础。当枝条生长过弱或过旺或停止生长过晚，造成营养积累不足，运往生殖器官的营养量少，影响产量及花芽分化；当气候不良、土壤较差、养护管理不当等，会造成树木营养生长不良，进而影响生殖器官的生长发育；当树体生殖器官过旺，如开花大、结果量大，树体消耗养分大，也会削弱营养器官的生长，使树体衰弱，影响花芽分化及来年的开花结果。所以，生殖生长与营养生长偶尔呈正相关，多数情况下呈负相关。

【课题评价】

一、本地常见园林树木的物候观测与记载（年周期）。

物候观测记录表

观测者：　　　　　　记录者：　　　　　　　　　　　　　　　　　　观测时间：　　年　　月　　日

项　目	树种　　　类型			
	观测地点　　地形　　土壤种类　　小气候			
观测项目	萌芽期	花芽萌动开始期	叶芽萌动开始期	
	展叶期	展叶开始期	展叶盛期	春色叶变期
	新梢生长期	春梢始长期	春梢停长期	
		秋梢始长期	秋梢停长期	
	开花期	开花始期	开花盛期	
		开花末期	最佳观花期	
	秋叶变色与落叶期	秋叶开始变色期	秋色叶观赏期	秋叶全部变色期
		落叶开始期	落叶盛期	落叶末期
	果实发育期	幼果出现期	果实成熟期	果实脱落期

二、分组讨论、总结你身边常见园林树木的年生长发育规律。

课题 3 观赏竹的生长发育规律

一、生命周期

竹是多年生木质化植物，具地上茎（竹竿）和地下茎（竹鞭），从形态结构和生长特点看，属于介于草本和木本之间的植物类型。竹竿常为圆筒形，极少为四角形，由节间和节连接而成，节间常中空，少数实心，节由箨环和竿环构成。每节上分枝。叶有两种，一为茎生叶，俗称箨叶；另一为营养叶，披针形，大小随品种而异。竹花由鳞被、雄蕊和雌蕊组成。果实多为颖果。在竹类的一生中，大部分时间为营养生长阶段，一旦开花结实后全部株丛即枯死而完成一个生命周期。

二、年周期

竹类大都喜温暖湿润的气候，既要有充足的水分，又要排水良好。散生竹类的适应性强于丛生竹类。由于散生竹类基本上是春季出笋，入冬前新竹已充分木质化，所以对干旱和寒冷等不良气候条件，有较强的适应能力，对土壤的要求也低于丛生竹和混生竹。丛生、混生竹类地下茎入土较浅，出笋期在夏、秋，新竹当年不能充分木质化，经不起寒冷和干旱，故北方一般生长受到限制，它们对土壤的要求也高于散生竹。

1. 散生竹的生长特性

散生竹的竹鞭分布在土壤上层，横向起伏生长。大型竹子竹鞭分布深，在 15 ~ 40cm 或更深，中小型散生竹的竹鞭入土浅，一般在 10 ~ 25cm。散生竹的竹鞭分为鞭柄、鞭身、鞭鞘 3 部分，总称鞭段，都是由鞭鞘的生长形成的。鞭鞘的生长活动一般在 5 ~ 6 个月，并和发笋生长交替进行。有些竹种，如毛竹，大小年分明，大年出笋多，鞭鞘生长量小，小年则相反。一般在新竹抽枝发叶，进入小年时，鞭鞘开始生长，8 ~ 9 月最旺，11 月底停止，冬季萎缩断脱；来年春季竹子换叶进入大年时，又由侧芽另抽出竹鞭，继续生长，6 ~ 7 月最旺，8 ~ 9 月又因为大量孕笋而逐渐停止生长。大小年不明显的竹种则春季出笋长竹，秋季竹鞭生根。

竹笋萌发一般在鞭段中部，在地下生长较缓慢，有时要跨越两个年份，从夏末直至翌年初春。如毛竹竹鞭上的侧芽在夏末秋初开始萌发分化成笋芽，到了初冬，笋体肥大，称为冬笋，冬季低温期，竹笋处于休眠状态，到了次年春季随气温回升而又继续生长出土，称为春笋。

散生竹的出笋时间因竹种而异，一般在 3 ~ 6 月。竹笋出土的持续期一般在 20 ~ 30 天，中小型竹更短。竹笋出土前，全竹的节数已定，出土后不再增加新节。竿形初期生长非常缓慢，每日仅长 1 ~ 2cm，实质上是竹笋在地下生长的继续；待笋尖露出地面，处于地上生长状态，即上升期，每日可长 10 ~ 20cm；此后逐步进入盛期，待生长高峰期一昼夜间可长高 1m 以上。在此期间，基部笋箨开始脱落，上部枝条开始伸展，生长速度由快到慢，竹笋逐渐过渡到幼竹阶段。末期时幼竹梢部弯曲，枝条伸展快，而高生长速度显著下降，最后停止。待到秆箨全落，枝条长齐，竹叶展放，即长成一新竹。

竹笋从出土到新竹形成所需要时间，因竹种和生境而异。如毛竹早期出土的竹笋约需两个月，而末期竹笋约需一个半月；其他中小型竹一般需要 25 ~ 30 天。新竹竿形成后，竿形基本固定，高、粗及材积均不会再有显著变化，但其竿的组织幼嫩，含水量高，干物质少，需待日后进一步完成。

2. 丛生竹的生长特性

丛生竹的地下茎合轴型，每个竿由竿柄、竿基、竿茎组成，地下无横向生长的竹鞭，新竿由竿柄与母竹相连，它细小短缩，不生根，一般由 10 节左右组成。竿基粗大短缩，其上长芽生根。竿茎两侧交会

生长着多数枚大型芽，它们可萌笋成竹。竿基、竿柄、竹根合称为竹蔸。

竿基上的大型芽一般在春末夏初开始萌发，初为向地生长，后经小段近横向的生长，转为向上生长并逐步出土成竹。

丛生竹一般在7～8月发笋，如慈竹、黄竹为7～8月，绵竹为7～9月，沙罗竹在每年3～4月和8～9月两次发笋。对于笋体的高生长，一般在9～10月上旬为生长旺季，10月下旬后逐渐停止。

在一般的竹丛中，1年生的新竹处于幼龄阶段，其高度、粗度、体积均不再有明显的变化，随着竹龄的增长，有机物质逐渐积累而充实，2年生竹竿的发笋力最强，3年生次之，4年生基本不发笋，而随后竹竿组织相应出现老化，逐渐进入老龄阶段，开始出现枯竹、站竹。

3. 混生竹的生长特性

复轴混生型的竹类，其形态和生长兼有散生竹和丛生竹的特性，既有横走地下的竹鞭，又有密集簇生的竹丛。其竹鞭的形态特征和生长习性与散生竹的竹鞭基本相同，但节间细长，鞭根较少，鞭上侧芽可以抽发为新鞭，在土壤中横向蔓延生长，又可以分化而发笋长竹，紧靠母竹，成丛生长。鞭鞘在夏季生长较快，在疏松肥沃的土壤中，鞭鞘1年生长量可达3～4m，鞭鞘在冬季停止生长后，一般都萎缩断脱，来年春季又从附近侧芽抽出新鞭。

【课题评价】

一、本地常见观赏竹的物候观测与记载（年周期）。

年生长周期调查记录表

调查者：　　　　　　　　　　　　　　　　　　　　调查时间：　　年　　月　　日

项　目	名称		类型	栽培形式
	观测地点		土壤种类	
调查项目	发笋期			
	出笋期			
	新竹竿生长期			

二、分组讨论、总结常见观赏竹的年生长发育规律。

课题4 棕榈类植物的生长发育规律

棕榈类植物种类繁多，通常高大挺拔，寿命较长，生命周期长，主要分布于赤道两侧的南北回归线之间的热带与亚热带地区，分布最北的是北非与地中海地区的欧洲矮棕，最南的则是新西兰的尼卡椰子，其生长发育规律与分布地的气候环境条件密切相关。

一、生命周期

棕榈类植物多行播种繁殖，播种时有些种类需要进行种子处理；棕榈类植物也可直接冬播；一些根际萌蘖的种类，如棕竹属、山槟榔属等可用分株法繁殖。大多为长寿树种，但有些种类如贝叶棕开花结果后植株即死亡。

二、不同器官的生长特性

1. 根系

棕榈类植物的根系较为独特。细苗的初生根很快死亡，继而由茎部特定的发根区长出须根，且一长

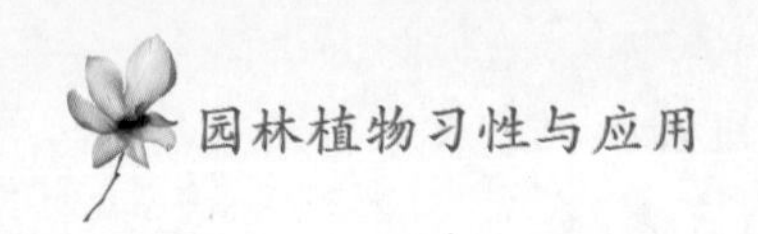

出来就是最大的粗度，不会随年龄增大作次生生长。这些根一般有 3 次分枝，第三次长出来的根是最细小的，用来吸收水分。

2. 茎干

形态直立或攀援，表面平滑或粗糙，常覆以残存的老叶柄的基部或为老叶脱落下的痕迹。棕榈类植物的茎皆为原生组织，即只有散生的管状维管束，没有形成层，即没有年轮。茎干的生长顺序也不同于其他植物，先完全发展干部的粗度，然后才进行增高生长，一旦进入增高生长，茎干的粗度便不会再增大。每一枝茎只有一个生长点，所有叶片都从这里长出来，这个生长点称为顶芽。大多数棕榈类植物的顶芽没有再生能力，亦不能自我修补伤口，因此一旦顶芽受损就无法补救。

3. 叶片

直立性棕榈类植物的叶片多聚生茎顶，形成独特的树冠，一般每长出一片新叶，就会有一片老叶自然脱落或枯干。

4. 花与花序

花序生长方式有两种类型，一是从节间长出花序开花，并随着节间和增长而向上生长，另一种是由上向下开花，在顶芽上萌发花芽，这样没有了顶芽，植株就不会长高。

5. 果实与种子

棕榈类植物的果实与种子的大小依种类不同而有较大的差别。核果类种子，一般较大且有坚厚的种壳，如椰子，基部有三孔，其中的一孔与胚相对，萌发时胚根由此穿出，其余两孔也坚实。

【课题评价】

一、本地常见棕榈类植物的物候观测与记载（年周期）。

物候观测记录表

观测者：　　　　记录者：　　　　观测时间：　　年　　月　　日

<table>
<tr><td rowspan="2">项　目</td><td colspan="4">树种　　类型</td></tr>
<tr><td colspan="4">观测地点　　地形　　土壤种类　　小气候</td></tr>
<tr><td rowspan="5">观测项目</td><td>萌芽期</td><td>花芽萌动开始期</td><td colspan="2">叶芽萌动开始期</td></tr>
<tr><td>展叶期</td><td>展叶开始期</td><td colspan="2">展叶盛期</td></tr>
<tr><td>新梢生长期</td><td>始长期</td><td colspan="2">停长期</td></tr>
<tr><td>开花期</td><td>开花始期</td><td>开花盛期</td><td>开花末期</td></tr>
<tr><td>果实发育期</td><td>幼果出现期</td><td>果实成熟期</td><td>果实脱落期</td></tr>
</table>

二、分组讨论、总结常见棕榈类植物的年生长发育规律。

课题 5 草坪与地被植物的生长发育规律

一、草坪草的生长发育

草坪草在其生活周期中要经历不同的生长发育时期。其中的营养生长阶段包括植物从幼苗产生到植物成熟的过程；生殖生长阶段则包括了成熟植株花芽分化、开花、授粉、受精和种子的形成。准确掌握

草坪草生长发育的基本知识，有利于正确地理解草坪草对不同的养护措施及环境因素影响的反应。

1. 种子萌发和幼苗发育

种子的发芽过程是从吸水膨胀开始的，紧接着要经过几个生物化学过程和形态的变化，最终胚生长发育成幼苗。

当第一片叶由胚芽鞘内长出时，标志着光合作用的开始，此后幼苗就不再依靠胚乳供给养分，开始独立生活。此时草坪草幼苗进入自养阶段，而植株生长完全靠胚乳供给养料的阶段称为异养阶段。幼苗生长点包在胚芽鞘内，随着第一片叶出现，第二片叶随之长出胚芽鞘，最后胚芽鞘枯萎，因此在地表只能见到明显的叶。新的叶均从生长点产生，并在卷曲的老叶中向上生长。

从新枝条基部节上产生的不定根是幼苗的另一重要结构。在新建植的草坪中存在初生根和次生根两种类型的根，但随着草坪草的发育和成熟，初生根逐渐死亡而被淘汰，最终次生根（不定根）构成草坪草根系的全部。

2. 叶的形成

草坪草的顶端分生组织位于地表附近，顶端分生组织不断地形成叶原基，最后发育成完全伸展的叶。叶原基的数量依品种、植株的年龄和环境条件的不同而异，一般从几个到二十几个。大多数草坪草在发育的不同时期，具有5~10个叶原基，整个生长点的长度通常小于1mm。

叶原基的生长是顶端分生组织下部细胞分裂增殖的结果。首先每个叶原基中部细胞迅速分裂导致叶尖的形成，接着分生组织的活性被限制在叶原基的基部，这就是所谓的居间分生组织。因此，在草坪草的生长点中存在两类分生组织：一是顶端分生组织，在茎的顶部产生新细胞保证茎的持续生长发育；二是居间分生组织，在顶端分生组织以下的位置产生叶。

叶原基继续发育，它的居间分生组织分化为上部和下部两个不同的分生组织。上部居间分生组织产生的细胞使叶片生长，下部居间分生组织在叶的基部发育成叶鞘。当叶尖从相邻老叶密闭的叶鞘中长出时，上部居间分生组织的细胞分裂停止，叶片进一步的伸延是由叶片基部细胞的分裂和伸长而达到的。叶片完全形成后，叶鞘基部分生组织还保持一段时间的活力，因此，叶最老的部分是叶尖，最嫩的部分是叶鞘基部。因此，修剪去掉一部分叶片之后，叶的延长继续进行。

草坪草叶片的向上生长通常与另一相邻叶片相协调。当叶尖开始向上伸长时，与它最接近的较老叶的叶鞘开始伸长，随后叶鞘的延伸速度大约和被其包裹的叶片的生长速度相等。

3. 茎的发育和分枝类型

（1）茎的发育　草坪草的茎有三种类型，即根茎、生殖枝、横生茎（根状茎和匍匐枝）。

根茎的节间极度缩短，位于地表或地表以下，其上部又完全被几个相邻叶鞘的基部所包围，不伸长，不易观察到，是生长叶、根、枝条及保证草坪草生长的关键器官；根茎是草坪草地上直立茎生长发育的最初形式，其节间高度缩短的特性使草坪草具有强的耐修剪性，根茎上的腋芽可生长发育成水平生长的根状茎和匍匐茎。

匍匐茎沿地表生长，在节上形成根和新的枝条，枝条水平方向上又可分生出复杂的网状侧枝，匍匐茎的顶端向上生长也能产生新的枝条。具有匍匐茎的草坪草包括匍匐剪股颖、结缕草等。

根状茎生长在地表以下，包括有限根状茎和无限根状茎两种类型。有限根状茎通常短，可向上形成新的地上枝条，其生长方式有3种：自母株向斜下方生长、横向生长、斜向上生长。大部分有限根状茎以横向生长为主，而草地早熟禾、匍匐紫羊茅、小糠草等有限根状茎为向上生长，其根状茎生长到地表附近，因获得光照而导致节间生长停止，形成新的地上枝条；无限根状茎长且节上具有分枝，茎上的腋芽也可生出地上枝条，常见草坪草如狗牙根，具有无限根状茎，同时具有匍匐茎。

新生草坪草抽出几片叶后，植株进入一个新的发育阶段。这时，在叶腋处形成腋芽，这些芽逐渐发育成地上枝条，这种从腋芽鞘内长出新的地上枝条的现象叫分蘖。分蘖枝与根状茎和匍匐枝的长出不同，其向上生长，并由叶鞘内长出，也称为鞘内分枝。匍匐枝和根状茎上同样能产生分蘖枝条。从总体上看，分蘖和水平分枝使单一的幼苗群体最后发育成完整的草坪草群落。

在一个具有生命力的草坪草群落中，单个枝条的寿命一般不超过1年，如秋季形成的枝条对冬季草坪草的成活和春天的再生具有重要意义，但进入夏季这些枝条可能死亡，并为新的枝条所代替，这种新老枝条及根不断地更替，使草坪草群落维持在一个动态平衡、较适宜的密度水平。

（2）分枝的类型　草坪草的分枝方式主要有两种：鞘内分枝和鞘外分枝。鞘内分枝主要产生分蘖枝条，鞘外分枝则主要产生根状茎和匍匐茎。不同草坪草的分枝类型不同，或一种草坪草有几种分枝类型，主要分枝类型包括以下4种：

1）根茎型。这类草坪草具有根状茎，从根状茎上长出分枝。根状茎在离母枝一定距离处向上弯曲，穿出地面后形成地上枝，这种地上枝又产生自己的根状茎，并以同样的方式形成新枝。这类草坪草繁殖力强，根状茎每年可延伸很长，能在地下0～20cm深处形成一个带有大量枝条的根状茎系统。同时由于根状茎入土较深，对土壤通气条件十分敏感，这类草通常要求疏松而结构良好的土壤，如狗牙根等。

2）丛生型。这类草坪草主要通过分蘖进行分枝。分蘖的节位于地表或地表以下浅处（1～5cm），侧枝紧贴主枝或与主枝呈锐角方向伸出形成草丛，各代侧枝都形成自己的根系，如高羊茅、多年生黑麦草等。

3）根茎-丛生型。这类草坪草由短根状茎把许多丛生型株丛紧密地联系在一起，形成稠密的网状，如草地早熟禾等。

4）匍匐茎型。这类植物的茎匍匐地面，并不断向前延伸。在茎节上可以发生芽，长出枝叶；向下可产生不定根，把枝条固定于地面，夏季匍匐茎的中部常因死亡而断开，繁衍出独立的新株。这种草适于营养繁殖，也能种子繁殖，如狗牙根、结缕草、匍匐剪股颖等。

4. 根的生长

草坪草的根系包括两种类型：种子萌发时胚产生的初生根、从根颈及侧茎节上长出的不定根。草坪建植当年，初生根死亡，不定根在第一片叶从胚芽鞘内长出后不久开始形成，并从根状茎和匍匐茎较低的节上产生。

不定根的寿命在理论上与它们所支持的匍匐枝、根状茎的寿命一样长，但由于不良气候和土壤条件常常引起根的死亡，而与它们所联系的茎仍然存活。如冷季型草坪草根发生和生长的最好季节是凉爽的春秋季，夏季炎热、干旱容易造成根系退化和死亡，这是因为适于根系生长发育的温度，一般均低于茎生长所需的温度；暖季型草坪草根在夏季生活最活跃，适宜其生长的温度通常高于冷季型草。草坪草根系寿命还与草种不同而有很大变化，如草地早熟禾根系的大部分可保持1年以上，剪股颖、多年生黑麦草的根系每年都有大部分被更替。

5. 草坪草生长的季节变化

冷季型草坪草为典型的双峰生长模式，即春秋两季生长旺盛，夏季生长变慢甚至停止。由于根的最适生长温度略低于茎，根的旺盛生长期在春季早于茎，而在秋季晚于茎，夏季根生长很慢，在土壤中分布也很浅。

暖季型草坪草一年中仅在夏季有一个生长高峰期。

二、地被植物的生长发育

木本地被植物的生长发育特性参照园林树木单元中的常绿与落叶灌木内容，草本地被植物的生长发育特性参照园林花卉单元内容。

三、观赏草的生长发育

1）每年春季，多年生观赏草的叶芽由宿存的根上生出，叶芽相对于地面着生的位置决定了叶丛的

形状。主要分为两类：

① 直立丛生型。叶芽发生于地面以上，草会形成丛状，很可能有匍匐茎或者具有草坪草的习性。丛状生长的草一般形成紧密的株形，向四周增生稳定，不会迅速蔓延，长成后的株形还可以细分为簇状（如蓝羊茅）、垫状（如东方狼尾草）、弧状（如花叶芒）、直立状（如柳枝稷）。

② 匍匐蔓生型。叶芽发生于土壤中，则该种草可能具有横走的根茎。蔓生型的草通过生长活跃的匍匐茎或根茎扩展，具有入侵性。如野牛草、藺草等。

2）观赏草生长迅速，绝大部分春季播种或种植，当年就可开花。有些多年生种类，如芒类，需要两年以上才能达到理想的观赏效果。按生长周期分为两类：

① 一年生观赏草。种子春天发芽，幼苗生长成熟后，开花、结实，然后死亡，整个生长周期在一年内完成，如兔尾草、紫御谷、凌风草、一年生红色狼尾草等。部分种类在温暖地区是多年生的，引种到寒冷地区变成一年生的，如红茅草、红色狼尾草。

② 多年生观赏草。植株可以连续生长多年而不死亡，即使在冬季地上部死亡，第二年春季地下根茎仍可以萌发继续生长，很快就形成旺盛的植株。一般逐年长大，地下根茎每年增加，其冠幅逐年增加，经过 2 ~ 3 年后可形成稳定的观赏效果。如麦冬、苔草、草坪草、芦竹、芒、拂子茅、蒲苇等。

3）按照对温度的反应可分为两类

① 冷季型观赏草。一般在春季低温上升到 0℃以上开始生长，初夏开花，但夏季温度升高到 24℃以上时，即停止生长而进入休眠状态，当秋季气温冷凉后，又开始恢复生长。因其在较温暖湿润的冬季，可以一直保持绿色，也称为半常绿型草。其在夏季高温季节进入休眠，但地上部并不枯黄，仍然保持其生长季节的外观，不影响观赏价值。常见种类有蓝羊茅、拂子茅、针茅、银边草等。

② 暖季型观赏草。喜较高的温度，春末气温升高后才开始生长，夏季至初秋开花，花期可一直持续到秋末至初冬。耐高温干旱能力强，但秋后气温降至 10℃以下时，停止生长，适宜春植。常见种类有芒、狼尾草、血草、芦竹、蒲苇等。

【课题评价】

一、本地常见草坪与地被植物的物候观测与记载（年周期）。

物候观测记录表

观测者：　　　　记录者：　　　　　　　　观测时间：　　年　　月　　日

项　目	树种　　类型			
	观测地点　　地形　　土壤种类　　小气候			
观 测 项 目	萌芽期	花芽萌动开始期		叶芽萌动开始期
	展叶期	展叶开始期	展叶盛期	春色叶变期
	新梢生长期	春梢始长期	春梢停长期	
		秋梢始长期	秋梢停长期	
	开花期	开花始期	开花盛期	
		开花末期	最佳观花期	
	秋叶变色与落叶期	秋叶开始变色期	秋色叶观赏期	秋叶全部变色期
		落叶开始期	落叶盛期	落叶末期
	果实发育期	幼果出现期	果实成熟期	果实脱落期

二、分组讨论、总结常见草坪草及地被植物的年生长发育规律。

单元二　园林植物的生长发育与环境

植物所生活的空间叫作“环境”，任何物质不能脱离环境而单独存在。环境中包含各种因子，其中对植物生长发育有直接或间接影响的因子叫作环境因子（生态因子）。植物的环境因子主要包括温度、光照、水分、土壤、气体等方面。

课题 1 温度对园林植物的影响

1）温度的变化对植物的生长发育和分布具有极其重要的作用。某一种植物，由于长期在某一地区长期生长，适应了当地这种季节性的变化，形成一定的生长发育节奏，即物候期。物候期每年随着季节性变温和其他环境因子的综合作用而有一定范围的波动。

2）气温的日变化中，植物对昼夜温度变化的适应性，称为“温周期”。温周期对植物种子发芽、植物营养养分积累、植物的开花结实都有重要的影响，植物温周期特性与植物的遗传性和原产地日温变化的特性有关，通常原产于大陆性气候区的植物在日变幅 10～15℃条件下生长发育最好；原产于海洋性气候区的植物在日变幅 5～10℃条件下生长发育最好；大部分热带植物在日变幅很小的条件下生长发育良好。

3）植物在生长期中如遇到温度的突然变化，会打乱植物生理进程的程序而造成伤害，严重的会造成死亡。温度的突变可分为突然低温和突然高温。

突然低温是由于强大寒潮南下，引起突然的降温而造成植物的伤害，一般可分为寒害、霜害、冻害、冻拔、冻裂几种情况。

寒害是指气温在物理零度以上使植物受害甚至死亡的情况，通常受害植物均为热带喜温植物。

霜害是指气温降至 0℃时，空气中过饱和的水汽在物体表面凝结成霜对植物造成的伤害，通常受害部位是叶片，时间短，植物可以复原，时间长，受害叶片不易恢复。

冻害是指气温降至 0℃以下，使植物体温也降至零下，细胞间隙结冰，严重时导致质壁分离，细胞膜或壁破裂死亡。其伤害的轻重因植物种类和植物所处的生长状况而不同，通常以生殖期伤害最重，营养生长期次之，休眠期受害最轻或不受影响；具体对一株植物的不同器官而言，茎干抗性最强，叶次之，果实及嫩叶再次之，生殖器官最弱。具体对茎干而言，根颈抗寒能力最弱。

冻拔是指在纬度高的寒冷地区，当土壤含水量过高时，由于土壤解冻膨胀而升起，连带将草本植物抬起，至春季解冻时土壤下沉而植物留在原位造成根部裸露死亡。这种现象多发生于草本植物，尤以小苗为重。

冻裂是指在寒冷地区的阳坡或树干的阳面由于阳光照晒，使树干内部的温度与干皮表面温度相差数十度，对某些树种而言，就会形成裂缝。当树液活动后，会有大量伤流出现，久之很容易感染病菌，严

重影响树势。树干易冻裂的树种有毛白杨、椴树、青杨等。

突然高温是指短期的高温，超过植物能忍受的温度最高点，造成植物伤害甚至死亡。通常，部分热带高等植物能忍受50～60℃高温，大多数高等植物的最高点是50℃，被子植物略高于裸子植物。另外，秋冬季节的过高温度会导致落叶树木不能顺利进入休眠，从而影响翌年的正常萌芽生长。

4）各种植物的遗传性不同，对温度的适应能力有很大差异，温度因子能影响植物的生长发育，从而限制植物的分布范围。通常一种植物能否在某一个地区生存或良好生长，与当地温度的变幅、当地无霜期的长短、生长期中日平均温度的高低、某些日平均温度范围时期的长短、当地变温出现的时期及幅度的大小、当地积温量、当地最热月和最冷月的月平均值、极端温度值和此值持续期的长短等因素都有着直接或间接的关系。在园林绿化中，为丰富植物物种多样性，各地广泛开展的引种工作，应需要考虑当地温度各种变化的综合影响。

课题2 光照对园林植物的影响

光照是植物生命活动中起重大作用的生存因子。光对植物生长发育的影响，主要表现在光照强度、光照持续时间、光质三个方面。

1. 光照强度

园林植物需要在一定的光照条件下完成生长发育过程，但不同植物对光照强度的适应范围有明显的差别，一般可将其分为三种类型。

（1）喜光植物　喜光植物又称阳性植物，在全日照下生长良好而不能忍受荫蔽的植物。植株形态上一般表现为枝叶稀疏、透光，叶色较淡，生长较快，自然整枝良好，但寿命较短，对不良环境适应能力较强，较耐干旱瘠薄土壤。如杨属、柳属、栎属、桉属、大部分的松属植物、水杉等。

（2）耐阴植物　耐阴植物又称阴性植物，能耐受遮阴，能在较弱的光照条件下生长良好。这类植物通常在气候较干旱的环境下，常不能忍受过强的光照，植株形态上一般表现为枝叶茂密、透光度小，叶色较深，生长缓慢，自然整枝不良，但寿命较长，对不良环境适应能力较差，较喜湿润、肥沃的土壤条件。如冷杉属、云杉属、红豆杉属、椴属、珊瑚树、常春藤、杜鹃花属、阴生蕨类、兰科的多个种，以及药用植物人参、三七、半夏等。

（3）中性植物　中性植物又称耐阴植物，介于以上两者之间，通常在充足光照条件下生长最好，在稍较弱光照下生长良好，但光照过强或过弱对其生长不利，大部分园林植物属于此类。其中，中性偏阳的植物有枫杨、榉树、樱花、碧桃、黄刺玫、石榴、桔梗、芍药等；中性耐阴植物有槐树、七叶树、元宝枫、丁香、锦带花、多花栒子、紫珠、猥实、糯米条、耧斗菜、雏菊等；中性偏阴的植物有八角金盘、桃叶珊瑚、海桐、八仙花、菱叶绣线菊、天目琼花、金银木、棣棠、玉簪、铃兰、石蒜、麦冬、崂峪苔草等。

2. 光照持续时间

即日照长度与光周期现象，每日的光照时数与黑暗时数的交替对植物开花的影响。按此反应可将植物分为四类。

（1）长日照植物　长日照植物又称短夜植物，每天的光照时数超过14h的临界时数，或每天的遮光时数短于10h，经过一段时间后植物才能开花，否则植物将始终处于营养生长阶段而不能开花。如凤仙花、高雪轮等。

（2）短日照植物　短日照植物又称长夜植物，每天的日照长度短于某一数值或需14h以上的黑暗才能开花的植物。如牵牛花、菊花等。

(3) 中日照植物　中日照植物指昼夜长短时数近于相等时才能开花的植物。如玉簪、蜀葵、凤仙花、矮牵牛、大丽花、扶桑等。

(4) 中间型植物　中间型植物对光照延续时间反应不甚敏感，只要发育成熟，温度条件适宜，在各类日照时数下都能开花。如月季、香石竹、多数木本植物。

3. 光质

指太阳光谱的组成特点，主要由紫外线、可见光、红外线三部分组成，对植物起重要作用的部分主要是可见光部分。紫外线能破坏细胞分裂和生长素的合成，对植物加长生长有抑制作用，因此在自然界中的高山植物一般都具有茎干短缩、叶面缩小、茎叶富含花青素、花果色艳等特征。可见光中的青蓝紫光同样具有紫外线的功能，可抑制植物加长生长；红光和不可见的红外线都能促进茎的加长生长和促进种子及孢子萌发。对植物光合作用而言，红光作用最大，其次是蓝紫光；同时红光又有助于叶绿素的形成，促进二氧化碳的分解与碳水化合物的合成，蓝光则有助于有机酸和蛋白质的合成；黄、绿光则大多数被叶片所反射或透过而很少被利用。

课题3　水分对园林植物的影响

水是植物体构成的主要成分，水是植物生存的重要因子。植物在不同生长时期需水有极大的差异。如落叶树木在春季萌芽前，为需水时期，如果冬春干旱则需在初春补足水分，此期水分不足，会造成延迟萌芽或萌芽不整齐，影响新梢生长；开花时期供水不足，会引起落花落果；降低坐果率；新梢生长期，气温急剧上升，枝叶生长旺盛，需水量最多，对缺水最为敏感，也称为需水临界期；果实发育的幼果膨大期需充足水分，为又一需水临界期；花芽分化期需水相对较少，过多水分造成花芽分化减少；秋季水分过多，会促使秋梢生长旺盛，造成枝条组织不充实、越冬性差，易遭受低温冻害。

不同植物由于遗传性及系统发育差异，形成对水分不同要求的生态习性和生态类型，表现为对干旱、水涝的不同适应能力，具体可将陆地植物分为以下几种。

(1) 旱生类型　旱生类型指适应沙漠、干草原、干热山等干旱条件下生长的树种。在形态结构上主要表现在两方面或分为两种类型：一类是减少水分丢失，即本身需水少，具有小叶、全缘、角质层厚、气孔少而下陷并有较高的渗透压等旱生性状，如沙棘、石榴、松柏类等；叶面缩小或退化以减少蒸腾，如麻黄、沙拐枣等；叶具有复表面，气孔藏在气孔窝的深腔内，腔内还具有细长的毛，如夹竹桃等；肉质多浆具有发达的贮水薄壁组织，能缓解自身的水分需求矛盾，如仙人掌、景天等。另一类是增加水分摄取，即具有强大的根系，能从深层土壤中吸收较多的水分供给树体生长，如葡萄、杏等；沙漠地区上的骆驼刺，根深常超过15m，能充分利用土壤深层的水分。园林中常见的旱生树木有马尾松、雪松、麻栎、构树、石楠、旱柳、枣树、木麻黄、锦鸡儿等。

(2) 湿生类型　湿生类型指在潮湿环境中生长，不能忍受长时间的水分不足，即抗旱能力弱的陆生植物。这类植物的生态适应性或形态特征表现在：植物叶面大，光滑无毛，角质层薄，无蜡层，气孔多而经常开张等，或根系不发达，具有发达的通气组织，如气生根、膝状根、板根等。园林中常见的湿生树木有枫杨、卫矛、棕榈、杨梅、水杉、池杉、落羽杉、水松、乌桕等。

(3) 中生类型　中生类型指介于旱生与湿生类型之间的植物。大多数园林植物属于此类型。对水分的反应差异性较大，有的倾向于旱生植物性状，如油松、侧柏、刺槐、臭椿、构树、黄栌、锦带花、波斯菊、牵牛、半枝莲等，有的倾向于湿生植物性状，如桑树、旱柳、乌桕、白蜡、丝棉木、枫杨、紫藤、马蔺等。

课题4 土壤对园林植物的影响

土壤是植物生长发育所需水分和矿质营养元素的载体，更是固定植物的介质，植物通过生长在土壤的根系来固定支撑起植物体。土壤的理化特性与植物的生长发育密切相关，主要表现在土壤温度、水分、空气、质地、结构、厚度等物理性质，营养元素、土壤酸度、有机质等化学性质，以及土壤的生物环境。

（1）土壤温度　土壤温度与植物生长密切相关，它影响种子的萌发、根系和土壤微生物的活动、有机物的分解速率、植物对水分和养分的吸收。对大多数植物来说，最适宜土壤温度是15～35℃的范围。当夏季土温过高，表土根系会遭遇高温伤害甚至死亡，对树体地上生长抑制是通过光合作用与水分平衡来影响，有研究表明：光合蒸腾率随着土温上升而减少，当土温为29℃时开始降低，到36℃时根组织的干物质明显下降，叶绿素含量显著减少；当土温为40℃时，叶片水分含量减少，叶绿素含量严重下降，而根中水分含量增加，这是由于高温导致初生木质部的形成减弱，水的运转受阻；当土温低于-3℃时，根系冻害发生，低于-15℃时大根受冻。

（2）土壤养分　植物生长所必需的各种养分主要由根系从土壤中吸收，土壤中的养分元素大部分保存在各种有机物、腐殖质、不溶性的无机化合物中，这些养分元素必须经风化和腐殖作用，才能成为有效养分为植物所吸收。有效养分主要为土壤胶粒所吸附的营养元素和土壤溶液中的盐类，如阳离子态的NH_4^+、K^+、Na^+、Ca^{2+}、Mg^{2+}、Cu^{2+}等；而阴离子态的SO_4^{2-}、NO_3^-、Cl^-则主要存在于土壤溶液中。植物根系通过离子交换方式吸收这些营养元素。

（3）土壤水分　土壤水分不仅可供植物根系吸收利用，且会直接影响土壤中各种盐类的溶解、物质转化、有机质分解。一般根系适宜田间持水量是60%～80%，干旱缺水时，不能满足植物代谢需要；土壤溶液浓度增高，根系不能正常吸水，反而发生外渗现象；同时使好氧微生物氧化作用过于强烈，土壤有机质消耗加剧，最终导致植物营养缺乏。水分过多会造成营养物质流失，还引起厌氧性微生物的缺氧分解，产生大量还原物和有机酸，抑制植物根系生长。

（4）土壤通气　土壤空气与大气中的氧气和二氧化碳含量不同，土壤空气中的氧气含量比大气低，只有10%～12%，当土壤中的氧气含量低于10%时，植物根系呼吸受到抑制，下降到2%，植物根只能维持生存，导致植物整个生理机能衰退。土壤空气中的二氧化碳含量比大气高几十到几百倍，排水良好的土壤中二氧化碳含量在0.1%左右，大量施用有机肥或翻压绿肥的土壤，二氧化碳含量可以超过2%或更多，当土壤中二氧化碳浓度达到10%～15%时，会阻碍根系生长和种子萌发，如果增加到15%～20%时，会对植物产生毒害作用，阻碍根系吸收和呼吸功能，根系不能扩展，缺乏根毛，甚至导致呼吸窒息而死亡。

土壤通气程度影响土壤微生物的种类、数量和活动情况，从而影响植物的营养状况。在土壤通气不良的条件下（如黏土），好氧性微生物的活动受到抑制，减慢了有机物的分解和养分的释放速度，供应植物的养分就减少；若土壤过分通气（如沙土），好氧性细菌和真菌活跃，有机质迅速分解并可完全矿质化，短期内有效养分多，但植物利用率低，造成养分的无效流失，同时土壤有机质较少，不利于土壤良好结构的形成。

（5）土壤生物环境　土壤生物包括微生物、动物、植物根系。它们一方面依赖于土壤而生存，另一方面对土壤的形成、发育、性质、肥力状况产生深刻影响，是土壤有机质转化的主要动力。

土壤微生物包括土壤细菌、土壤真菌、土壤放线菌、土壤藻类，微生物作用表现在有机质的分解和转化是在微生物及其酶系统的参与下进行的；氮素的生物固定主要是由土壤中的固氮微生物完成的；菌根的形成极大地增强了植物吸收矿质养分和水分的能力；微生物代谢的各类产物作用极大，如维生素、激素类能促进植物生长，分泌的抗生素可抑制植物病原菌的发育。

土壤动物是指在土壤中度过全部或部分生活史的动物。其主要作用是有机物的机械粉碎，纤维素和木质素的分解，土壤的疏松、混合和结构的改良等。

植物根系对土壤发育有重要作用。根系脱落或死亡后，可增加土壤下层的有机物质，并促进土壤结构的形成；根系腐烂后，留下许多通道，改善了通气性并有利于重力水上升；根系分泌物、根周围微生物的活动能增加植物某些营养元素的有效性，改变土壤的pH，促进矿物及岩石的风化。

（6）较多植物土壤理化特性具有特定适应性　如酸性土植物有白兰花、杜鹃花、山茶、茉莉、栀子花、八仙花、棕榈、兰科、凤梨科、蕨类等；碱性土植物有柽柳、紫穗槐、沙棘、文冠果、丁香、黄刺玫、石竹等；耐盐碱植物有柽柳、榆树、绒毛白蜡、新疆杨、文冠果、刺槐、木麻黄、椰树、垂柳、丁香、玫瑰、沙棘、马蔺、野牛草、结缕草等；耐瘠薄土壤的植物有马尾松、侧柏、刺槐、构树、木麻黄、小檗、锦鸡儿、荆条、金盏菊、花菱草、波斯菊、半枝莲、扫帚菜等。

课题5 气体对园林植物的影响

空气中的氧气和二氧化碳含量对植物生长发育起主要作用，氧气是呼吸作用必不可少的，二氧化碳又是光合作用必需的原料，二者在空气中的含量直接影响植物的生长发育。另外，在城市环境中，空气中存在大量的污染物质，主要是二氧化硫、氟化物、氯及氯化氢、光化学烟雾等的含量极大，影响植物生长发育。一些植物对某些污染气体有较强抗性，列举如下。

1）抗二氧化硫的植物有：臭椿、刺槐、榆树、樟树、棕榈、珊瑚树、女贞、夹竹桃、蚊母树、金鱼草、美人蕉、鸡冠花、凤仙花等。

2）抗氟化氢的植物：圆柏、悬铃木、槐树、银杏、臭椿、泡桐、大叶黄杨、丁香、金银花、连翘、天竺葵、万寿菊、大丽花、紫茉莉等。

3）抗氯气及氯化氢的植物：榆树、构树、黄檗、接骨木、木槿、紫荆、紫穗槐、紫藤、地锦。

4）抗光化学烟雾的植物：银杏、柳杉、香樟、日本扁柏、黑松、夹竹桃、海桐、海州常山、紫穗槐等。

单元三　园林植物的观赏特性与园林应用

课题1 园林植物的观赏特性

园林植物的观赏特性主要包括大小、外形、色彩、质感、芳香、声音六个方面内容。

一、园林植物的大小

植物的大小直接影响着园林景观的空间范围、结构关系、设计构思与布局。通常按大小标准将园林树木分为六类。

(1) 大中乔木　从大小和景观中的空间营造与功能来看，大中乔木植物作用相似。大乔木在青壮年成熟期，树高一般在21m以上，如杨属、椴属、银杏、水杉、马褂木、桉属、挪威槭、楸树、法桐等。中乔木在青壮年成熟阶段，树高一般在11～20m，如槐树、白蜡、栾树、苦楝、柿树、杜仲、朴树、皂角、黄连木、合欢、乌桕、五角枫等。

(2) 小乔木　一般成熟植株高度在6～10m的植物，如海棠、樱花、桃、杏花、紫叶李、紫玉兰、木瓜、鸡爪槭、火炬树、黄栌、山茱萸等。

(3) 高灌木　一般成熟植株高度在4～5m的植物，如金银木、丁香、海州常山、无花果、石榴、柽柳、海仙花、木槿等。

(4) 中灌木　一般成熟植株高度在2～3m的植物，如锦带、红瑞木、天目琼花、结香、绣球花、溲疏、连翘、火棘等。

(5) 矮小灌木　一般成熟植株高度在0.6～1.5m的植物，如棣棠、粉花绣线菊、金山绣线菊、月季、南天竹、十大功劳、迎春、牡丹、金丝桃、月季石榴、平枝栒子、倭海棠等。

(6) 地被植物　所有低矮、爬蔓植物，一般成熟植株高度在0.5m以下的植物，如常春藤、蔓长春花、小叶扶芳藤、草坪植物、石竹等。

另外，园林花卉成熟植株的高度一般在1.0m以下，根据植物自身高度差异，在园林设计中等同于矮小灌木、地被植物的作用。

二、园林植物的外形

植物外形就是姿态，即植物整体的外部轮廓，一般指木本而言，它是由主干、主枝、侧枝和叶幕组成的。植物的姿态主要由遗传性而定；但也受外界环境因子的影响，如风造成的偏冠等；或者因为人工养护修剪、园艺栽植方式、造型手法等，树形产生很大的变化，在园林中通常作为造型树点景。植物按照自然生长树冠形态差异，一般归纳为以下几类：

（1）圆柱形　冠形竖直、狭长呈筒状，形态整齐、占据空间小，引导视线垂直向上。如钻天杨、箭杆杨、新疆杨（雄株）、杜松、落羽杉、意大利柏等。

（2）圆锥形　引导人的视线向上，造成高耸的感觉，如雪松、云杉、冷杉、圆柏以及其他针叶树青壮年时期的姿态。

（3）卵圆形　外观柔滑圆曲，如悬铃木、七叶树、梧桐、香樟、广玉兰、鹅掌楸、白蜡等。

（4）倒卵形　外观柔滑圆曲，如刺槐、榉树、旱柳、小叶朴、桑树、楸树等。

（5）圆球形　外观柔滑圆曲，如馒头柳、元宝枫、栾树、核桃、黄连木、千头椿、乌柏等。

（6）垂枝形　树冠枝条弯曲下垂，有引导视线向下的感觉，垂柳、垂枝榆、垂枝桦、垂枝桃、垂枝梅、垂枝樱等。

（7）曲枝形　枝条虬曲扭转，如龙爪槐、龙桑、龙枣、龙游梅、龙爪柳等。

（8）丛枝形　枝干自根颈处分蘖萌发，如锦带、黄刺玫、玫瑰、棣棠、红瑞木、南天竹、夹竹桃等。

（9）拱枝形　枝条长而下垂，形成拱券式或瀑布式的景观，如连翘、迎春、云南素馨、枸杞、柽柳、多花栒子、火棘等。

（10）伞形　枝条、叶片常水平向上，姿态舒展、潇洒，如鸡爪槭、合欢、凤凰木、油松（老年期）等。

（11）棕榈形　干性直立，叶片阔大洒脱，具南国风情，如棕榈、苏铁、椰子树、加大利海枣、老人葵等。

（12）匍匐形　枝干低矮，沿近水平方向伸展，匍匐地面，如平枝栒子、沙地柏、铺地柏、爬地龙柏等。

三、园林植物的色彩

1. 叶色

（1）绿色叶　每种植物叶片质地、厚薄、含水量有差异，其绿色度不同，有嫩绿、黄绿、浅绿、鲜绿、浓绿、蓝绿等区别。如嫩绿色叶包括多数落叶树春色叶；浅绿色的水杉、金钱松、馒头柳、刺槐、玉兰、银杏、梧桐等；深绿色的松、柏、桂花、毛白杨、大叶黄杨、麦冬等；蓝绿色的白扦、蓝冰柏、匍匐剪股颖等。不同绿色植物配植在一起，能丰富层次，增强景深。

（2）春色叶　部分植物在春天新发的叶片不为绿色，而呈现红色。常见植物有七叶树、元宝枫、黄连木、栾树、石榴、茶条槭等。

（3）秋色叶　秋季气温下降，叶片内叶绿素破坏，叶黄素、叶红素呈现颜色，使叶片变成黄色或红色，颜色较为鲜亮。黄色系的植物有：银杏、白蜡、鹅掌楸、加杨、白桦、胡桃、栾树、无患子、金钱松等。红色系的植物有：黄栌、火炬树、枫香、乌柏、黄连木、鸡爪槭、茶条槭、爬山虎、卫矛、木瓜、紫叶稠李等。

（4）常年异色叶　一些植物种、变种、品种的叶色常年呈现不为绿色。常见有以下几种类型：

常年红、紫色的植物有：红枫、红花檵木、紫叶红栌、紫叶小檗、紫叶李、紫叶桃、美人梅、红桑等。

常年银白色的植物有：桂香柳。

常年黄色的植物有：金叶女贞、金叶小檗、黄金槐、金山绣线菊、金叶鸡爪槭、金叶复叶槭、金叶连翘、金叶接骨木等。

常年斑驳色的植物有：金心大叶黄杨、变叶木、洒金桃叶珊瑚、花叶锦带、花叶榕、金边阔叶麦冬等。

2. 花色

植物花色极为丰富，甚至一种植物的花具有多种颜色，部分植物的花开放过程中还变色，常见几种花色及植物列举如下：

（1）红色系　山茶、杜鹃花、榆叶梅、桃花、贴梗海棠、石榴、红薇、合欢、木棉、凤凰木、一串红、虞美人、茑萝等。

（2）黄色系　蜡梅、迎春、连翘、棣棠、黄刺玫、黄蝉、栾树、金盏菊、大花萱草、金鸡菊、一枝黄花等。

（3）蓝紫色系　紫藤、紫丁香、毛泡桐、蓝花楹、荆条、大花醉鱼草、桔梗、紫菀、紫萼、葡萄风信子等。

（4）白色系　玉兰、栀子花、流苏、菱叶绣线菊、欧洲琼花、白花山碧桃、珍珠梅、山楂、刺槐、玉簪、铃兰等。

3. 果色

（1）红色系　山楂、冬青、海棠果、山桐子、南天竹、枸骨、多花栒子等。

（2）黄色系　梨、木瓜、柚、金橘等。

（3）蓝紫色系　紫竹、葡萄、海州常山、蓝莓等。

（4）白色系　红瑞木、雪果忍冬等。

（5）黑色系　女贞、金银花、爬山虎、君迁子、鼠李等。

4. 枝干色

（1）红色系　红瑞木、山桃、杏、血皮槭、柠檬桉等。

（2）黄色系　金枝槐、金枝红瑞木、金竹、金镶玉竹、金枝垂柳等。

（3）绿色系　棣棠、梧桐、青窄槭、竹子、迎春、枸橘等。

（4）白色系　白皮松（老年树）、白桦、白桉等。

（5）斑驳色系　悬铃木、木瓜、白皮松、榔榆等。

四、园林植物的质感

植物质感是人们对植物质地所产生的视觉感受和心理反应。通常由两方面因素决定：一方面是植物本身的因素，即植物的叶片大小、叶片表面粗糙程度、叶缘形状、枝条长短与排列、树皮外形、植物的综合生长习性等；另一方面是外界因素，如植物的观赏距离、环境中其他材料的质感对比等因素。分为三种类型：

（1）粗质感植物　粗质感植物通常由大叶片、疏松而粗壮的枝干（无小而细的枝条）以及松散的树冠形成。粗质感的植物给人以强壮、坚固、刚健之感，其观赏价值高，泼辣而有挑逗性。常见植物有七叶树、白玉兰、广玉兰、火炬树、棕榈、厚朴、核桃、麻栎、木棉等。

（2）中质感植物　中质感植物指那些具有中等大小叶片，质感中等粗度以及具有适度密度的植物，能很好地联系其他植物体构成统一的整体。大多数植物属于此类型，如白蜡、国槐、女贞、海棠、杏、梅花、紫薇等。

（3）细质感植物　细质感植物具有细小叶片和微小脆弱的小枝，并具有整齐密集而紧凑的特性，给人以柔软、纤细的感觉。常见植物有鸡爪槭、元宝枫、馒头柳、乔松、柽柳、珍珠梅、绣线菊属植物、文竹、早熟禾草坪草等。

五、园林植物的芳香

花香是园林植物自身所独有的魅力，是一种不稳定的因素，但是人们通过嗅觉对园林植物花香会产生一种独特的审美感受。

常见芳香植物主要分布在芸香科、樟科、唇形科、桃金娘科、杜鹃花科、蔷薇科、木兰科、柏科、百合科等，著名的香花植物有茉莉、桂花、梅花、丁香、玫瑰、月季、玉兰、含笑、九里香、栀子花、薄荷、兰花、迷迭香、百里香等。另外，侧柏、香柏、香樟、月桂、花椒等植物体中含有挥发性的芳香物质也属于芳香植物的范畴。

六、园林植物的声音

园林植物可以与风、雨等自然气象巧妙结合，生动表现某种生命、力量、韵律、节奏等的声响魅力。大部分植物皆具有这种声响的魅力，与植物的栽植环境、叶片大小、风雨的大小和急缓等密切相关。

课题 2 园林植物的园林应用

一、园林树木

按照树木高度分类。

（1）大中乔木　这类植物因其高度和体量，成为显著的主体和观赏因素。从功能上构成室外环境立面上的基本结构和骨架；与其他各类型植物布局时，占据突出的地位，充当视线的焦点；极强的建造功能，即大中乔木的树冠和树干都能成为室外空间的“天花板和墙壁”，在顶平面和垂直面上封闭空间；高大开展的树冠可以为人们提供遮阴功能（见图 3-1）。

图 3-1　朴树

（2）小乔木　能从垂直面和顶平面两方面限制空间，视树冠下部高度而定，小乔木树干在垂直面上暗示着空间边界，当树冠下部低于视平线时，它将会在垂直面上完全封闭空间；当视线能透过树干和枝叶时，小乔木像前景的漏窗；姿态优美、独特景观树种还可作为视线焦点和构图中心（见图 3-2）。

（3）高灌木　与小乔木相比较，低矮密实，遮挡视线，在园林应用中，犹如一堵实体围墙，能在垂直面上围合空间，即四面封闭，顶部开敞，空间具有强烈向上的趋向性，或构成极强烈的长廊型空间，将人的视线和行动直接引向终端；作为视线屏障和私密氛围的控制，代替围墙和栅栏的作用；与低矮灌木一起栽植，可形成构图焦点；作为天然背景，以突出放置在前面的特殊景物（见图 3-3）。

（4）中灌木　空间围合性弱于高灌木效果，通常在构图中起到高灌木、小乔木与矮小灌木之间的视线过渡作用（见图 3-4）。

（5）矮小灌木　高度明显低于人的视线以下，不以实体来封闭空间，而是以暗示方式来控制空间，即在不遮挡视线情况下限制或分隔空间；在构图上，具有矮墙作用，从视觉上有垂直连接其他不相关因素的作用；在设计中充当附属因素，可与较高的物体形成对比衬托作用；常大面积使用，产生强烈的整体感和一致性（见图 3-5）。

图 3-2　梅花

图 3-3　华北紫丁香

图 3-4　红王子锦带

（6）地被植物　作为室外空间的植物性“地毯”或铺地，对人们视线及运动不会产生任何屏蔽及障碍作用，能引导视线，具有暗示空间边缘作用，从视觉上将其他孤立因素或多组合因素联系成一个统一的整体；具有独特的色彩或质地的地被植物与具有对比色或对比质地的材料一起配置时，在地面形成各式图案，具强烈装饰性，能提供观赏情趣，引人入胜；作为衬托主要因素或主要景物的无变化、中性的背景；为那些不宜种植草皮或其他植物的地方提供下层植被，节约养护成本；能稳定土壤，防止陡坡的土壤被冲刷（见图 3-6）。

图 3-5　迎春

图 3-6　地被植物

二、园林花卉

按照园林用途分类。

1. 花坛花卉

园林中用来布置各类花坛的花卉，多数为一二年生花卉及球根花卉，如矮牵牛、三色堇、一串红、郁金香、风信子等（见图3-7）。

2. 花境花卉

园林中用来布置花境的各类花卉，多数为宿根花卉，如萱草、石竹、松果菊、飞燕草、鸢尾类等（见图3-8）。

图3-7　花坛花卉

图3-8　花境花卉

3. 水生和湿生花卉

用于美化园林水体及布置于水景园的水边、岸边及潮湿地带的花卉，即荷花、睡莲、千屈菜、鸢尾类等各种水生及沼生花卉（见图3-9）。

4. 岩生花卉

用于布置岩石园的花卉，通常植株低矮，生长缓慢，对环境适应能力强，包括各种高山花卉及人工培育的低矮宿根花卉品种，如报春花类、白头翁、景天类等（见图3-10）。

图3-9　水生花卉

图3-10　岩生花卉

5. 藤蔓类花卉

用于篱笆棚架及垂直绿化的花卉，即各种草质藤本花卉，如大花牵牛、茑萝等（见图3-11）。

6. 室内花卉

用于装饰和美化室内环境的植物，如兰科植物、红掌、仙客来、四季报春、长春花、瓜叶菊、四季秋海棠以及各类专类花卉等（见图3-12）。

图3-11　藤蔓类花卉

图3-12　室内花卉

7. 切花花卉

剪切花、枝、叶及果实作为插花及花艺设计的花卉，如菊花、唐菖蒲、香石竹、蕨类植物、一枝黄花等（见图3-13）。

图3-13　切花花卉

三、观赏竹

竹子形态各异、种类繁多、各具特色，具有姿、色、声、韵等多方面的观赏特性，可以形成疏密有致，独具特色的园林景致。园林中常见应用形式有：

1. 丛竹式

利用大中型观赏竹丛植、群植等营造成片的竹林景观，多见于风景区、公园、广场及居住区中。在竹中既可设置幽篁夹道、绿竹成荫的小径，或与草坪结合，形成竹林草坪，或与其他花木、岩石搭配，配以松、梅以表现岁寒三友，体现文化内涵。竹种可用散生竹也可用丛生竹，一般以散生竹居多，如毛竹、淡竹、桂竹、刚竹、早园竹、慈竹等（见图3-14、图3-15）。

图3-14　风景竹林

图3-15　竹林秋色

2. 点缀式

用来点缀风景，丛生型、散生型均可，可观其竿，或观其叶，或观其色，或观其形。如形状怪异有趣的佛肚竹，低矮丛生、叶片犹如羽毛的凤尾竹，竿色金黄明亮的黄金间碧竹等，根据它们不同的特点有选择地点缀于公园、庭院、房前屋后的园林中，各有独到之处。点缀式造景时，应充分考虑竹子的色彩、形态、质感、体量等观赏特性，以达到竹子造景与其他园林要素的协调（见图3-16、图3-17）。

图3-16　丛植孤赏

图3-17　庭院丛植

3. 配景式

与建筑（包括建筑群与亭、榭、轩、舫、楼、阁、廊、漏窗等单体建筑）、山石、假山、水体以及其他植物配景，不仅能起到色彩和谐的作用，而且衬托出建筑物的秀丽，形成立体景观（见图3-18～图3-21）。

图3-18　竹石

图3-19　庭院墙隅丛植

图3-20　竹石配置

图3-21　竹子与窗户

4. 障景式

障景式是指利用竹子来掩盖内在的景观，达到似有似无的效果，或营造一定私密性的局部小环境，能满足游人休憩、交谈、娱乐的需要。障景竹在起到造景和美化作用的同时，还有分隔空间、改善空间形式、组织路线、疏导游人的作用（见图3-22、图3-23）。

图3-22 丛植空间分隔

图3-23 竹径与空间构成

5. 隐蔽式

对于建筑或其他存在缺陷的物体，或不雅的墙面、角隅、管道等，种植观赏竹以遮蔽，不仅可加以遮掩，而且还能增加景深感，增强观赏性（见图3-24、图3-25）。

图3-24 遮掩墙体

图3-25 遮掩设施

6. 地被式

植株高度在0.5m以下的观赏竹种，如铺地竹、箬竹、菲白竹、鹅毛竹、倭竹、菲黄竹等，适宜作地被植物或在树林下层配置，或与自然散置的观赏石相结合，极富自然雅致的情趣（见图3-26、图3-27）。

图3-26　高竿竹与地被竹混植

图3-27　地被竹

7. 绿篱式

利用竹子建成空间的外围屏障，起到分隔空间、协调空间、框景、障景的作用。竹篱的用竹以丛生竹、混生竹为宜，如花枝竹、凤尾竹、矢竹、孝顺竹、青皮竹、茶竿竹、大节竹、大明竹、慈竹、苦竹等（见图3-28、图3-29）。

图3-28　箬竹绿篱

图3-29　竹篱

8. 竹径式

竹径是一种别具风格的园林道路，两旁常配植竹林。竹径可以分隔空间，创造曲折、幽静、深邃的园路环境，常用各类高大竹种（见图3-30、图3-31）。

图3-30　竹径1

图3-31　竹径2

四、棕榈类植物

棕榈类植物生长形式非常独特，大型的叶子成丛地生长于枝干的顶部，枝干通常不分枝而呈现单一通直的样子，由地面的基部到长叶的顶端，上上下下几乎都是同样的粗细。特殊的造型，加上大部分的种类都生长在温暖的区域，给人的印象是热带的风情，因而受到大部分人的喜爱，成为重要的景观植物，园林用途广泛。如棕榈，其株型挺拔秀丽，一派南国风光，适应性强，能抗多种有毒气体，棕皮用途广泛，供不应求，故系园林结合生产的理想树种，又是工厂绿化优良树种。可列植、丛植或成片栽植，也常用盆栽或桶栽作室内或建筑前装饰及布置会场之用。常见园林应用及景观效果如图 3-32 ~ 图 3-41 所示。

图 3-32　孤植

图 3-33　广场树阵

图 3-34　丛植

图 3-35　行道树

图 3-36　林植 1

图 3-37　林植 2

图3-38　植物组合

图3-39　群落种植

图3-40　林下地被

图3-41　盆栽

很多棕榈类植物是重要的热带经济树种。如椰子的种子取油；棕枣果是著名甜品；油棕有“世界油王”之称；棕榈、槟榔、椰子等的树干坚韧通直且耐水湿，可作建筑用材；棕竹属植物茎干细直坚韧，可制伞柄、手杖等；有的种类还可提供优质纤维和作制糖原料；槟榔种子可入药；蒲葵叶可供制扇和编织；黄藤和省藤则是编织藤器的良好材料。除上述经济用途外，棕榈类植物具有能抗多种污染和滞尘等功能，应用于城市绿化及环境保护。

五、草坪和地被植物

1. 草坪的园林应用及分类

（1）按植物材料的组合分类

1）纯一草坪。用一种植物材料的草坪。

2）混合草坪。由多种植物材料组成的草坪。

3）缀花草坪。以多年生矮小禾草或拟禾草为主，混有少量草本花卉的草坪。草花面积一般不超过草坪面积的30%，花卉分布疏密有致，自然错落。

（2）按草坪的用途分类

1）游憩草坪。可开放供人入内休息、散步、游戏等户外活动之用。一般选用叶细、韧性较大、较耐踩踏的草种。通常在草坪边缘或内部栽植疏林，与草坪形成平面和立面的对比；或与乔、灌、草、花等疏密相间、错落有致地组合，形成多层次感的景观和空间类型（见图3-42）。

图3-42 游憩草坪

2）观赏草坪。不开放，不能入内游憩。一般选用颜色均一，绿色期较长，能耐热、抗寒的草种（见图3-43）。

3）运动场草坪。根据不同体育项目的要求选用不同草种，有的要选用草叶细软的草种，有的要选用草叶坚韧的草种，有的要选用地下茎发达的草种。如高尔夫草坪、足球场草坪、草地网球、滑草场等（见图3-44）。

图3-43 观赏草坪

图3-44 运动场草坪

4）交通安全草坪。主要设置在陆路交通沿线，尤其是高速公路两旁、飞机场的停机坪上等开敞、不能遮挡视线的地方（见图3-45）。

5）保土护坡的草坪。用以防止水土被冲刷，防止尘土飞扬。主要选用生长迅速、根系发达或具有匍匐性的草种。景观上常常混播各种草本花卉，疏密有致，别有野趣和情趣（见图3-46）。

图3-45 道路安全草坪

图3-46 护坡草坪

2. 园林地被的园林应用及分类

（1）观赏特点分类

1）常绿地被。木本植物包括铺地柏、薜荔、络石、蔓长春花、小叶扶芳藤、常春藤等，草本植物有石菖蒲、麦冬类、沿阶草、吉祥草、富贵草、常夏石竹、丛生福禄考等。

2）落叶地被。主要指的是在秋冬季地上部分枯萎或落叶，第二年再发芽生长的草本植物，如萱草、玉簪、玉带草、蛇莓、活血丹等。

3）观花地被。主要指观花类植物，如金鸡菊、地被菊、红花酢浆草、二月兰、水仙花、石蒜、宿根福禄考、宿根天人菊等一二年生及多年生植物。

4）观叶地被。叶片常年翠绿、独特叶色或叶姿植物，如蕨类、菲黄竹、花叶燕麦草、八角金盘、花叶玉簪、金边阔叶麦冬等。

（2）应用场所或环境分类

1）空旷地被。开敞、阳光充足场地，如观花、观叶类地被。

2）林缘、疏林地被。包括常见大多数地被植物。

3）林下地被。主要指耐阴地被植物，如玉簪、小叶扶芳藤、常春藤、蛇莓、虎耳草、白芨、杜鹃等。

4）坡体地被。应用于山体、土坡、河岸边、挡土墙等环境下，要求防止冲刷、保持水土的作用，应选择抗性强、根系发达、蔓性迅速的种类，如小冠花、苔草等。

5）岩石地被。覆盖于山石缝隙间、应用于岩石园的地被植物，如爬山虎、常春藤、野菊花、络石等。

单元四　园林花卉的习性与应用

课题1 一二年生花卉的习性与应用

一二年生花卉除了含义界定的种类外，在实际栽培中还有多年生花卉做一年生或二年生栽培。另外，同一种花卉在寒冷地区、热带地区又有较大差异，如在寒冷的东北或西北地区，较多花卉只能做一年生栽培。

一年生花卉通常喜温暖，不耐冬季严寒，大多数不能忍受0℃以下的低温，生长发育主要在无霜期进行，主要是春季播种，又称春播花卉，是夏季景观中的重要花卉。二年生花卉喜冷凉，耐寒性强，可耐0℃以下的低温，要求春化作用，一般在0～10℃环境下30～70天完成，自然环境经过冬天即通过春化作用，一般不耐夏季炎热，主要是秋季播种，又称秋播花卉，是春季景观中的重要花卉。

二者通常繁殖系数大，生长迅速，对环境要求较高。开花繁茂整齐，色彩鲜艳美丽，装饰效果好，在园林中用于重点美化，起画龙点睛作用，如常见用于花坛、种植钵、窗盒、花带、花丛、地被、花境、切花、干花、垂直绿化等。

一、春季开花

1. 三色堇

（1）分布与生境

1）原产于欧洲北部。

2）较耐寒，喜凉爽，在昼温15～25℃、夜温3～5℃的条件下发育良好。忌高温，耐寒抗霜，白天温度若连续在30℃以上，则花芽消失，或不形成花瓣；白天温度持续25℃时，只开花不结实，即使结实，种子也发育不良。根系可耐－15℃低温，但低于－5℃叶片受冻，边缘变黄。

3）喜阳光充足，长日照条件有利于开花。

4）忌积水，喜肥沃、排水良好、富含有机质的中性壤土或砂壤土。

（2）生长发育规律　播种后10～15天发芽，3～4片叶移植上盆，播种到开花需60～100天。及时去残花，温度在28℃以下，可延长花期。

（3）观赏特性与园林应用

1）花语：思慕、思念、请想念我。

2）株型低矮，花色浓艳而丰富，花小巧别致而有丝质光泽，阳光下非常耀眼，花朵随风摇动，似蝴蝶翩翩起舞，装饰效果好，不同的品种与其他花卉配合栽种能形成独特的早春景观，是优秀的花坛、

花境、边缘花卉（见图4-1）。

图4-1 三色堇花坛

3）小盆栽观赏，布置阳台、窗台、台阶或点缀居室，饶有雅趣。

2. 报春花

（1）分布与生境

1）分布于我国云南、贵阳和广西西部，以及缅甸北部，是典型的暖温带植物，绝大多数种类分布于较高纬度低海拔或低纬度高海拔地区，海拔在1800～3000m，生长于潮湿旷地、沟边和林缘。

2）喜温暖，稍耐寒，不耐高温，最适生长温度为15℃左右，0℃以上可越冬，夏季温度不能超过30℃。

3）喜光，但忌强光直射，夏季宜遮阴。

4）喜土壤湿润，但忌积水，中午气温干热时可向植株周围喷水以增加空气湿度。

（2）生长发育规律　二年生或多年生宿根花卉，种子繁殖为主。夏末秋初播种，12月开始孕蕾，新年前后可开花。

（3）观赏特性与园林应用

1）花语：初恋、希望、不悔。

2）花色丰富鲜艳，常点缀于林缘、溪畔，园林应用时可丛植、片植或应用于早春花境中。

3）作为年销花卉盆栽观赏，用来美化、点缀家居环境。

3. 高雪轮

（1）分布与生境

1）原产于南欧，现世界范围内广泛分布。

2）喜温暖，耐寒，忌高温，夏季温度高于35℃则生长不良，最适生长温度15～25℃。

3）喜阳光充足，全日照或半日照下生长均良好，荫蔽处生长发育不良，花期时可适当遮阴以利于养分积累和持续开花。

4）忌高湿，耐干旱，喜疏松、排水透气性良好的砂质壤土。

（2）生长发育规律　播种繁殖为主。春、秋季均可播种，夏季高温地区秋季播种为佳。播种后约7天发芽，真叶长至4～6枚后可移植，北方地区10月下旬可进入阳畦栽培，翌年春季定植，必须摘心一次，5～7月开花。

（3）观赏特性与园林应用

1）花语：欺骗、骗子。

2）株型小巧可爱，花色艳丽，适宜栽培于庭院供观赏，也可配置于花境、岩石园、地被或盆栽供观赏。

4. 姬金鱼草

（1）分布与生境

1）原产于欧亚大陆北温带，常生长于山坡、路边、草地或多沙的草原。

2）耐寒，不耐酷热，喜冷凉气候，最适生长温度为15～25℃，最高温度不可超过30℃。

3）喜光，秋、冬、春三季可接受直射光，夏季烈日下可适当遮阴。

4）喜中等肥沃，适当湿润但又排水良好的砂质壤土。

（2）生长发育规律　多年生草本，常作为二年生栽培，播种或扦插繁殖。播种在9、10月份进行，约两周后萌发，种苗长出3片或以上真叶后可移栽上盆，初春后带土定植，4月中下旬现蕾，5月可达盛花期。

（3）观赏特性与园林应用

1）花语：请觉察我的爱意。

2）花形似一串小金鱼，别致可爱，花色丰富艳丽，枝叶细如柳，适宜用作花坛、花境栽培，也可盆栽观赏（见图4-2）。

图4-2　姬金鱼草花境

5. 金鱼草

（1）分布与生境

1）原产于地中海沿岸及北非，现在世界各地广泛分布。

2）喜凉爽，较耐寒，忌高温。

3）喜光，稍耐半阴，光照不充足则徒长，开花不良。

4）喜肥，喜疏松肥沃、排水良好的土壤，稍耐石灰质土壤。

（2）生长发育规律　播种繁殖为主。春、秋均可播种，播种后7～10天发芽。长江流域以北常秋播，

露地或冷床越冬，翌年4～5月开花，条件适宜花期可持续到7月。也可早春播种，当年9～10月开花。

（3）观赏特性与园林应用

1）花语：活泼热闹、傲慢、多嘴、好管闲事、欺骗、力量。不同颜色的金鱼草还有不同的寓意。

2）株型直立整齐，花型奇特，花色艳丽丰富，适宜应用于花坛、花钵、岩石园，也可盆栽或作为切花观赏；其花序直立，是优良的装点花境的竖线条植物材料。

6. 雏菊

（1）分布与生境

1）原产于欧洲，现在我国各地园林中均有观赏栽培，分布广泛。

2）喜冷凉，较耐寒，可耐－4℃低温，忌高温，温度过高易枯萎，最适生长温度20～25℃。

3）喜光，也耐半阴，不耐水湿，对土壤要求不严，极耐移栽。

（2）生长发育规律　多年生草本常作为一年生栽培。播种繁殖为主。北方多春播，南方多8～9月秋播，可露地越冬。种子喜光，播种后1周左右可出苗，15～20周开花。

（3）观赏特性与园林应用

1）花语：天真、和平、希望及深藏心底的爱。其为意大利国花。

2）株型小巧可爱，开花繁茂、整齐，花色丰富，是理想的花坛和种植钵植物材料，也可应用于岩石园或作为边缘花卉种植。

7. 白晶菊

（1）分布与生境

1）原产于欧洲。

2）喜凉爽，耐寒、忌高温，－5℃以上可安全越冬，30℃以上生长不良，发芽最适温度为15～20℃，生长最适温度15～25℃。

3）喜光，光照不足开花不良。

4）喜湿润、排水良好、疏松肥沃并且富含有机质的壤土或砂质壤土。

（2）生长发育规律　播种繁殖为主。北方地区通常9～10月播种，1周左右发芽，长出2～3片真叶时移植，4～5片真叶时移入苗床或营养钵，北方冬季可进入阳畦栽培，翌年3～5月进入盛花期，花后瘦果约5月下旬成熟。

（3）观赏特性与园林应用

1）花语：为爱情占卜。

2）开花繁茂，花色清新淡雅，花期早，观赏期长，适宜用于早春花坛、花境或盆栽；植株矮壮，也可作为地被片植、丛植。

8. 瓜叶菊

（1）分布与生境

1）原产于大西洋加那利群岛，现分布广泛。

2）喜温暖、凉爽，忌炎热，不耐高温也不耐寒，温度－1℃时叶片受冻，－3℃低温时全株可能冻死，温度高于20℃可能徒长，不利于开花，生长最适温度为10～15℃。

3）喜光，但忌阳光直射或阳光过强，喜富含腐殖质且排水良好的砂质壤土。

（2）生长发育规律　播种繁殖为主。一般8月份播种，10～20天出苗，出苗后约50天可间苗，间苗后约30天上盆，当年12月底即可开花，花期可持续到4月。

（3）观赏特性与园林应用

1）花语：喜悦、快乐、合家欢喜、繁荣昌盛。

2）叶片如瓜类植物，开展、宽阔，其上簇生五颜六色的鲜艳花朵，在碧绿叶片的衬托下，花形丰满，落落大方，冬春开花，花期长，适宜应用于冬春花坛或盆栽装饰于室内。

3）冬春开花，花色艳丽，作为年销盆花颇受欢迎，可用于点缀庭院、阳台，美观大方。

9. 玛格丽特花

（1）分布与生境

1）原产于大西洋加那利群岛。

2）喜凉爽，不耐寒，也不耐炎热，夏季炎热时叶子脱落，最适生长温度为12～20℃。

3）喜光，忌夏天强阳光直射，喜肥沃且排水良好的砂质壤土，忌积水。

（2）生长发育规律　扦插繁殖为主。9～10月扦插，翌年5月可开花，6～7月扦插，翌年早春开花。

（3）观赏特性与园林应用

1）花语：期待的爱、骄傲、满意、喜悦，又名少女花。

2）花期长，花色淡雅，具有田园气息，可作为地被植物材料，或应用于岩石园和庭院之中（见图4-3）。

图4-3　玛格丽特花境

3）其茎基部会逐渐木质化，茎秆较硬挺，是优良的切花材料，可瓶插水养装饰点缀室内环境。

10. 金盏菊

（1）分布与生境

1）原产于地中海地区、中欧、加那利群岛至伊朗一带。

2）喜冷凉，耐寒，可耐-9℃低温，忌炎热。喜光，炎夏忌阳光直射，冬季低温宜直射光。

3）耐瘠薄，但喜水肥，以疏松肥沃、排水良好、略含石灰质的壤土最佳。对二氧化硫、氟化物、硫化氢等有毒气体有一定抗性。

（2）生长发育规律　播种繁殖为主。春秋均可播种，但秋播生长开花更好。常9月中下旬播种，播后约1周出苗，16～18周可开花。

（3）观赏特性与园林应用

1）花语：救济、悲伤、嫉妒、离别。

2）开花大而整齐，见花不见叶，颜色艳丽，花期长，是理想的花坛植物材料；也可盆栽后布置会议桌或舞台，或作为切花观赏。

11. 南非万寿菊

（1）分布与生境

1）原产于南非。

2）略耐寒，可耐 -5℃低温，低温利于花芽形成和开花。

3）喜光，但短日照可促使其开花。

4）喜疏松透气、肥沃、排水良好的微酸性砂质壤土，较耐干旱。

（2）生长发育规律　播种繁殖为主。秋季播种，播种后约 1 周发芽，并给予约 2 周时间的短日照，可促使其开花。

（3）观赏特性与园林应用　花色鲜艳亮丽，开花繁茂，株型整齐，花期长，是早春花坛理想材料；也可盆栽点缀庭院、阳台，或用于花境，营造自然和谐的园林景观。

12. 勋章菊

（1）分布与生境

1）原产于南非和莫桑比克。

2）喜温暖、耐高温，也耐低温，但不适应长期霜冻，冬季温度应高于 5℃，生长最适温度为 15～20℃。

3）喜光，生长期和花期均要求阳光充足，光照不足或阴天，花朵闭合不开放。长期光照不足导致叶片柔软，花蕾减少，花朵变小。

4）耐干旱，喜湿润，忌积水，喜肥沃、疏松、排水良好的砂质壤土。

（2）生长发育规律　播种繁殖为主。一般春季 3 月中旬或秋季 8 月中旬播种，播种前先浸种约 10～12 小时，然后将种子与沙按照 1:4 的比例混拌均匀后再播，发芽的适宜温度为 16～18℃，播后约 1 周可出苗，约 4～5 周可移栽上盆，约 12～13 周可开花。

（3）观赏特性与园林应用

1）花语：深爱、灿烂、清白、我为你感到骄傲。

2）花型花色艳丽、奇特，形似勋章，具有野趣，开花繁茂整齐，是理想的花坛材料，或栽种于庭院或进行边缘种植，也可盆栽观赏。

13. 异果菊

（1）分布与生境

1）原产于南非。

2）喜温暖，忌炎热，略耐寒，可耐 -7℃低温，生长最适温度为 15～25℃。

3）喜光，全日照最佳。

4）喜空气干燥，喜土壤湿润，耐干旱，喜疏松、排水良好的砂质壤土。

（2）生长发育规律　播种繁殖为主。常秋季 9 月份盆播，小苗长江以北地区需进入温房保护越冬，翌年 2～3 月再移出室外露地定植，摘心，促发侧枝，早春开花。

（3）观赏特性与园林应用　花大而繁茂，色彩明亮艳丽，可作为花坛材料，或布置花境与岩石园，也可盆栽观赏。

14. 虞美人

（1）分布与生境

1）原产于欧洲中部及亚洲东北部。

2）喜阳光充足，喜冷凉，略耐寒，忌高温，生长发育温度范围在 5～25℃为宜。昼夜温差大，尤其夜温低有利于生长开花。

3）对土壤要求不严，不耐潮湿，但需水肥，不耐移植，忌连作。

（2）生长发育规律　播种繁殖为主。春秋两季均可播种，播种后约 7～10 天出苗，春播 3～4 月，约 6～7 月开花；秋播 9～11 月，翌年约 5～6 月开花。

（3）观赏特性与园林应用

1）花语：白色象征安慰、慰问，粉色象征奢侈、顺从。中国古代寓意生离死别。中国古代楚汉相争，西楚霸王项羽兵败于垓下，其宠妾虞姬自刎，之后虞姬的墓地长出随风翩翩起舞并且鲜红亮丽的花，民间相传此花由虞姬鲜血染成，因此称其为“虞美人”。

2）开花时色彩丰富亮丽、花瓣轻薄，光洁如绸缎，随风摇曳，适宜应用于花境、野花草地或庭院栽培，也可盆栽观赏或作为切花应用（见图4-4）。

图4-4　虞美人花境

15. 蒲包花

（1）分布与生境

1）原产于南美洲墨西哥、秘鲁、智利一带，现在我国浙江、江西南部、湖南、华南地区、云贵等地均有栽培。

2）喜凉爽，忌严寒，忌高温，最适生长温度为7～15℃，温度高于20℃不利于生长与开花。

3）喜光，但避免强光直射，为长日照花卉，对光照较为敏感。

4）喜空气湿润，但忌土湿，喜肥，喜通气、排水良好的微酸性土壤。

（2）生长发育规律　播种繁殖为主。南方一般在8月下旬至9月上旬播种，北方在7月下旬播种，播后不覆土，温度保持在18℃，约1周后出苗，幼苗长至2～3片真叶时间苗，最早12月可开花。

（3）观赏特性与园林应用

1）花语：援助、吉祥如意、金银满包。

2）花型奇特可爱，花色艳丽，花瓣具高贵的丝绒质感，花期长，观赏价值高，是冬春主要观赏花卉之一，是非常优良的花坛、花境用花材料，也可丛植、片植于草地。

3）年销花市场的宠儿，适宜盆栽作为室内装饰点缀，或置于阳台观赏。

16. 羽衣甘蓝

（1）分布与生境

1）原产于地中海沿岸至小亚细亚，现主要分布于温带地区，英、美、德等国栽培应该较多，我国各地均有引种栽培。

2）喜光，喜冷凉，耐寒，忌高温，生长适宜温度为20～25℃。

3）对土壤适应性较强，耐盐碱，喜肥沃，以富含腐殖质、肥沃的砂质壤土或黏质壤土为宜。

（2）生长发育规律　播种繁殖为主。7月中旬至8月上旬播种，4～6日即可出苗，8月下旬定植，播种后3个月即可观赏。

（3）观赏特性与园林应用

1）花语：利益、华美、祝福、吉祥如意。

2）植株低矮，株型整齐，色彩丰富艳丽，作为主要观赏部位的叶片形状多变，观赏价值高，可用于花坛中形成各种美丽的图案，或作为镶边材料使用。也可作为切叶用于插花等。

17. 六倍利

（1）分布与生境

1）原产于南非，我国各地分布广泛。

2）不耐寒，忌酷热，生长适宜温度为12～15℃，需要低温才能开花。

3）喜光，需长日照才可开花，喜湿润、排水良好的砂质壤土。

（2）生长发育规律　播种繁殖为主。春季1～3月播种，7月中旬开花，8～10月播种，翌年开花。

（3）观赏特性与园林应用

1）花语：可怜、同情。

2）少有的蓝色花卉，开花时植株见花不见叶，株型呈圆形，适合作为花坛用材，或者种植于吊盆中进行立体绿化，也可盆栽或庭院造景。

18. 香雪球

（1）分布与生境

1）原产于地中海地区及加那利群岛，现在世界各地均有栽培。

2）喜冷凉，稍耐寒，冬季能耐短暂－5℃低温，忌酷热，温度高达30℃以上时可能死亡，生长适宜温度为15～25℃。

3）喜光，稍耐半阴，盛夏正午强光时宜遮阴。

4）忌水涝，较耐旱，以肥沃、湿润、深厚的中性或微酸性土壤为宜。

（2）生长发育规律　播种繁殖为主。常9月中下旬以后秋播，5～10天出苗，3～4片真叶时可上盆定植，5～6周可开花。

（3）观赏特性与园林应用

1）花语：清纯、舒畅、勇敢。

2）植株低矮，分枝多且株型整齐，开花时一片银白，小花晶莹洁白，花质细腻，花香清雅，是优美的岩石园花卉，也是花坛、模纹花坛、花坛镶边的理想植物材料，也可作为地被或盆栽观赏。

19. 桂竹香

（1）分布与生境

1）原产于南欧，现分布广泛，我国各地普遍栽培。

2）喜光，喜凉爽气候，稍耐寒，忌高温。

3）适宜疏松肥沃、排水良好的土壤，忌涝，雨水过多则生长不良，可耐轻度盐碱，但在酸性土壤中生长不良。

（2）生长发育规律　播种繁殖为主。9月上旬直播于露地，约1周出苗，10月下旬移植一次，翌年4～5月开花。

（3）观赏特性与园林应用

1）花语：困境中保持贞洁，真诚。

2）株型挺立，开花时花团锦簇，一片金黄色，可应用于花坛、花境，也可盆栽点缀阳台、庭院。

20. 花菱草

（1）分布与生境

1）原产于美国西南部。

2）喜光，喜凉爽，较耐寒，不耐热，夏季处于半休眠状态。

3）喜疏松肥沃、排水良好、上层深厚的砂质壤土，耐旱、耐瘠薄，忌水涝，直根性，不耐移植。

（2）生长发育规律　播种繁殖为主。春秋均可播种，北方地区早春室内育苗，15～20℃下，约1周出苗，夏季开花。

（3）观赏特性与园林应用

1）花语：答应我，不要拒绝我。为美国加州的州花，加州每年4月6日为花菱草日。

2）植株茎叶均细嫩飘逸，花色绚丽夺目，花朵繁多，花瓣轻盈，具有野趣，可沿小路呈带状栽植，或丛植、布置花境等，给人轻盈飘逸的感觉。也可盆栽后装点庭院、阳台或室内等，或作为切花（见图4-5）。

图4-5　花菱草片植

21. 矮牵牛

（1）分布与生境

1）原产于南美。

2）喜温暖，不耐霜冻，生长适宜温度为13～18℃，冬季温度在4～10℃可越冬，低于4℃植株停止生长，稍耐高温，夏季可耐35℃以上温度。

3）喜光，喜长日照，短日照条件下茎叶生长繁茂但花量少。

4）喜疏松、肥沃、排水良好的酸性壤土，喜湿润，忌雨涝。

（2）生长发育规律　播种繁殖为主。长江中下游地区一年四季均可播种育苗，常春季或秋季播种，播种后温度保持在22～24℃，4～7天即可出苗。

(3) 观赏特性与园林应用

1) 花语：安全、同心，在英国寓意“镇静”。

2) 植株低矮、整齐，花大色艳，开花繁茂，花期长，是优良的花坛、种植钵及花槽等花材，也可丛植，或盆栽摆放点缀室内（见图4-6）。

图4-6　矮牵牛种植箱

22. 紫罗兰

(1) 分布与生境

1) 原产于欧洲地中海沿岸，现栽培分布广泛。

2) 喜凉爽，耐寒，需要冬季低温才可开花，冬季可耐 –5℃低温，忌燥热，生长适宜温度白天5～18℃，晚上10℃。

3) 喜光，叶稍耐半阴。

4) 喜湿润、肥沃深厚、排水良好、中性偏碱性的壤土，忌酸性土壤。

(2) 生长发育规律　播种繁殖为主。9月初播种，约2周后出苗，北方10月下旬可移植入阳畦，翌年4月可定植于露地，5月可开花。

(3) 观赏特性与园林应用

1) 花语：永恒的爱与美、质朴、美德、盛夏的清凉。

2) 开花时繁茂，花色鲜艳，香味浓郁，花期长，花序大，适宜于布置花坛，盆栽观赏，或作为切花。

23. 五色草类

（1）分布与生境

1）分布于热带、亚热带地区，我国西南至东南地区有分布，野生于湿地。

2）喜温暖，畏寒，冬季温度不得低于10℃，忌酷热，生长适宜温度为20℃左右。

3）喜光、略耐阴，喜肥沃、干燥、排水良好的砂质壤土。

（2）生长发育规律　扦插繁殖。插穗剪取长度5cm，保持温度15～20℃，扦插后约5～7天即可生根，待插穗生根进入正常生长后撤去遮阳网，放在阳光充足的地方即可。

（3）观赏特性与园林应用

1）株型低矮，枝叶细密，叶色艳丽，品种众多，繁殖容易，是应用广泛的观叶花卉，适用于花坛，尤其是模纹花坛和花坛镶边植物材料（见图4-7）。

图4-7　五色彩类模纹花坛

2）叶色丰富、艳丽，可作为花篮或者花束的配叶使用。

二、夏季开花

1. 百日草

（1）分布与生境

1）原产于墨西哥，现在我国广泛栽培。

2）喜温暖，不耐寒，忌酷暑，生长适宜温度为15～30℃。

3）喜光，可阳光直射，缺少日照则植株易徒长，开花会受影响。

4）喜湿润、肥沃、排水良好的土壤，如果土壤瘠薄、过于干旱则开花不良。

（2）生长发育规律　播种繁殖为主。4月下旬至6月上旬均可播种，1周左右即可出苗，2～3片真叶时可移植，播种至开花约75～90天。

（3）观赏特性与园林应用

1）花语：黄色表示每日问候，白色表示善良，混色表示纪念已经不在的友人，绯红色表示恒久不变。

2）株型直立美观，花大色艳，开花早，花期长，可应用于花坛、花境、花带、也可进行丛植和切花水养，或制作花束。

2. 银边翠

（1）分布与生境

1）原产于北美洲。

2）喜温暖、干燥和阳光充足环境，不耐寒。

3）不择土壤，耐干旱，宜在疏松肥沃和排水良好的砂壤土中生长，开花繁盛。

（2）生长发育规律 播种繁殖为主。能自播繁衍，通常3~5月播种，约7~10天可出苗，生长期可摘心促分枝，生长迅速，栽培简单，开花期夏末秋初，种子成熟期10月。

（3）观赏特性与园林应用 植株浅绿，顶端叶色银白色，鲜艳明亮，给人凉爽轻快之感。可栽植于夏季花坛、花钵或者花槽中，也可片植、切花观赏。

3. 繁星花

（1）分布与生境

1）原产于非洲和阿拉伯地区，现在我国南部有栽培。

2）喜温暖，耐高温，生长期保持夜温在17℃以上，日温22℃以上，温度低于10℃开花不良。

3）喜光，光线强可提高植株品质。

4）较耐旱，不耐水湿，适宜种植于排水良好、富含腐殖质的土壤中。

（2）生长发育规律 播种繁殖为主，播种后10~14天出苗，7~9周后可移栽上盆，春夏可开花。

（3）观赏特性与园林应用

1）花语：创作、正统性、伟业。

2）开花时小花形似一个个五角星，数十朵聚集成球形，花色丰富、明艳，花期长，适宜作为花坛植物材料，或者布置花境，也可盆栽，小巧可爱，点缀室内或阳台。

4. 旱金莲

（1）分布与生境

1）原产于墨西哥、智利等地。

2）喜凉爽，一般可耐短期0℃低温，但不耐严寒，生长适宜温度为18~24℃，越冬温度10℃以上，夏季高温时不易开花，35℃以上生长受抑制。

3）喜光，夏季忌烈日暴晒。

4）喜湿润、忌水涝，适宜疏松、肥沃、通透排水性良好的土壤。

（2）生长发育规律 播种繁殖为主。春秋两季均可播种，春季3~6月播种，约1周出苗，2~3片真叶时可摘心上盆，夏季可开花。

（3）观赏特性与园林应用

1）植株低矮，花色艳丽，具有野趣，可种植于庭院观赏，也可布置花境或自然丛植，或点缀于岩石园中。

2）叶型似碗莲，花型奇特，可盆栽后装饰室内或窗台。

5. 蛇目菊

（1）分布与生境

1）原产于北美中部和西部地区。

2）喜光，耐半阴，喜凉爽，较耐寒，不耐酷热，夏季处于半休眠状态。

3）对土壤要求不严，在疏松肥沃、排水良好、上层深厚的砂质壤土生长旺盛，耐旱、耐瘠薄，忌水涝。

（2）生长发育规律 播种繁殖为主。极易自播繁衍，春秋均可播种，种子喜光，15~20℃约1周出苗，幼苗耐移植，肥沃土壤易徒长倒伏，夏季开花。

（3）观赏特性与园林应用

1）花语：恳切的喜悦。

2）茎叶光洁亮丽，着花繁密，花丛舒展轻盈，适宜做自然丛植或片植，给人轻盈飘逸的感觉，也可用于花境、切花（见图4-8）。

图4-8　蛇目菊片植

6. 花烟草

（1）分布与生境

1）原产于阿根廷和巴西，我国引种并广泛栽培。

2）喜凉爽，但不耐寒，生长适宜温度为10～22℃。

3）喜光，种子萌发时也需要光照，但晴天中午光照过强花闭合，阴天及夜间开放。

4）耐旱，忌湿涝，适宜栽植于疏松、肥沃，富含腐殖质、微酸性的砂质壤土中。

（2）生长发育规律　播种繁殖为主。春秋两季均可播种，以春季播种为主，播种后3～5天出苗，7～10后长出真叶，夏季即可开花。

（3）观赏特性与园林应用

1）花语：全靠有你，有你在身边不寂寞。

2）植株低矮整齐，花大而繁茂，花色丰富艳丽，常用于公园绿地、花坛、花境或园路边栽植，也可盆栽点缀阳台或摆放于庭院。

7. 藿香蓟

（1）分布与生境

1）原产于南美洲，现在非洲和亚洲等地分布广泛。常生长于山谷、山坡林下或林缘、河边或山坡草地、田边荒地等。

2）喜温暖，不耐酷热，不耐寒，温度在8℃以下停止生长。

3）喜光，但对光环境适应性强。

4）对土壤要求不严，适宜湿润、排水良好、中等肥沃的土壤。

（2）生长发育规律　播种繁殖为主。一般春季播种，约10天可出苗，小苗长至2～4个分枝时即可定植，7～10天后可移至阳光充足处，约2个月后可开花。

（3）观赏特性与园林应用

1）花语：敬爱、团结。

2）株丛繁茂，花朵繁多，色彩清新淡雅，是良好的花坛、花境植物材料。

3）植株低矮紧凑，有良好的覆盖效果，是良好的地被植物，适宜作为花丛或园路两边栽植，也可点缀岩石园等。

8. 红蓼

（1）分布与生境

1）原产于我国和澳大利亚，在我国除西藏外，我国的东北、华北、华南、西南等地均有分布。常

生长于田埂路旁、沟边湿地。

2）喜光，喜温暖，耐高温，生长适宜温度 16～28℃。

3）喜湿润，也耐旱、耐贫瘠，适宜于湿润的环境和湿润、疏松的土壤。

（2）生长发育规律　播种繁殖为主。春季露地播种，当长至约 2～3 片真叶时可间苗，至 6 月追肥，6～9 月可开花观赏。

（3）观赏特性与园林应用

1）花语：立志、思念。

2）株型美观，花繁密而红艳，并有野趣，是美化公园、庭院的好材料，也可点缀于林缘、山石或水体、墙边。

9. 天竺葵

（1）分布与生境

1）原产于非洲南部，现在我国各地普遍栽培。

2）喜凉爽，生长适温 15～20℃，但不耐寒，冬季白天温度需在 10～15℃，夜间温度需在 8℃以上。

3）喜光，夏季烈日下需遮阴。

4）忌涝，适宜生长于排水良好的砂质壤土中。

（2）生长发育规律　播种繁殖为主。春季室内盆播，约 2～5 天可出苗，夏秋季开花。

（3）观赏特性与园林应用

1）花语：偶然的相遇、幸福就在你身边，为匈牙利国花。

2）株型直立美观，花色丰富艳丽，花量大而繁茂，花期长，是非常优良的花坛、花境植物材料。

3）栽培繁殖容易，适应性强，园林中常种植于花箱、花钵中点缀廊道、入口等地，也可盆栽后装饰室内与阳台（见图 4-9）。

图 4-9　天竺葵花钵种植

10. 美女樱

（1）分布与生境

1）原产于南美洲。

2）喜温暖，较耐寒，不耐热，生长适宜温度10～25℃。

3）喜光，不耐阴，种子也喜光。

4）喜湿润，不耐旱，对土壤要求不严，以疏松肥沃、较湿润的中性土壤为最佳。

（2）生长发育规律　播种繁殖为主。一般春季播种，15～17℃下约2～3周出苗，约30天后可定植，一般7月可开花观赏。

（3）观赏特性与园林应用

1）花语：相守、家庭和睦。

2）茎秆呈匍匐状生长，株丛繁密、低矮，是优良的地被植物材料。

3）花色明艳，花期长，可用于布置庭院、花境、花坛，也可点缀于岩石边，或盆栽于室内观赏（见图4-10）。

图4-10　美女樱花池

11. 千日红

（1）分布与生境

1）原产于美洲热带地区，现在我国长江以南地区普遍栽培。

2）喜光，喜温暖，耐热，不耐寒，冬季温度低于10℃植株受冻害，生长适宜温度为20～25℃。

3）耐旱、忌湿涝，喜疏松肥沃、排水良好的土壤。

（2）生长发育规律　播种繁殖为主。3月播种，保持18～20℃，约10～15天出苗，6月初即可定植，6～10月可开花。

（3）观赏特性与园林应用

1）花语：不灭的爱。

2）植株挺立，株型整齐，花色鲜艳，花期很长，是优良的花坛、花境材料，也可盆栽装饰于墙边或室内。

3）开花后花瓣不落，色泽不退，可作为干花进行长期观赏。

12. 夏堇

（1）分布与生境

1）原产于亚洲热带与非洲林地。

2）喜高温，耐炎热，不耐寒，越冬温度需在15℃以上，生长适宜温度为18～21℃。

3）喜光、耐半阴，喜适度湿润肥沃的土壤。

（2）生长发育规律　播种繁殖为主。一般春播，华南地区可秋播，播种后约2周出苗，12～14周可开花。

（3）观赏特性与园林应用

1）花语：思念、青春。

2）株型低矮，花朵小巧可爱，花色艳丽，花期长，适宜作为花坛、花境植物材料使用，也可盆栽后布置阳台、花槽等（见图4-11）。

图4-11　夏堇花带

13. 美兰菊

（1）分布与生境

1）原产于中美洲，现在我国各地园林均有栽培观赏。

2）喜光，稍耐阴，耐高温，耐40℃高温，生长适宜温度为15～30℃。

3）喜肥沃、排水良好的土壤，喜干燥，耐高湿，稍耐旱，忌水涝，土壤过湿，会使叶片萎蔫、生长衰弱。

（2）生长发育规律　播种繁殖为主，可自播繁衍。春季3～5月均可播种，保持发芽温度为15～20℃，约8～10天可出苗，温度适宜约45～60天开花。

（3）观赏特性与园林应用

1）花语：皇帝般的花。

2）株型整齐，花朵小巧而繁茂，颜色鲜艳，被如丛的绿叶烘托，十分夺目，适宜应用于花坛、花境中，或种植于低矮灌木之前，金黄色的小花与绿色灌木形成鲜明对比，效果突出。

3）也可进行盆栽、花槽组合或盆栽后布置阳台、庭院等，别有情趣。

14. 麦秆菊

（1）分布与生境

1）原产于澳大利亚，现主要分布于东南亚和欧美，我国引种并广泛栽培。

2）喜光，忌高温，夏季停止生长，不耐寒。

3）喜肥沃、湿润、排水良好的砂质壤土，忌施肥过多或土壤湿涝。

（2）生长发育规律　播种繁殖为主。4月初播种，约1周出苗，3～4片真叶、株高6～8cm时分苗，6月初小苗长至7～8片真叶时可定植，夏季开花。

（3）观赏特性与园林应用

1）花语：永恒的记忆，刻画在心。

2）株型低矮整齐，花期长，开花时苞片色彩艳丽，小花圆润，可用于布置花坛、花境，也可盆栽观赏。

3）花期过后苞片呈膜质化，花色经久不褪，保持光泽，是做干花的优良材料。

15. 万寿菊

（1）分布与生境

1）原产于墨西哥和中美洲，现在我国各地均有栽培。

2）喜温暖，稍耐霜冻；喜光，也耐半阴；耐旱，对土壤要求不严，适宜栽植于排水良好的砂质壤土中。

（2）生长发育规律　播种繁殖为主。通常3月下旬至4月上旬播种，温度在20℃左右约1周可出苗，15天左右真叶可达7片，早熟品种约40天即可开花，晚熟品种约90天可开花。

（3）观赏特性与园林应用

1）花语：友情、健康、甜蜜爱情。

2）品种多，株型整齐低矮，花大色艳，适宜作为花坛布置的植物材料，或应用于花境，也可盆栽后布置于室内或作为切花观赏。

16. 紫茉莉

（1）分布与生境

1）原产于美洲热带地区，现在世界温带和热带地区均有引种栽培。

2）喜温暖，不耐寒，忌酷热；喜略荫蔽处，花强光下闭合，傍晚至清晨开放；喜疏松、肥沃、深厚、富含腐殖质的砂质壤土。

（2）生长发育规律　播种繁殖为主。一般4月下旬播种，约1周发芽，长出2～4片叶子时定植，初夏开花。

（3）观赏特性与园林应用

1）花语：贞洁、质朴、玲珑。

2）株型开展，开花时鲜艳亮丽，饶有野趣，适宜布置庭院、花境，也可盆栽摆放于房前屋后。

17. 四季秋海棠

（1）分布与生境

1）原产于印度东北部，现在我国栽培应用广泛。

2）喜温暖，忌酷热，不耐寒，冬季10℃以上可安全越冬，夏季保持30℃，生长适宜温度为25℃。

3）喜光，冬季需阳光充足，夏季烈日下需部分遮阴。

4）喜环境湿润，忌水涝，喜疏松肥沃、排水良好的壤土。

（2）生长发育规律　播种繁殖为主。一般春季4～5月播种，或秋季8～9月播种。播种后约1周出苗，长出2片真叶时间苗，4片真叶时即可上盆定植，夏季开花。

（3）观赏特性与园林应用

1）花语：呵护、相思、单恋。

2）植株低矮整齐，叶色光亮，花朵鲜艳，花形小巧可爱，是布置花坛、边缘栽培、点缀山石或庭院的优秀植物材料。也可盆栽后用于布置室内阳台、几案或会议台桌。

18. 非洲凤仙

（1）分布与生境

1）原产于非洲东部热带地区，生于海拔1800m左右海岸林区的阴湿地带。

2）喜温暖，忌酷热，要求夏季凉爽，不耐寒，要求冬季温度在12℃以上，5℃以下植株受冻害，适宜生长温度为15～25℃。

3）喜光，忌烈日。

4）喜湿润，忌积水，不耐旱，在疏松、肥沃、微酸性并且排水良好的砂质壤土中生长良好。

（2）生长发育规律　播种繁殖为主。一般4月播种，1～2周出苗，夏季即可开花。温暖地区可全年播种，适应性强，移栽易成活。

（3）观赏特性与园林应用

1）花语：别碰我，怀念过去。

2）株型直立挺拔，叶片光洁亮丽，开花繁茂，花色明艳，适宜布置花坛、花境，或栽植于庭院，或作为装饰性盆花点缀室内或布置会议桌案或舞台等（见图4-12）。

图4-12　非洲凤仙盆栽

19. 醉蝶花

（1）分布与生境

1）原产于美洲热带地区，现主要栽培于全球热带至温带地区。

2）喜高温，较耐暑热，忌寒冷，适宜生长温度为20～32℃。

3）喜光，也耐半阴。

4）喜湿润，较耐干旱，忌积水，喜水肥充足、排水良好的壤土，在碱性土壤上生长不良。

5）优良的抗污染花卉，对二氧化硫、氯气的抗性均较强。

（2）生长发育规律　播种繁殖为主。早春播种，气温20℃左右约1周可出苗，幼苗长出2片真叶时即可分苗定植，夏初即可开花。也可春末播种，夏末开花。

（3）观赏特性与园林应用

1）花语：神秘。

2）植株直立挺拔，花色淡雅，花瓣轻盈，花蕊细长优美，花型独特，盛开时犹如翩翩起舞的蝴蝶，饶有野趣，适宜点缀花境，或种植于庭院中进行观赏。

3）矮型品种可盆栽，装点阳台、室内，趣味盎然。

20. 茑萝

（1）分布与生境

1）原产于美洲热带，现广泛分布于全球温带及热带地区。

2）喜温暖，喜光，短日照植物，每日光照需短于12小时才能开花。对土壤要求不严，喜土壤疏松、湿润、肥沃。

（2）生长发育规律　播种繁殖为主。一般3月下旬至4月初播种，约10天出苗，15天后可间苗，当小苗长出3～4片真叶时可定植，夏初即可开花。

（3）观赏特性与园林应用

1）花语：忙碌，相互关怀，互相依附。

2）枝叶纤细秀丽，轻盈飘逸，花朵形似五星，颜色鲜艳，是装点庭院花架、藤架的优良材料（见图4-13）。

图4-13　茑萝花架

21. 紫苏

（1）分布与生境

1）中国、不丹、印度、印度尼西亚、日本和朝鲜等亚洲国家栽培广泛。

2）喜温暖，稍耐寒，苗期可耐1～2℃低温，开花适宜温度为22～28℃。

3）喜光，稍耐阴。

4）喜湿润环境，不耐干旱，适应性强，对土壤要求不严。

（2）生长发育规律　播种繁殖为主。3月下旬至4月下旬播种，种子在5℃以上时即可萌发，适宜的萌发温度为18～23℃，夏季开花，主要观赏叶片。

（3）观赏特性与园林应用

1）花语：平凡。

2）株型整齐挺拔，叶片大而鲜艳，是花坛、花境中应用的优良观叶植物材料，或边缘种植，或盆栽摆放装饰会议桌案等。

22. 雁来红

（1）分布与生境

1）原产于印度，现分布于亚洲南部，中亚、日本以及我国各地均有栽培。

2）喜温暖，不耐寒，生长适温为20～25℃。

3）喜光，短日照植物，每日光照时长需短于12小时。

4）喜湿润，耐干旱，忌水涝，对土壤要求不严，可耐一定的碱性土壤，适宜生长于肥沃而排水良好的土壤中。

（2）生长发育规律　播种繁殖为主。一般春季5月播种，约1周可出苗，6月即进入观赏其叶片的时期。

（3）观赏特性与园林应用

1）花语：我的心正在燃烧。

2）株型直立挺拔，叶片大而伸展，叶色丰富亮丽，是优良的观叶植物，可点缀装饰花坛、花境，或在篱垣路边丛植，也可盆栽点缀室内，或作切花材料。

23. 金叶甘薯

（1）分布与生境

1）原产于美洲中部。

2）喜温暖，耐热，不耐寒，长江以北地区冬季无法自然越冬，适宜生长温度为20～28℃。

3）喜光，耐半阴。

4）耐干旱，耐瘠薄，喜疏松、肥沃、排水良好的土壤。

（2）生长发育规律　扦插或块根分根繁殖。5～9月可剪取枝蔓进行扦插，约10天后可生根成活，约2个月后即可铺满地面。

（3）观赏特性与园林应用

1）叶大呈黄绿色，叶色鲜亮夺目，生长茂盛，下垂性好，是优良的垂直绿化、藤蔓植物，可盆栽后悬吊观赏（见图4-14）。

图4-14　金叶甘薯盆栽

2）枝叶繁茂，覆盖效果好，可作为地被，点缀于道路边缘或种植于花境中。

24. 彩叶草

（1）分布与生境

1）原产于印度尼西亚爪哇岛，现在我国南方地区栽培分布广泛。

2）喜温暖，不耐高温，较耐寒，冬季温度需高于10℃，降至5℃易发生冻害，生长适宜温度为20～25℃。

3）喜光，耐半阴，忌烈日暴晒，夏季烈日下需遮阴。

4）喜湿润、排水良好的壤土。

（2）生长发育规律　播种繁殖为主。一般春季播种，25℃左右约10天可出苗，出苗后间苗1～2次后可上盆栽植，上盆后养护约20～30天，株高达15cm，即可摆放观赏。

（3）观赏特性与园林应用

1）花语：绝望的恋情。

2）株型低矮但直立，叶色鲜艳，可作为花坛、花境装饰植物，也可盆栽作为观叶植物点缀或装饰室内，或作为切叶植物材料。

25. 地肤

（1）分布与生境

1）原产于欧洲及亚洲中部和南部，现广泛分布于亚洲、欧洲等地区，在我国园林栽培中应用广泛。常生长于田野、路边、沟边或荒地。

2）喜光，喜温暖，不耐寒。耐干旱，对土壤要求不严，较耐盐碱性土壤。

（2）生长发育规律　播种繁殖为主。3月中旬至4月中下旬播种，约1周后出苗，当苗高15～20cm时可定植或上盆栽植观赏。

（3）观赏特性与园林应用

1）花语：幽寂无声，默默奉献。

2）株型圆润、优美，叶色鲜艳，叶形纤细轻盈，秋季变红，是优美的园林色叶植物，可丛植、列植或作为低矮绿篱，或作为边缘植物使用。也可盆栽后布置厅堂、会场或舞台等。

26. 半枝莲

（1）分布与生境

1）原产于南美洲，现广泛分布于亚洲等地，在我国园林中栽培应用广泛。

2）喜温暖湿润环境，喜光，也耐半阴，对土壤要求不严，忌积水。

（2）生长发育规律　播种繁殖为主。9月至10月上旬播种，约2～3周出苗，迅速生长覆盖地面。

（3）观赏特性与园林应用

1）花语：阳光、朝气。

2）株丛密集低矮，开花繁茂，花色明艳、丰富，花期长，可作为花坛边缘植物材料，或种植于花境中观赏。也可装饰草地、边坡，或者种植于花钵、花盆装饰室内外。

三、秋季开花

1. 翠菊

（1）分布与生境

1）原产于我国东北、华北和四川、云南各地。

2）喜温暖，不耐寒，忌高温，冬季温度需高于3℃，0℃以下易受冻害，生长适宜温度为15～25℃。

3）喜光，长日照植物，每日光照15小时可矮化植株，促进开花。

4）喜湿润，忌水涝，适宜生长于湿润肥沃、排水良好的壤土。

（2）生长发育规律　播种繁殖为主。一般春播，也可夏播或秋播，发芽适宜温度为18～21℃，播种后约2周出苗，播后约2～3个月开花。

（3）观赏特性与园林应用

1）花语：追想、可靠的爱情、请相信我。

2）株型直立、整齐，花色鲜艳，品种多样，花期长，适宜种植于花坛、花境中。矮生品种可盆栽后装饰摆放，高生品种可作为切花材料。

2. 波斯菊

（1）分布与生境

1）原产于美洲墨西哥，现在我国栽培广泛，常生长于路旁、田埂等。

2）喜温暖，忌炎热，不耐寒。喜光，短日照植物。对土壤要求不严，耐干旱，耐贫瘠，忌水涝。

（2）生长发育规律　播种繁殖为主。一般春季3～4月播种，约1～2周出苗，50～70天可开花。

（3）观赏特性与园林应用

1）花语：怜惜眼前人、学术、永远的快乐。

2）植株直立，但茎叶柔软纤细，轻盈妩媚，花色丰富，饶有野趣，适宜布置花境、野花草地，或丛植于庭院、路边观赏。

3. 鸡冠花

（1）分布与生境

1）原产于非洲、美洲热带和印度，现在我国各地栽培广泛。

2）喜温暖干燥环境，喜光。对土壤要求不严，不耐干旱，也忌水涝，不耐瘠薄。对二氧化硫、氯化氢抗性较强。

（2）生长发育规律　播种繁殖为主。4～5月播种，气温在15～20℃时，10～15天可出苗，3～4片真叶时可移植盆栽，7～8片真叶时摘心，播种2～3个月后可开花。

（3）观赏特性与园林应用

1）花语：真挚永恒的爱、不褪色的爱。

2）株型直立，花大，花型奇特，形似鸡冠，颜色艳丽，是应用于花坛、花境的优良植物材料，也可点缀树丛，作切花，或者盆栽装饰会议桌案或者舞台等。

4. 一串红

（1）分布与生境

1）原产于巴西，现在我国南北各地均栽培广泛。

2）喜温暖，不耐寒，忌酷热，15℃以下停止生长，10℃以下叶片枯黄脱落，生长适宜温度为20～25℃。

3）喜光，也耐半阴。

4）喜疏松、肥沃、排水良好、偏酸性的砂质壤土，对碱性土壤敏感。

（2）生长发育规律　播种繁殖为主。一般春季播种，约1周出苗，经3个月可开花。

（3）观赏特性与园林应用

1）花语：恋爱的心。

2）植株整齐，穗状花序修长、挺立，花色鲜艳，花期长，适应性强，适宜点缀装饰花坛、花径，或盆栽后装点会议桌、舞台等。

【课题评价】

一、本地区常见一二年生花卉环境因子的量化分析。

编号	名称	环境因子要求						
		温度/℃			光照	水分	土壤	其他
		最低	适宜	最高				
1								
2								
……								

二、收集整理当地一二年生花卉园林应用实例图片。

以小组形式，制作 PPT 上交。PPT 制作要求：每一种植物的图片应包括场地环境、应用形式、应用目的、景观效果等。

课题 2 宿根花卉的习性与应用

宿根花卉一般生长强健，适应性强。种类不同，在其生长发育过程中对环境条件的要求不一致，生态习性差异很大。通常冬季地上茎叶全部枯死，地下部分进入休眠状态的种类，耐寒性强，在我国大部分地区可以露地越冬，春季再萌发；而冬季茎叶保持绿色，温度低时停止生长，呈现半休眠状态，温度适宜则休眠不明显，或只是生长稍停顿的种类，耐寒性弱，主要原产于热带、亚热带或温带暖地。

以营养繁殖为主，包括分株、扦插等。因种类（品种）繁多，形态多变，开花期不同，一次种植多年观赏，应用方便，适于多种环境。园林中常见用于花境、花坛，种植钵、花带、花丛、花群、地被、切花、干花、垂直绿化等，如图 4-15 ~ 图 4-28 所示。

图 4-15　大花飞燕草花境

图 4-16　大滨菊丛植

图 4-17　红花矾根花境

图 4-18　铁筷子盆栽

图 4-19　毛茛地被

图 4-20　玉簪地被片植

图 4-21　芙蓉葵列植

图 4-22　黑心菊片植

图 4-23　长春花盆栽

图 4-24　荆芥片植

图 4-25　山桃草带植

图 4-26　薰衣草丛植

图 4-27　菊花造型

图 4-28　铁线莲栏杆绿化

一、春季开花

1. 白屈菜

（1）分布与生境

1）我国大部分地区均有分布，常生长于山谷湿地、水沟边、草地草丛中。朝鲜、日本、俄罗斯及欧洲也有分布。

2）喜光，喜温暖，耐寒，耐热。

3）对土壤要求不严，喜疏松肥沃、湿润且排水良好的砂质壤土，耐干旱。

（2）生长发育规律　播种繁殖为主，春、夏、秋季均可播种，但以春播为主。自播繁衍能力强，播种后约15天可出苗，长至5~6片真叶时可定植，花果期4~9月。

（3）观赏特性与园林应用

1）花语：认生，羞涩之爱。

2）株型挺立，分枝多，小花明艳，适宜装点花境、庭院，或种植于疏林草地、岩石园中，具有野趣。

2. 白头翁

（1）分布与生境

1）原产中国，分布于我国东北、华北、江苏等地。

2）喜光，喜凉爽干燥气候，耐寒，不耐高温。

3）喜深厚肥沃、排水良好的砂壤土，耐贫瘠，忌积水。

4）对酸雨十分敏感，可用作检测环境污染程度的指示植物。

（2）生长发育规律　播种繁殖为主。早春3~4月播种，一般经过催芽后的种子约3~4天即可出苗，当年生苗或两年生苗均可移栽，4~6月花果期。

（3）观赏特性与园林应用

1）花语：才智。

2）品种丰富，色彩鲜艳，花型多样，全株被毛，花后还可观果，十分奇特。可配置于疏林草地、林缘、花境之中，或丛植于灌丛和庭院观赏。

3. 大花飞燕草

（1）分布与生境

1）原产于欧洲南部，现我国西南部分布广泛。

2）喜光，也耐半阴，喜冷凉干燥环境，忌炎热，耐寒。

3）喜疏松、排水良好的砂质壤土，耐干旱能力强。

（2）生长发育规律　播种、扦插繁殖。春季3~4月或秋季9月下旬至10月上旬播种，秋季播种时，翌年幼苗长到2~4片真叶时可移植，4~7片真叶时定植，2~3年需移植一次，5~10月开花。

（3）观赏特性与园林应用

1）花语：清静、轻盈、正义、自由。

2）株体高耸，花朵串串顶生似轻盈的燕子翩翩起舞，花色清新淡雅，开花耐久，竖线条花材，适宜在花境中作为背景材料，或者丛植于矮绿篱或灌丛前、野花草地，也可作为切花使用。

4. 大滨菊

（1）分布与生境

1）原产于欧洲，我国现引种栽培。

2）喜温暖、湿润、阳光充足的环境，耐半阴，耐寒性较强，在我国长江流域冬季基生叶仍常绿，适宜生长温度为15~30℃。

3）不择土壤，喜疏松、肥沃、排水良好的砂质壤土，pH值适宜6.5~7.0。

（2）生长发育规律　播种、分株繁殖。秋季或早春播种，约7~10天可出苗。生性强健，分蘖性强，多年生长后株丛密集，需隔年秋季分栽，花期5~6月，花后及时剪除残花。

（3）观赏特性与园林应用　植株挺立，株丛紧凑，开花整齐繁密，花朵洁白素雅，花型可爱，有平静舒畅之感，适宜装点盛花花坛，点缀庭园、岩石园，装饰花境前景或中景，林缘或坡地片植；亦可盆栽观赏。花枝是优良切花。

5. 红花钒根

（1）分布与生境

1）原产于北美。

2）喜冷凉，忌炎热，耐寒，可在-15℃以上的温度下生长。

3）喜光，忌阳光直射，耐半阴。

4）喜肥沃、湿润、排水良好的土壤，忌湿涝，不耐干旱。

（2）生长发育规律　播种、分株繁殖。春秋均可播种，种子需光，2~3周萌发，次年开花，花期4~10月。花后剪除残花，可延长花期，冬季保留基生叶，翌年春季进行清理。

（3）观赏特性与园林应用　植株低矮，叶形圆润可爱，四季常绿，花色小巧艳丽，花姿轻盈可爱，花期长，可种植于花坛、花境、花带边缘、林缘，或作为地被植物点缀于岩石园观赏。

6. 铁筷子

（1）分布与生境

1）野生分布于我国四川西北部、甘肃南部、陕西南部和湖北西北部。

2）耐寒，喜半阴潮湿环境，忌干冷，忌强光直射，在全光照下可提前开花。

3）喜肥沃深厚、排水良好的砂壤土，不耐湿涝。

（2）生长发育规律　播种、分株繁殖。种子具有休眠特征，采收后可立即夏播，也可干藏至翌年春季播种。地下芽植物，过夏后进入休眠期。

（3）观赏特性与园林应用　株型低矮，叶色墨绿，花及叶均奇特，与艳丽的花色能形成鲜明对比，适宜林下做地被栽植，也可点缀花境，作为边缘植物种植，或者盆栽观赏。

7. 荷包牡丹

（1）分布与生境

1）原产于中国北部、日本及西伯利亚地区，生于海拔780~2800m的湿润草地和山坡。

2）耐寒，不耐高温，夏季炎热时休眠。

3）喜半阴，忌强光直射。

4）喜湿润、排水良好的砂质壤土，不耐旱，在黏土中生长不良。

（2）生长发育规律　分株、扦插繁殖。一般2月初或花落后进行分株，季节或温度不适宜，移植成活率低。扦插一般在5~9月进行，选取当年生健壮嫩枝，剪成10cm左右，插于素沙中，放于阴凉湿润处，约20天后可生根。花期4~5月，夏季高温，茎叶枯黄进入休眠期，可将枯枝剪去，北方冬季地上需覆土或遮盖物越冬。

（3）观赏特性与园林应用　叶丛伸展，叶色亮绿，形似牡丹，花似一串串小荷包悬挂于枝头，可爱玲珑，是花境和丛植的好材料，片植有自然之趣。由于其花期叶形与牡丹相似，可丛植于牡丹芍药专类园，也可盆栽或切花观赏。

8. 铃兰

（1）分布与生境

1）原产北半球温带，欧洲、亚洲、北美洲均有野生分布。

2）喜凉爽、半阴、湿润环境，忌炎热干燥，气温30℃以上时植株叶片会过早枯黄，在南方需栽植在较高海拔、无酷暑的地方。

3）喜肥沃疏松、富含腐殖质、湿润而排水良好、微酸性的砂质壤土，忌干旱。

（2）生长发育规律　分株繁殖。铃兰展叶后随之抽莛，展叶前是栽培铃兰的最佳时期。5～6月开花，7月结果，夏季休眠，秋后叶片枯萎。

（3）观赏特性与园林应用

1）铃兰是芬兰的国花；在法国，铃兰是纯洁、幸福的象征，每年5月1日是法国的“铃兰节”，法国人互赠铃兰，互相祝愿一年幸福，获赠人通常将花挂在房间里保存全年，象征幸福永驻；英国人称呼铃兰为“谷中之百合”“淑女之泪”等；中国把铃兰叫“君影草”，花语是幸福归来。

2）植株矮小，枝叶纤柔，花洁白、幽雅清丽，形似一个个垂吊的小铃铛，芳香宜人，是优良的盆栽观赏植物，常用于花坛、花境、切叶插花，亦可作林下地被植物。

3）铃兰花、果实、叶片有毒性，切叶、插花的水也会有毒，应用中注意防护，也不能与丁香、水仙花放在一起，否则丁香花、水仙花会迅速萎蔫。

9. 毛茛

（1）分布与生境

1）在世界各地分布广泛，我国除西藏外，各地均有栽培。生长于田边、沟旁、林缘小路的湿润草地。

2）喜光，喜温暖湿润气候，生长适温25℃左右。

3）喜湿润、排水良好的砂质壤土，不易在黏重的土壤中栽培，忌干旱。

（2）生长发育规律　播种繁殖为主。一般9月上旬播种，约1～2周出苗，苗高6～8cm，可进行移植。花果期4～9月。

（3）观赏特性与园林应用

1）花语：孩子气。

2）株型低矮，叶片翠绿，小花明艳，是点缀、装饰花境的优良植物材料，也可撒播于林缘、疏林下地被，以及点缀岩石园，饶有野趣。

10. 筋骨草

（1）分布与生境

1）原产于美国，现我国各地广泛栽培。生于山谷溪旁，阴湿的草地上，林下湿润处及路旁草丛中。

2）喜温暖、湿润、半阴环境，也较耐强光。在酸性和中性的排水性良好的土壤上生长旺盛。

（2）生长发育规律　分株、扦插繁殖。5～6月分株，下半年即可出圃，10月份分株，至翌年4～5月即可出圃。扦插一年四季均可进行。花期4～8月，果期7～9月。

（3）观赏特性与园林应用

1）株丛低矮，叶片伸展，可作为地被成片栽植于林下、湿地，或种植于庭院、墙边，饶有野趣。

2）花小巧可爱，花色亮丽，可用来装饰和点缀花境。

11. 华北耧斗菜

（1）分布与生境

1）分布于我国四川东北部，陕西南部、河南西部，山西、山东、河北和辽宁西部。生长于山地、草坡或林缘地区。

2）耐寒，喜半阴，喜稍湿润、疏松肥沃、排水良好的砂质壤土。

（2）生长发育规律　播种繁殖为主。9月份播种，当幼苗长至6～7片真叶时分苗，翌年3月底4月初可定植。5～6月开花。

（3）观赏特性与园林应用　叶型秀丽，花型奇特，花色艳丽，可用于布置花坛、花境，也可栽种于林缘、岩石园，富有野趣。

12. 毛地黄

（1）分布与生境

1）原产于欧洲西部，现我国各地均有栽培。

2）喜光，也耐阴，较耐寒，忌炎热，适宜生长温度为12～19℃。

3）适宜生长于湿润、排水良好的土壤，生性强健，适应能力强，耐干旱瘠薄。

（2）生长发育规律　播种繁殖为主。3月上旬播种，约5月中旬幼苗长到3～5片叶时，定植于大田。花期5月上至6月中，果熟期8～10月。

（3）观赏特性与园林应用

1）花语：谎言。欧洲传说妖精把毛地黄的花送给狐狸，让狐狸把花套在脚上，以降低它在毛地黄间觅食所发出的脚步声，因此毛地黄还有另外一个名字——狐狸手套。

2）开花时株型高大，花色艳丽，花型像一串小钟，适宜应用于花坛、岩石岩中，也可用作花境的背景材料。或栽植于庭院，富于自然特色。

13. 蒲公英

（1）分布与生境

1）现广泛分布于中国、朝鲜、蒙古和俄罗斯。常生长于中、低海拔地区的山坡、草地、路边、田野、河滩。

2）较耐寒，种子在1～2℃时即可萌芽，生长适宜温度为15～22℃。

3）喜光，较耐阴，为短日照植物。

4）对土壤要求不严，耐干旱瘠薄。

5）抗病虫能力强，一般不需要进行特殊的病虫害防治。

（2）生长发育规律　播种繁殖为主。可自播繁衍，4～9月间均可播种。种子无休眠特性，但生活力下降较快，最好采后直播。播种后约2周出苗，苗高10cm左右，长出4片真叶时可定植。花果期4～10月。

（3）观赏特性与园林应用

1）花语：无法停留的爱。

2）花期长，花色鲜艳，花后果上密生白色冠毛，恰如自由飞翔的降落伞，随风飘荡，十分可爱。适宜种植于房前屋后，或散植于野花草地，具有野趣。也可点缀岩石园，或装饰于花境中。

14. 千叶蓍

（1）分布与生境

1）原产欧洲、亚洲及北美洲。现我国北方地区分布广泛，上海地区冬季半常绿。

2）对温度要求不严，耐寒也耐热，喜光，也耐半阴。

3）对土壤要求不严，喜疏松、肥沃、排水良好的砂质壤土，非常耐干旱，耐瘠薄，对水分需求量少，是城市园林中有名的“节水植物”，忌积水。

（2）生长发育规律　分株、扦插繁殖。一年四季均可进行。分株时2～3个芽为一丛。扦插繁殖以

5～6月份为宜，约1个月后即可生根。生长期肥水勿过大，植株高，生长旺盛，易倒伏，花果期6～10月，种子9～10月成熟。

（3）观赏特性与园林应用　花期长，花色多而鲜艳，在园林中常与岩石搭配，或者种植于花境中。也可丛植、群植于庭院，或在林缘处以花带的形式装饰点缀。

15. 水杨梅

（1）分布与生境

1）原产于我国中、西部地区以及华北地区。常生长于北温带及暖温带的草坡、沟边、河滩及林缘地区。

2）喜温暖湿润和阳光充足环境，较耐寒，不耐高温。

3）喜湿润、肥沃、酸性的砂质壤土，不耐干旱，较耐水淹。

（2）生长发育规律　扦插、播种繁殖。萌发力强，枝条密集，生长期适当摘心以防止徒长，秋季落叶后进行移栽、修剪、整形等工作。花期春末夏初。

（3）观赏特性与园林应用

1）株丛开展，紫红色的球状花吐出长蕊，秀丽夺目，小巧可爱，是非常优良的园林地被植物，可丛植、片植于林缘做花径绿篱，或者装饰装点花境。

2）极耐水湿，具有水质净化功能，是湖滨绿化的优良树种，尤其适用于低洼地、池畔和塘边布置。

16. 夏枯草

（1）分布与生境

1）广泛分布于我国各地，以河南、安徽、江苏、湖南等省为主要产地。常生长于旱坡地、山脚、林边草地等地。

2）喜光，耐半阴，喜温暖湿润的环境，也较耐寒。

3）喜肥沃、排水良好、富含有机质的中性壤土或砂壤土，忌积水。

（2）生长发育规律　播种、分株繁殖。春季3月下旬至4月中旬、秋季8月下旬至9月上旬播种，播种后约2周出苗。分株一般在春末萌芽时可将老根挖出进行，约1周后可出苗。花期4～6月，果期7～10月。

（3）观赏特性与园林应用

1）株型低矮、整齐，适应性强，是优良的地被材料，适宜种植于房前屋后、装点林缘空间。

2）花小巧可爱，颜色清雅，开花时给人清凉的感觉，可用来布置花境，或与岩石搭配，富有野趣。

17. 海石竹

（1）分布与生境

1）原产于欧洲和美洲地区，现世界多地有栽培。

2）喜温暖，忌高温，生长适温为15～25℃，当温度低于7℃时植株停止生长。

3）喜干燥，忌高湿的环境，喜光，夏季忌烈日暴晒。

4）喜肥沃、排水良好、富含有机质的中性壤土或砂壤土，忌积水。

（2）生长发育规律　播种繁殖为主。播种至开花需要14～16周，通常1月份播种，5月可开花，7～8月份播种则翌年春季可开花，播种后保持温度在20℃左右，约1周可萌芽，5～7周后可上盆。花期3～6月。

（3）观赏特性与园林应用　植株低矮小巧，叶色浓郁，花期持久，花色丰富、鲜艳，花型可爱，群植效果极佳，或点缀花坛、花境，与岩石搭配。也可盆栽装饰。

18. 岩白菜

(1) 分布与生境

1) 原产我国西南地区，东南亚地区也有分布。常生长于林下、灌丛、高山草甸和高山碎石隙。

2) 喜温暖湿润和半阴环境，忌强光，忌高温，稍耐寒。

3) 喜湿润、肥沃、排水良好、富含有机质的中性壤土或砂壤土，忌水涝，不耐干旱。

(2) 生长发育规律　播种、分株繁殖。花期5~6月甚至更长，花谢后应及时修剪，以保持株型美观，延长观赏期。

(3) 观赏特性与园林应用　株型低矮，叶片大而颜色鲜艳，花朵艳丽，是花叶兼美的园林地被植物，也适宜种植于水边、潮湿地带，或点缀岩石园、花境观赏。也可盆栽观赏。

19. 羽扇豆

(1) 分布与生境

1) 原产地中海地区，多生长于温带沙漠环境下，现我国广泛栽培。

2) 喜凉爽，较耐寒，可耐0℃低温，温度低于-4℃时冻死，忌高温，夏季酷热能抑制生长。

3) 喜光，也耐半阴。

4) 喜肥沃、排水良好、富含有机质的微酸性壤土或砂壤土，碱性土壤中生长不良，耐干旱，耐短时水涝。

(2) 生长发育规律　播种繁殖为主。春秋季均可播种，自然条件下秋播较春播开花早且长势好，9~10月中旬播种，播种后温度25℃，约1周后可出苗，约1个月，待真叶完全展开，即可移苗，花期翌年5~6月。主根发达，须根少，不耐移植。

(3) 观赏特性与园林应用

1) 花语：苦涩。羽扇豆希腊文为“Lupin”，音译为“鲁冰花”，有悲苦之意，并且其种子非常苦涩，因此其花语为“苦涩”。

2) 株型直立挺拔，形态优美，花色丰富，花序呈竖直线条，高雅优美，适宜作为花境中的背景材料，也可在林缘、草地中片植、丛植。高型品种适宜作为切花，低矮品种可盆栽观赏。

20. 玉竹

(1) 分布与生境

1) 分布于我国中部及北方地区，常生长于林下地被或背阴山坡。

2) 耐寒、耐阴湿，忌强光直射与多风。

3) 喜湿润、肥沃、深厚、排水良好、富含腐殖质的砂壤土，忌积水。

(2) 生长发育规律　播种、根茎繁殖。播种繁殖前需用湿沙催芽，一般5~7天需要倒种一次，待种胚充满种子后，放置在0~5℃低温条件下约1个月，之后可种于田间。花期5~6月，果期7~9月。

(3) 观赏特性与园林应用　株型低矮，枝型优美，叶色温润如玉，花洁白优雅，是优良的花叶兼美的园林观赏植物，适合种于林缘、林下作为地被，也可点缀花境。

21. 鸢尾

(1) 分布与生境

1) 分布广泛，世界各地均有栽培。

2) 喜凉爽，耐寒性强，最适温度为15~17℃。

3) 喜光，也耐半阴。

4) 喜肥沃、排水良好、富含有机质的中性壤土，喜水湿，也耐干旱和盐碱。

（2）生长发育规律　分株繁殖为主。春季开花后或秋季均可进行分株，一般2～4年需分株一次，以促使植株生长健壮。花期4～5月，果期6～8月。

（3）观赏特性与园林应用

1）花语：爱情、友谊、长久思念、力量、雄辩。

2）叶片挺拔，呈扇形排开，叶形优美，叶色青翠，花大色艳，花型似翩翩起舞的彩蝶，是优美的地被、花境、花坛、庭院盆花及切花材料。

22. 马蔺

（1）分布与生境

1）分布于朝鲜、俄罗斯、印度和中国。生于荒地、路旁、山坡草地，尤以过度放牧的盐碱化草场上生长较多。

2）喜光，稍耐阴，耐严寒，耐高温。

3）对土壤适应能力极强，耐干旱、水涝、盐碱，具有极强的抗病虫害能力。

（2）生长发育规律　播种、分株繁殖。繁殖容易，生长强健，在北方地区一般3月底返青，4月下旬始花，5月中旬至5月底进入盛花期，6月中旬终花，果期为6～9月，11月上旬枯黄，绿期长达280天以上。南方可开两次花。

（3）观赏特性与园林应用

1）花语：宿世的情人，爱的使者。

2）叶片直立挺拔，叶色青绿，花淡雅美丽，花密清香，可丛植、片植于城市开放绿地、道路两侧绿化隔离带和缀花草地，也可作为切花材料。

3）根系发达，抗旱、固土能力强，是节水、抗旱、耐盐碱、抗杂草、抗病虫、抗鼠害的优良观赏地被植物，也是水土保持和固土护坡的理想植物。

二、夏季开花

1. 薄荷

（1）分布与生境

1）主要分布于北半球温带地区，我国各地均有栽培。

2）喜温暖，耐热，生长最适温度为25～30℃，耐寒，可耐－15℃低温。

3）喜光，耐半阴，长日照花卉。

4）对土壤要求不严，喜湿，忌长期水涝。

（2）生长发育规律　分株、扦插繁殖。一般分根茎繁殖，春季3月下旬至4月上旬进行，气温达到20℃生长迅速，耐修剪，覆盖地面快，花期为7～9月，种子成熟期为10月。

（3）观赏特性与园林应用

1）花语：美德、愿与你再次相逢、再爱我一次。

2）株丛繁茂、整齐、低矮，叶片青翠亮绿，散发出淡淡清香，十分怡人，是优良的园林地被植物材料，可片植或丛植于林缘、点缀花境或庭院驱蚊，也适合盆栽装点阳台或室内。

2. 玉簪

（1）分布与生境

1）原产中国及日本，分布极广，生于山坡林下。

2）适应性强，耐寒，喜阴湿环境，不耐强烈日光照射，在浓荫通风处生长茂盛。

3）喜土层深厚、肥沃湿润、排水良好的砂质土壤。

（2）生长发育规律　分株繁殖为主。春季发芽前或秋季叶片枯黄后，挖出地下茎，每丛有2～3块地下茎栽植，栽培容易，生长迅速，翌年7～9月开花，果期9～10月，自然结实率低。

（3）观赏特性与园林应用

1）花语：脱俗、冰清玉洁。

2）叶片宽大光亮，叶丛密集，覆盖地面强，在园林中被广泛用于树下地被，或植于岩石园或建筑物北侧。

3）花傍晚时分开放，花香甜袭人，花洁白如玉或淡紫温良，晶莹素雅，适宜庭院、人居环境丛植，也可盆栽观赏或作切花、切叶用。

3. 芙蓉葵

（1）分布与生境

1）原产北美洲，现我国各地均有分布与栽培。

2）喜光，耐半阴，喜温暖，耐热，抗寒性强，我国华北地区可露地越冬。

3）生性强健，对土壤肥力要求不严，在肥沃、排水良好、富含有机质的砂质壤土生长更好，耐水湿。

（2）生长发育规律　播种、分株繁殖。秋季播种，在合适的温度和水分条件下，约5天即可出苗，两年可开花。春秋两季均可进行分株繁殖，春季在即将萌芽前进行，而秋季在停止生长时进行为宜。花期6～9月，入冬可离地剪除半木质化枝干。经数年自然增殖，株丛密集，可3～4年分株一次，保证植株生长健壮。

（3）观赏特性与园林应用

1）花语：早熟。

2）株型高大挺拔，叶型硕大奇特，花大色艳，最宜林缘或草坪边缘、坡体、边荒隙地丛栽片植，也可点缀庭院、岩石园、装点花境，作为中部或背景植物使用。

4. 桔梗

（1）分布与生境

1）原产中国、日本，现我国南北各地均有栽培。野生于山坡草地。

2）喜凉爽湿润环境，生长适温15～25℃，耐寒性强。

3）喜光，耐微阴，忌阳光直射。

4）喜肥沃、排水良好、富含磷钾肥的砂壤土，忌积水，忌连作。

（2）生长发育规律　播种繁殖为主。春夏均可播种，温度在18～25℃约15～20天可出苗，直根性，不耐移植，最好直播或营养钵。生长强健，可摘心促分枝，6月下旬花初开，7月上旬盛放，后期零星开花至9月下旬。

（3）观赏特性与园林应用

1）花语：永恒的爱、无限的爱。传说桔梗花开代表幸福再度降临。

2）花大，花期长，色彩清新亮丽，有很强的田园气息，适宜丛植、片植于林下地被、林缘处，也可点缀花境、庭院角隅、岩石园，或盆栽、切花等。

5. 风铃草

（1）分布与生境

1）原产北温带、地中海和热带地区。

2）喜冬暖夏凉、通风良好、干燥的环境，忌高温多湿，不耐寒。

3）喜光，忌夏日强光直射，长日照花卉。

4）喜排水良好、深厚肥沃、富含有机质的中性壤土或微碱性土壤，石灰质土壤生长最好，忌积水。

（2）生长发育规律　播种繁殖为主。种子采收后有一定时间的休眠现象，出苗时间较长，春播或秋播，秋播时间过晚，影响次年开花。花期 6 ~ 8 月。

（3）观赏特性与园林应用

1）花语：感谢、创造力、来自远方的祝福、温柔的爱等。

2）植株挺立，叶色翠绿，花序优美，花朵形似一个个小风铃，十分有趣，花色丰富、鲜艳，是非常优良的小庭院花境、花坛材料，也可盆栽装饰室内或阳台。高型品种可作切花。

6. 蛇鞭菊

（1）分布与生境

1）原产美国东部地区，现我国各地有栽培。

2）喜欢阳光充足、气候凉爽的环境。耐寒，耐热，喜光或稍耐阴。

3）对土壤适应能力强，适应疏松肥沃、排水良好、pH 6.5 ~ 7.2 的砂壤土，耐水湿，耐贫瘠。

（2）生长发育规律　播种、分株繁殖。在春、秋季均可播种，发芽适温为 18 ~ 22℃，播后 12 ~ 15 天发芽，播种苗两年后开花。花期在夏末秋初，约 40 天不等。

（3）观赏特性与园林应用　姿态优美，马尾式的穗状有限花序直立向上，适宜布置花境作背景材料，或路旁、林缘带状栽植，庭院自然式丛植点缀于山石，挺拔秀丽，野趣十足。也可作切花观赏。

7. 钓钟柳

（1）分布与生境

1）原产美洲大陆，现世界各地均有栽培。

2）喜温暖、空气湿润、通风良好的环境，不耐寒，忌炎热干燥。

3）喜光，稍耐半阴。

4）对土壤要求不严，排水良好、富含石灰质的肥沃砂质壤土生长更好，耐干旱瘠薄，有一定耐盐碱能力，忌积水。

（2）生长发育规律　播种、扦插、分株繁殖。播种多秋季进行，温度 13 ~ 18℃时约 15 ~ 20 天可出苗。秋季 10 月也可进行扦插、分株，约 1 个月可生根。花期为 7 ~ 10 月。

（3）观赏特性与园林应用　植株挺拔，叶色亮丽，花序直立优美，花朵小巧可爱，颜色丰富，整体花期持久，适宜点缀花坛、花境、岩石园，也可盆栽装点室内或阳台。

8. 黑心菊

（1）分布与生境

1）原产美国东部，现我国各地均有引种栽培。

2）喜光，喜温暖，耐热，极耐寒。

3）不择土壤，要求排水良好的砂壤土，耐旱性强，忌积水。

（2）生长发育规律　播种、扦插和分株繁殖。自播繁衍能力强，春播或秋播，两周发芽，次年可开花观赏。生长快，栽培容易，花期 6 ~ 10 月。

（3）观赏特性与园林应用　叶丛大而繁茂，风格粗放，开花时色彩亮丽，花期长，易栽培养护，是装点庭院、花境的优良材料，也可丛植、片植于草坪，自然气息浓郁。

9. 大花金鸡菊

（1）分布与生境

1）原产美洲，现我国各地均有栽培。

2）喜光，喜温暖，生长适温6～35℃，耐寒也耐热，可耐极端高温40℃左右、极端低温-20℃。

3）对土壤要求不严，适应性极强，耐干旱瘠薄，耐盐碱，忌湿涝。

（2）生长发育规律　播种繁殖为主。春秋均可播种，春季4月播种，播后约2～3周可出苗，7～8月份即可开花。自播繁衍能力强，生命力和繁殖力非常强，是一种侵占性非常强的植物，多年生长后株丛密集，应分株更新。花期5～9月。

（3）观赏特性与园林应用

1）花语：永远、始终、愉快、竞争之心。

2）花叶扶疏，轻盈雅致，花色亮黄、鲜艳，花期长，是优良的丛植或片植花卉，常自然撒播于坡地、路旁、林缘，极具田野风光。也适用于花境、庭院及切花观赏。

10. 长春花

（1）分布与生境

1）原产南非，广种于热带地区。现我国云南、广东、海南等地广泛栽培。

2）喜高温、高湿环境，忌干热，不耐严寒，最适宜生长温度为20～33℃。

3）喜阳光，耐半阴。

4）喜排水良好、通风透气的砂质或富含腐殖质的土壤，忌湿怕涝，不耐盐碱。

（2）生长发育规律　播种、扦插繁殖。10月中旬果实成熟，种子寿命1～2年，春季播种，10天可发芽。生长期可摘心，促分枝和调节开花期。自然花期7月上旬初开，直到10月下旬。温室栽培，全年开花。

（3）观赏特性与园林应用

1）花语：愉快的回忆。

2）分枝繁多，花繁色艳，可作花坛、花径配植材料，也可盆栽供室内、台阶、路旁点缀观赏。

11. 火炬花

（1）分布与生境

1）原产非洲东部和南部，现我国各地均广泛栽培。

2）喜温暖与阳光充足环境，耐寒性强，有的品种能耐短期-20℃低温，华北地区冬季地上部分枯萎，地下部分可露地越冬，长江流域可作常绿植物栽培，在-5℃条件下，上部叶片会出现干冻状况。

3）对土壤要求不严，喜深厚肥沃、排水良好而疏松的砂质壤土，忌湿涝。

（2）生长发育规律　播种、分株繁殖。春秋均可播种，以早春播种效果较好，发芽适温为25℃左右，一般播后2～3周便可出芽。春秋两季皆可分株，一般在花后进行，以9月上旬为最适期。自然花期在5月下旬至6月中旬，如果将前一年播种苗于第二年4～6月份移栽定植，则可在9～10月开花。

（3）观赏特性与园林应用　叶丛优美，花枝挺立，花序着花密集丰满，花色鲜艳，花序形状奇特、有趣，像一个个燃烧的火把，适合作为竖线条植物装点花境，也可丛植、片植于草坪边缘。或布置庭院，也可切花观赏。

12. 黄芩

（1）分布与生境

1）分布于中国、俄罗斯、蒙古、朝鲜等地。

2）喜光，略耐半阴，喜温暖，耐严寒，耐高温。

3）对土壤要求不严，耐旱，忌水涝，忌连作。

（2）生长发育规律　播种繁殖为主。一般秋季进行，早春5～6月为茎叶生长期，一年生黄芩主茎约可长出30对叶。一年生植株一般出苗后两个月开始现蕾，二年生及其以后的黄芩，多于返青出苗后70～80天开始现蕾，现蕾后10天左右开始开花，40天左右果实开始成熟，如环境条件适宜黄芩开花结

实可持续到霜枯期。

（3）观赏特性与园林应用 植株低矮，叶色亮丽，花小色艳，是优良地被植物，可装点花境、花坛，或与岩石搭配，颇具野趣。为观赏及药材兼用植物，丛植庭院中。

13. 藿香

（1）分布与生境

1）中国、俄罗斯、朝鲜、日本及北美洲都有分布。

2）喜温暖湿润环境，耐寒，不耐高温，温度高于35℃或低于16℃时生长缓慢或停止。

3）喜光，幼苗期喜阴。

4）对土壤要求不严，喜深厚肥沃、疏松且排水良好的砂壤土，忌积水。

（2）生长发育规律 播种繁殖为主。春季4月中下旬播种，气温保持在20～25℃，约两周可出苗，苗高约12cm时，基部叶腋开始分枝，6月后，进入生长旺期，当年7月中开花，两年后植株自然花期6月底至9月。

（3）观赏特性与园林应用 株型挺立、高大，花序直立优美，花色淡雅清新，全株芳香，宜植于庭院之中，或装点花境、花坛，也可丛植于草坪边缘、林缘花径观赏。

14. 剪秋罗

（1）分布与生境

1）原产北温带至寒带，现我国南北各省均有分布。

2）喜湿润温凉气候，耐寒性强，喜光，耐半阴。

3）对土壤要求不严，喜疏松肥沃、排水良好的石灰质砂壤土，忌积水。

（2）生长发育规律 分株、播种繁殖。一般秋季播种，分株在春秋皆可，种子发芽适宜温度为18～20℃，播种后约2～3周可出苗，翌年6月中旬至7月上中旬开花观赏。花后剪掉残花，可8～9月再次开花，3～4年分株更新。

（3）观赏特性与园林应用 株丛繁茂，花色鲜亮，花瓣形似罗缎剪裂，十分有趣，可装点花坛、花境，或种植于岩石园中，形成亮丽的景观。也可盆栽或切花观赏。

15. 荆芥

（1）分布与生境

1）中南欧、东欧至日本均有分布，在我国各省分布广泛。

2）喜光，喜温暖湿润环境，适宜生长温度20～25℃，耐高温，较耐寒，－2℃以下地上部现冻害。

3）对土壤要求不严，适宜肥沃、排水良好的中性壤土或砂壤土，忌积水，喜干燥，忌连作。

（2）生长发育规律 播种繁殖为主。春季4月中下旬播种，地温16～18℃约两周可出苗，苗高约8cm时可间苗，约15cm时可定苗或移植。花期7～9月，果期9～10月。

（3）观赏特性与园林应用 植株低矮，株型整齐，叶片亮绿色，花序长而优美，花小但花色淡雅，是优良的花叶兼赏花卉，适宜作园林地被，或丛植、片植于林缘、草坪，也可装饰点缀花境。

16. 老鹳草

（1）分布与生境

1）分布于我国北方和四川地区，俄罗斯、朝鲜和日本也有分布。常生长于山坡、草地、林下和河边湿地。

2）喜光，喜温暖湿润气候，耐寒性强。

3）喜肥沃、排水良好、富含有机质的中性壤土或砂壤土，忌积水。

（2）生长发育规律　分株繁殖为主。冬季至早春萌芽前，可将老根挖出进行分株，每株带1~2芽即可。花期6~8月，果期8~9月。

（3）观赏特性与园林应用

1）相传我国著名医药学家孙思邈云游四川峨眉山时发现老鹳鸟啄食此草后变得雄健有力，之后以此草入药，可祛除风湿病，因此将此草命名为老鹳草。

2）植株低矮，叶形优美奇特，叶色青翠，花小巧可爱，花色清新，花叶兼美，是优良的园林地被植物，也可丛植于林下、河岸湿地边，或装点花境、花丛。

17. 东方罂粟

（1）分布与生境

1）原产地中海地区，现我国引种栽培广泛。

2）喜光，喜温暖，较耐寒，华北地区多有栽培，忌酷热，高温地区花期缩短。

3）对土壤适应性强，适宜生长于肥沃、排水良好的砂质壤土，忌湿涝。

（2）生长发育规律　分株、播种繁殖。8月份播种，长出2~3片真叶时可较早移苗，具直根，成株不耐移植。小苗在北京冬季需覆盖越冬，次年老株可安全越冬。花期6~7月。

（3）观赏特性与园林应用

1）花语：顺从、平安。

2）植株挺立，花瓣硕大轻盈，可随风起舞，极富动感，常种植于庭院、花境之中，也可撒播于疏林草地或点缀岩石园，富有浓郁的田园气息。也可切花作花束或瓶插。

3）株丛疏散，不适宜做花坛布置。忌连作，生长多年后需分株更新。

18. 落新妇

（1）分布与生境

1）分布于我国东北、中部地区以及西南地区，俄罗斯、朝鲜和日本也有分布。常生长于山谷、溪边和林缘。

2）喜温暖、半阴、湿润环境，耐寒，忌高温干燥。

3）对土壤适应性强，喜湿润、排水良好、微酸性或中性的砂壤土，略耐轻度盐碱，忌湿涝。

（2）生长发育规律　播种、分株繁殖。春季播种，温度保持20~25℃，约2~3周发芽，萌芽约3~4周后可移苗。花果期6~9月。

（3）观赏特性与园林应用

1）花语：欣喜、我愿清澈地爱着你。

2）株丛茂盛，叶片秀美，花序挺立，花色淡雅，是优良的花境竖线条材料。适宜种植在疏林下、溪边、林缘，或与山石配置，尤显纯朴典雅。

19. 毛蕊花

（1）分布与生境

1）广泛分布于北半球，我国西部地区、江浙地区分布广泛。常生长于山坡、河岸和草地。

2）喜凉爽，忌炎热多雨气候，耐寒性强。喜光，也耐半阴。喜排水良好的石灰质土壤，忌湿涝。

（2）生长发育规律　播种繁殖为主。9~10月播种，约长至3~4片真叶时间苗，翌年春5~6月旺盛生长，6~8月可开花观赏。

（3）观赏特性与园林应用

1）花语：信念。

2）株丛高大挺立，花大繁茂，形成大型直立花序，花色艳丽，十分壮观。适宜作竖线条背景材料

装饰花境，或丛植、片植于林缘、庭院之中。

3）全株被灰白色柔毛，呈灰绿或蓝绿色，叶片宽大，花叶兼赏，可盆栽后布置花坛或作为切花观赏。

20. 美国薄荷

（1）分布与生境

1）原产美洲、加拿大等地，现我国广泛引种栽培。

2）喜凉爽、湿润、向阳的环境，亦耐半阴，忌干燥，耐寒性强，华北地区可露地越冬。

3）对土壤要求不严，适应性强，以湿润、疏松肥沃、排水良好的砂质壤土为宜，耐瘠薄，抗旱性较差，忌过湿和积水。

（2）生长发育规律　播种、分株和扦插繁殖。春秋季均可播种，保持温度在20～25℃，约2～3周即可出苗，播种后约4个月可开花。生长期可摘心促分枝，自然花期6～9月。

（3）观赏特性与园林应用

1）花语：有德之人。

2）株丛繁茂，花型奇特，花色艳丽，花期长，常用来装点花境，或丛植、片植于疏林草地或林缘，也可盆栽或作为切花观赏。

3）开花芳香诱人，是园林中的蜜源植物。

21. 绵毛水苏

（1）分布与生境

1）原产亚洲西南一带及土耳其，现我国观赏栽培应用广泛。

2）喜温暖，耐热，耐寒性较强，华北地区可露地越冬。

3）喜阳，也耐半阴。

4）喜疏松肥沃、排水良好的砂质壤土，忌积水，耐干旱。

（2）生长发育规律　播种、分株繁殖。适应性强，生长旺盛，4月上旬萌动，花期为7月，果期为9～10月。

（3）观赏特性与园林应用　银灰色叶片柔软而富有质感，花色鲜艳，是非常有趣的花叶兼赏植物，可点缀花境、花坛、岩石园，常作为地被、镶边材料使用，也可作切叶材料。

22. 穗花婆婆纳

（1）分布与生境

1）原产欧洲北部，现我国园林中栽培应用广泛。

2）适应性强，耐寒，耐热，喜光，也耐半阴。

3）对土壤要求不严，喜疏松肥沃、排水良好的砂质壤土，耐干旱，耐湿。

（2）生长发育规律　分株繁殖为主。3月下旬至4月中旬可分株，为保证观赏，分株时每株约需保存6～8个芽，种植后约8月可开花观赏。生长旺盛，耐修剪，修剪到现蕾开花需1.5个月左右。自然花期6～8月，自然结实率极低。

（3）观赏特性与园林应用　株型挺拔紧凑，枝叶茂盛，花序优美雅致，可布置花境、装点庭院、岩石园或种植于林缘处观赏。也是优良的线性切花材料。

23. 山桃草

（1）分布与生境

1）原产美国，主要分布于北美洲温带地区，现我国华北、江南园林常见栽培。

2）喜凉爽及半湿润气候，耐酷热，较耐寒，耐-35℃低温。

3）喜光，也耐半阴。

4）对土壤要求不严，适宜湿润、疏松肥沃、排水良好的砂壤土。

（2）生长发育规律　播种、分株繁殖。春秋均可播种，但一般秋季播种为佳，保持温度在20℃左右，约2~3周可发芽，翌年5月中旬花初开，直到7月下旬停止，适宜条件下，花零星开放至9月。

（3）观赏特性与园林应用

1）德国出生的植物学家 Ferdinand Jacob Lindheimer，曾在哈佛大学大量采集山桃草，为了纪念他，山桃草的拉丁名中的种小名以他的名字命名。

2）株丛茂盛，枝叶纤细优美，开花繁盛，花色鲜艳，适宜装点花境、草坪，或丛植于庭院墙边、阶下等观赏。也可盆栽或作为切花观赏。

24. 蜀葵

（1）分布与生境

1）原产我国，华北、长江中下游流域广泛栽培。

2）喜光，耐半阴，耐寒性强。

3）喜疏松肥沃、排水良好、富含有机质的砂质壤土，忌水涝，耐盐碱能力强，在含盐0.6%的土壤中仍能生长。

（2）生长发育规律　播种、分株繁殖。自播繁衍能力强，秋播为主，约1周后可出苗，长至2~3片真叶时可移植。分株繁殖一般在8月下旬至9月进行，根部需保留芽，种植后翌年可开花。植株种植多年后容易衰老，可3~4年分株更新。花期6~8月。

（3）观赏特性与园林应用

1）花语：梦。

2）植株挺立高大，叶片大而青翠，开花繁茂，花大色艳，是非常优良的直立、高大、竖线条花卉。可丛植、列植于建筑墙面或与假山石搭配，也可作花境的背景材料，或片植于林缘、草坪观赏。

25. 射干

（1）分布与生境

1）分布于全世界的热带、亚热带及温带地区，分布中心在非洲南部和美洲热带，在我国各地栽培应用均非常广泛。常野生于山坡、田边和疏林之下。

2）喜光，稍耐阴，耐寒冷和干燥气候，耐热。

3）喜疏松肥沃、排水良好的砂质壤土，耐干旱，忌积水。

（2）生长发育规律　分株、播种繁殖。春季分株，每段根茎带1~2枚芽，晾干切口后即可种植，约两周可出苗。春季或秋季均可播种，春季播种约两周可发芽，秋季9~10月，温度在20~25℃时播种最佳，但出苗慢，约需1个月，待幼苗长出3~4片真叶时即可定植，约两年后可开花观赏。花期7~8月，零星花开至10月中旬。

（3）观赏特性与园林应用　叶丛茂盛，叶形优美，花朵呈亮丽的橘色，鲜艳夺目，适合丛植和片植于林下、草坪边缘、建筑墙垣之下及坡体，也可装点花境、岩石园、庭院。

26. 肥皂草

（1）分布与生境

1）分布于地中海沿岸，现我国各地均有观赏栽培，在大连、青岛等城市常逸为野生。

2）喜光，耐半阴，喜温暖、湿润环境，耐寒。

3）对土壤要求不严，喜疏松肥沃、排水良好的砂质壤土，忌水涝，耐干旱瘠薄，耐盐碱。

（2）生长发育规律　播种、扦插繁殖。春秋季可露地播种，保持温度在15～20℃，约两周即可出苗。生产中也可用扦插繁殖，最佳扦插时间在6月上旬，取枝条幼嫩部分进行扦插，6月下旬即可生根。一年可开花3～4次，花期6～9月。

（3）观赏特性与园林应用　株丛整齐挺拔，叶色亮丽，花朵聚生枝顶，开花繁茂，花色粉嫩，常用于花坛、花境、岩石园搭配，片植或丛植能产生极具田野林地特色的自然景观。

27. 紫松果菊

（1）分布与生境

1）原产美国中部地区，现我国各地均有引种栽培。

2）喜温暖，耐寒性强，生长适宜温度为15～25℃。

3）喜光，需长日照才可开花。

4）喜深厚肥沃、排水良好、富含腐殖质的砂壤土，耐干旱。

（2）生长发育规律　播种繁殖为主。可自播繁衍，春秋均可播种，但是一般秋季播种生长好，播种后保持温度在22～24℃，约1周可发芽。花期为6～7月，种子成熟期为8～10月。

（3）观赏特性与园林应用

1）花语：懈怠。

2）株型高大健壮，风格粗野奔放，开花繁茂，花期长，花型可爱，是优良的野生花园和自然地植物材料，适宜布置岩石园和花境，或丛植于林缘，也可作盆栽、切花观赏。

28. 鼠尾草

（1）分布与生境

1）原产欧洲南部与地中海沿岸地区，现我国栽培分布广泛。常生长于山坡、路边、水边或林下等地。

2）喜光，也耐半阴，喜温暖，较耐寒，华北地区可露地越冬。

3）喜疏松肥沃、排水良好的微碱性砂质壤土，忌积水。

（2）生长发育规律　播种繁殖为主。春秋均可播种，但一般秋季播种，播种前需要用温水浸种约两小时，以去除其坚硬种皮，播种后当小苗长成莲座状后可越冬，翌年6～9月可开花观赏。

（3）观赏特性与园林应用

1）花语：智慧、理性、心在燃烧。

2）植株挺立，叶色亮绿，花序直立优美，花色呈明艳的蓝紫色，是非常优良的布置花坛、花境、岩石园的植物材料，也可丛植、片植于林缘、开敞坡体，极富自然和浪漫气息。

3）低矮品种可盆栽装饰舞台或会议桌，高型品种可作为竖线条切花。

29. 宿根福禄考

（1）分布与生境

1）原产北美洲东部，现我国各地园林中均广泛栽培。

2）喜温暖，忌炎热多雨，耐寒性强，华北地区可露地越冬。

3）喜光，耐半阴，忌烈日下暴晒，夏季高温强光常生长不良。

4）对土壤要求不严，喜石灰质壤土，不耐旱，忌积水。

（2）生长发育规律　扦插、分株繁殖。生长力旺盛，生长期应适时适当地修剪，避免植株徒长，开花稀少，3～4年可分株更新。花期6～9月。

（3）观赏特性与园林应用　植株挺立，花朵繁茂，花色丰富鲜艳，是优良的花坛、花境、地被植物材料，常丛植或片植于林缘、草坪中形成壮观效果，也可盆栽或作为切花观赏。

30. 大花萱草

(1) 分布与生境

1) 我国东北、华北地区分布及栽培广泛，朝鲜、日本和俄罗斯也有分布。

2) 喜凉爽，最适生长温度13～17℃，耐寒性强。

3) 喜光，也耐半阴。

4) 对土壤要求不严，喜肥沃、排水良好、富含有机质的中性或微碱性壤土或砂壤土，忌积水。

(2) 生长发育规律　分株繁殖为主。多在春季萌芽前或秋季落叶后分株。春季分株苗当年即可开花，秋季分株苗翌年可开花观赏。花果期6～10月。

(3) 观赏特性与园林应用　花丛茂盛，叶形优雅，花大色艳，适合片植林缘、疏林草地等做地被，展现浓郁的田野风光。也可作花境、花坛的边缘植物材料，或盆栽及切花观赏。

31. 薰衣草

(1) 分布与生境

1) 原产法国、意大利南部地中海沿岸，以及西班牙、北非等地。现我国新疆是其重要产区，我国其他各地园林均有观赏栽培。

2) 喜温暖、干燥环境，生长适温15～25℃，在5～30℃均可生长。耐高温，长期高于38～40℃则顶部茎叶枯黄。也耐低温，成苗可耐－20～－25℃的低温。

3) 喜光，长日照植物，忌阴湿环境。

4) 喜疏松透气、排水良好并富含硅钙等物质的壤土，酸性或碱性强的土壤及黏性重、排水不良或地下水位高的地块生长不良，耐瘠薄、抗盐碱。忌积水，无法忍受炎热和潮湿，若长期受涝，根烂即死。

(2) 生长发育规律　播种、扦插繁殖。播种常在4月进行，播种前需用浓硫酸浸种，5月即可定植。扦插在春秋季均可进行，选取没有木质化的顶芽、嫩枝进行扦插，插后约2～3周可生根。生长力强，耐修剪，自然花期6～8月，可通过修剪控制花期。

(3) 观赏特性与园林应用

1) 花语：美好的爱情，祛除不洁之物。

2) 株型低矮小巧，整株呈灰紫色或蓝灰色，花序优雅直立，高贵典雅，适宜种植于花坛、花境、林缘，也可盆栽观赏。

3) 由于其散发淡淡清香，可种植于芳香植物专类园中，做到绿化、美化、彩化、香化、净化等一体，康体健身。

32. 加拿大一枝黄花

(1) 分布与生境

1) 原产北美，现我国部分植物园有引种。

2) 喜凉爽、阳光充足环境，耐热及耐寒性强。

3) 喜肥沃、排水良好、富含有机质的中性壤土或砂壤土，忌积水。

(2) 生长发育规律　播种、分株繁殖。每年3月份开始萌发，4～9月份为营养生长，7月初植株通常高达1m以上，10月中下旬开花，11月底至12月中旬果实成熟，一株植株可形成2万多粒种子，所以每株植株在第二年就能形成一丛或一小片。

(3) 观赏特性与园林应用

1) 植株高大挺立，伞房圆锥花序大，开花繁盛，黄色呈明亮的黄色，鲜艳夺目，适合种植于花境中作为背景材料，也可丛植于林缘，或与岩石或建筑物搭配，具有野趣。优良切花材料。

2）根状茎发达，繁殖力极强，传播速度快，生长优势明显，生态适应性广阔，与周围植物争阳光、争肥料，直至其他植物死亡，从而对生物多样性构成严重威胁，故被称为“生态杀手”“霸王花”。园林中应慎用。

33. 月见草

（1）分布与生境

1）原产北美洲。现我国东北、华北、华东和西南地区有栽培并已沦为逸生。

2）喜温暖、光照充足环境，耐寒性强。

3）对土壤要求不严，耐干旱，耐瘠薄，忌积水。

（2）生长发育规律　播种、扦插繁殖。可自播繁衍，春季或秋季播种均可，播后保持土壤湿润，约两周可出苗。1 年生苗在 30 ~ 45 天后即可抽生茎秆，二年生的苗第一年莲座叶先生长，第二年可抽茎开花。花期 4 ~ 10 月，果期 9 ~ 10 月。

（3）观赏特性与园林应用

1）花语：默默的爱、自由的心。

2）株丛低矮整齐，枝叶柔软、青翠，开花繁茂，花色明艳，花瓣轻盈，是非常优良的园林地被植物，可与其他花卉搭配形成野花草地，或丛植于疏林之下观赏，也可盆栽后装饰室内环境与阳台。

34. 蓝刺头

（1）分布与生境

1）分布于俄罗斯、欧洲中部及南部地区，我国东北、内蒙古、甘肃、山西、陕西和新疆等地分布广泛。

2）喜光，喜凉爽，忌炎热，耐寒能力强。

3）适应能力强，喜通风透气、排水良好的砂质壤土，忌湿涝，耐干旱瘠薄。

（2）生长发育规律　播种、扦插繁殖。一般春季 3 月根段扦插，根插后保持温度 20℃左右，约 20 天后长出不定根，两个月后即可定植。花果期 8 ~ 9 月。

（3）观赏特性与园林应用

1）植株挺立，头状花序呈圆球形，别致可爱，花色亮丽，可以点缀野花草地、花境，或作为地被种植于林缘、疏林草地、坡体等。

2）花序可做鲜切花，或风干后作为干花，花色可长期保持，观赏价值高。

35. 太平洋亚菊

（1）分布与生境

1）分布于我国华中、华东等地。

2）喜凉爽，生长适宜温度为 12 ~ 28℃，耐高温，不耐寒。

3）喜光，也较耐阴。

4）喜肥沃、排水良好的砂质壤土，忌积水。

（2）生长发育规律　分株或扦插繁殖。扦插常秋季进行。分株繁殖在春秋两季均可进行。华东一带经多年生长后，呈常绿亚灌木状，花期 9 ~ 11 月。

（3）观赏特性与园林应用　株丛低矮、繁茂，叶片蓝绿色，叶形整齐可爱，开花繁茂，花色亮丽，是非常优美的花叶兼赏园林地被植物。可植于花坛、花境，或盆栽布置于室内观赏。

36. 菊花

（1）分布与生境

1）原产我国，现分布于全球各地。

2）喜凉爽，生长适宜温度为18～21℃，最高32℃，最低10℃，地下根茎耐低温极限一般为-10℃，华北地区可露地越冬。

3）喜光，稍耐阴，短日照植物。

4）喜疏松肥沃、排水良好、富含腐殖质的砂壤土，耐旱，忌积水，忌连作。

（2）生长发育规律　扦插繁殖为主。常见嫩枝扦插，一般4～5月进行，保持温度在18～21℃，约3周即可生根。花期因品种有差异。

（3）观赏特性与园林应用

1）花语：贞洁、诚实、淡淡的爱。在我国，菊花也用来象征长寿或长久，一般使用菊花来表示对逝去的人的追思和缅怀。我国北京、太原、中山、开封、潍坊等很多城市将其作为市花。

2）生长能力强，品种众多，花型花色丰富，在我国具有悠久的栽培历史和文化。园林应用中常做成各种造型，如菊塔、桥、亭、篱、球等，可栽培呈大立菊、悬崖菊等造型，也可盆栽后观赏，或作为切花。

37. 紫菀

（1）分布与生境

1）我国东北各省、内蒙古、山西、河北、河南、陕西及甘肃等地分布。朝鲜、日本及西伯利亚等地也有分布。

2）喜光，喜温暖，耐寒性强。

3）喜湿润、疏松肥沃、排水良好、富含有机质的砂壤土，忌积水，不耐旱。

（2）生长发育规律　播种、扦插繁殖。可3月初播种，播种后约两周发芽。春季也可进行嫩枝扦插，扦插后约2～3周可生根。花期7～9月。

（3）观赏特性与园林应用

1）花语：回忆、真挚的爱。

2）株丛低矮，开花繁盛，花色鲜艳，花朵小巧可爱，是优良的园林地被材料，适宜装点花坛、花境，也可丛植于疏林草地、林缘、路旁，或与其他花卉搭配，布置野花草地。

38. 宿根天人菊

（1）分布与生境

1）原产北美洲西部，现我国东北、华北及华东等地均有栽培。

2）喜温暖、干燥、光照充足的环境，生长适温为12～20℃，耐高温，也耐寒，为长日照花卉。

3）喜疏松透气、排水良好的砂壤土，耐干旱，忌积水。

（2）生长发育规律　播种繁殖为主。春秋均可播种，春季在每年4月播种，发芽温度为22～25℃，播种后约10～14天即可萌芽，当年可开花，花期7～8月或更晚，及时去残花，可延迟花期。

（3）观赏特性与园林应用

1）花语：团结、同心协力。

2）株丛繁茂紧凑，株型低矮圆润，花朵众多，花色艳丽，是优良的花坛、花境植物材料，也可列植、片植于林缘，或盆栽于室内和阳台观赏。

3）耐风、耐旱、耐潮、生性强韧，是优良的防风定沙植物，广泛用于地被栽培。

39. 狭苞橐吾

（1）分布与生境

1）产于我国西南、华中、西北地区，生长于湿地、河边、山坡和林缘地带。

2）喜温暖、湿润、半阴环境。

3）喜湿润、肥沃、排水良好、富含有机质的中性壤土或砂壤土，忌积水，不耐干旱。

（2）生长发育规律　播种繁殖为主。一般春季4月中旬播种，约10天可出苗，待幼苗长至2~3片真叶时即可移栽。自然花期7~10月。

（3）观赏特性与园林应用　植株挺立，叶片大而叶形奇特，花序大而直立，花色鲜艳亮丽，耐阴能力强，是优良的耐阴性花叶兼赏的园林植物。适宜片植于林下、丛植于林缘或岩石边，富于野趣。

40. 银叶菊

（1）分布与生境

1）原产南欧与地中海沿岸，现在我国栽培应用广泛。

2）喜凉爽、阳光充足环境，生长适宜温度为20~25℃。不耐高温，高温高湿时易死亡，较耐寒，冬季可耐-5℃低温，长江流域可露地越冬。

3）喜疏松透气、排水良好的砂质壤土或富含有机质的黏质壤土，忌积水。

（2）生长发育规律　播种、扦插繁殖。常8月下旬至9月上旬播种，约两周后出苗，但苗期生长缓慢，等长出4~5片真叶时可上盆或移栽大田。扦插繁殖多在春季嫩枝扦插。花期6~9月。

（3）观赏特性与园林应用　株型低矮整齐，枝叶繁茂，整个植株呈亮丽的银白色，开花繁茂色鲜，是优良的银色色彩植物，常用于装点花坛、花境，或作为镶边植物，色彩鲜明。

41. 大花旋复花

（1）分布与生境

1）分布于欧洲、俄罗斯及我国的北方等地。常生长于溪边、河岸边。

2）喜温暖、阳光充足环境，耐寒性强。

3）对土壤要求不严，喜疏松肥沃、排水良好的砂质壤土，耐干旱贫瘠，耐盐碱。

（2）生长发育规律　播种、分株繁殖。3月下旬至4月上旬播种，播后约1~2周即可出苗，待幼苗长出3~4片真叶时，即可移栽。分株繁殖一般在4月中旬至5月上旬进行，每穴约栽苗2~3株。花期6~8月。

（3）观赏特性与园林应用　株型挺拔，叶色亮绿，开花繁盛，花色鲜艳夺目，繁殖栽培容易，可与其他花卉搭配，营造野花草地景观，也可丛植、片植于林缘、草地，或装点花境。

42. 赛菊芋

（1）分布与生境

1）原产北美洲。

2）喜光，耐半阴，喜凉爽，适宜生长温度为20~35℃，耐寒性强。

3）对土壤要求不严，喜疏松肥沃、排水良好的砂壤土，喜高燥，耐干旱，忌积水。

（2）生长发育规律　播种、分株繁殖。春季或夏初播种皆可，当年可开花观赏，花后剪除残花，能促使其再次开花。花期6~9月。

（3）观赏特性与园林应用　株型直立圆整，叶片大而整齐，开花繁盛，花色艳丽夺目，是非常优良的园林地被植物，可丛植、片植于草地、林缘下，也可点缀于花境、岩石园中，具有野趣。

43. 芍药

（1）分布与生境

1）原产中国北部、日本、西伯利亚等地。

2）喜凉爽，忌高温多湿，北方可露地越冬，华南炎热地区适合高海拔栽培。

3）喜光，微耐半阴，需长日照，光照强度和光照时间不足影响开花。

4）喜高燥、深厚肥沃、排水良好、富含有机质的中性壤土或砂壤土，耐旱。忌低洼积水，忌盐碱。

（2）生长发育规律　分株繁殖为主。俗语称：“春分分芍药，到老不开花”，一般9月上旬至10月上旬分株，将其肉质根挖出后，晾晒2～3天，再顺其自然缝隙劈裂，保证每个子株带2～3颗芽即可。花期为4～6月。

（3）观赏特性与园林应用

1）花语：在我国古代《诗经》中，有“维士与女，伊其相谑，赠之以勺药”的名句，因此芍药在我国是爱情之花，被誉为“花仙”和“花相”，七夕节的代表花卉。我国扬州市市花。

2）株丛茂盛，株型挺拔而整齐，叶片亮绿，花大而繁盛，园艺品种众多，花色鲜艳，花型多样，适合装点花境、花坛、花箱等，也可丛植、片植或散植于草地之中观赏。也可盆栽后布置阳台、庭院，别有一番风趣。

3）高型品种可作为切花观赏，是非常受欢迎的新娘手捧花主花材。

44. 随意草

（1）分布与生境

1）原产北美洲，在我国华东、华北地区均有栽培。

2）喜温暖，生长适宜温度为18～28℃，较耐寒。

3）喜光照充足，不耐强光直射。

4）对土壤要求不严，喜湿润、疏松肥沃、排水良好的砂壤土，不耐旱。

（2）生长发育规律　播种、分株繁殖。地下匍匐茎易萌发繁衍，春秋两季均可分株。生长期可摘心促分枝，花期7～9月。

（3）观赏特性与园林应用

1）花语：随意、不张扬夸张、成就感。

2）株型挺拔整齐，叶形秀丽，花序直立优美，花色淡雅清新，常用于花坛、花境，丛植、片植可体现自然之美，或盆栽、切花观赏。

45. 乌头

（1）分布与生境

1）分布于我国西南、东北等地，多生长于草地、灌丛之中。

2）喜凉爽、半阴、湿润环境，不耐炎热，较耐寒。

3）喜湿润、疏松、排水良好、中等肥沃的砂质壤土，忌积水，不耐旱，忌连作，不耐移植。

（2）生长发育规律　播种、分株繁殖。秋播为好，春播当年不易发芽，播种苗生长缓慢，2～3年可开花。分株适宜秋后，春季分株常生长不良。花期9～10月。

（3）观赏特性与园林应用　植株挺立，花型奇特而美丽，优良的竖线条花卉，适用于花境的背景材料，或丛植、片植于草坪之上，体现群体、自然之美。也可做切花。

46. 铁线莲

（1）分布与生境

1）广布北半球温带地区，我国西南地区较多，生长于低矮的山区丘陵地带。

2）喜凉爽、湿润环境，耐寒性强，可耐－20℃低温。

3）喜基部半阴、上部较多光照。

4）喜肥沃、排水良好的碱性砂质壤土，忌积水，不耐旱。

（2）生长发育规律　播种、扦插繁殖。春秋均可播种，春季播种需经过40℃水浸泡催芽，播种约1个月发芽；秋季一般11月播种，无须催芽，但种子经过低温春化阶段发芽，翌年春季出苗，比春播出苗整

齐、生长快。扦插可在5~8月进行。吸收根少，与其他植物竞争力弱，生长期不易移栽。花期6~9月。

（3）观赏特性与园林应用

1）花语：高洁、宽恕、美丽的心。

2）植株具攀援性，叶片优美，开花繁茂鲜艳，是优良的垂直绿化植物，可布置廊架、立柱、墙面、拱门等，也可盆栽支架种植及切花观赏。

【课题评价】

一、本地区常见宿根花卉环境因子的量化分析。

编号	名称	环境因子要求						
		温度/℃			光照	水分	土壤	其他
		最低	适宜	最高				
1								
2								
……								

二、收集整理当地宿根花卉园林应用实例图片。

以小组形式，制作PPT上交。PPT制作要求：每一种植物的图片应包括场地环境、应用形式、应用目的、景观效果等。

课题3 球根花卉的习性与应用

球根花卉是指地下部分具有膨大的变态根或茎的多年生草本花卉，根据地下变态的器官及其形态，球根花卉可划分为鳞茎类、球茎类、块茎类、根茎类和块根类5个类型。

球根花卉有两个主要原产地区。一是以地中海沿岸为代表的地区，包括小亚细亚、好望角和美国加利福尼亚等地。这些地区秋、冬、春降雨，夏季干旱，是秋植球根花卉的主要原产地区。这类球根花卉较耐寒、喜凉爽气候而不耐炎热，通常秋天栽植，秋冬生长，春季开花，夏季休眠。另一主要产区是以南非（好望角除外）为代表的地区，包括中南美洲和北半球温带，夏季雨量充沛，冬季干旱或寒冷，是秋植球根花卉的主要原产地区。此类球根花卉生长期要求较高温度，不耐寒，一般春季栽植，夏季开花，冬季休眠。

球根花卉种类丰富，花色艳丽，花期较长，是园林布置中比较理想的一类植物材料。球根花卉常用于花坛、花境、岩石园、基础栽植、地被和点缀草坪等，很多还是重要的切花花卉和盆栽观赏花卉，生产量大。

一、春季开花

1. 番红花

（1）分布与生境

1）原产于地中海地区、小亚细亚和伊朗。

2）喜凉爽、湿润和阳光充足的环境，忌高温和水涝，也耐半阴，耐寒性强，能耐－10℃低温。

3）要求肥沃疏松、排水良好的砂质壤土。

（2）生长发育规律　秋植球根花卉。秋季定植，开始萌动、发根、萌叶，经秋、冬、春三季生长至开花，夏季（5~8月）地上逐渐枯死，球茎进入休眠，并开始花芽分化，花芽分化的适温为15~25℃。

秋季种植前花芽分化已完成。

（3）观赏特性与园林应用

1）花语：快乐。

2）株形矮小，叶丛纤细刚劲，花朵娇柔优雅，花色艳丽丰富，具特异芳香，是点缀庭园花坛和布置岩石园的好材料；或片植、丛植于疏林或开敞草地上做地被种植，可形成美丽的色块（见图4-29）。

3）优良的节日盆花或水养供室内观赏。

图4-29　番红花片植

2. 大花葱

（1）分布与生境

1）原产中亚地区和地中海地区，现我国主要集中在北部地区。

2）喜凉爽、阳光充足的环境，忌湿热多雨，忌连作，适温15～25℃。

3）要求疏松肥沃的砂壤土，忌积水。

（2）生长发育规律

1）种子繁殖。7月上旬种子成熟，阴干，5～7℃低温贮藏。9～10月秋播，翌年3月发芽出苗。夏季地上部枯萎，形成小鳞茎，播种苗约需栽培5年才能开花，抽莛开花时间为5～7月。

2）分球繁殖。宜在夏秋休眠时进行，夏季地上部分枯死，可将鳞茎挖出，大小鳞茎分开，置通风处越夏。秋后栽植，鳞茎达3cm以上者种植，可于翌年5～6月开花，小于3cm者需要养殖一年后方能开花。

（3）观赏特性与园林应用

1）花语：聪明可爱。

2）花序大而新奇，色彩明丽，深得人们的喜爱，是花境、岩石园或草坪旁装饰和美化的品种（见图4-30）。

3）花茎健壮挺拔，花色鲜艳，球形花丰满别致，花头可剪下插瓶，也可用于切花。

图4-30　大花葱丛植

3. 花贝母

（1）分布与生境

1）原产欧亚大陆温带，喜马拉雅山区至伊朗等地。

2）阳性、耐阴、耐寒，生长温度为7～20℃，种球贮藏温度为13℃左右。

3）宜疏松肥沃、富含有机质、排水良好、pH 6.0～7.5的砂质壤土。

（2）生长发育规律

1）春季播种繁殖。发芽适温为23～25℃，播前种子需经湿沙层积处理，播后10～15天即可发芽，需栽培4～6年才能开花。花期为5月，夏季叶片开始枯萎，进入休眠期。

2）秋季分株繁殖。通常待地上部枯萎后将鳞茎挖出，沙贮于23～25℃的环境中，直至秋季再下地种植。

3）扦插繁殖。以生长健壮鳞茎上的中层鳞片为扦穗，将其插入沙床后保持湿润，当年即能长出小鳞茎，需经过3～4年的培育才能形成开花种鳞茎。

（3）观赏特性与园林应用

1）花语：忍耐。

2）栽培品种多，植株高大，花大而艳丽，适用于庭院种植，布置花境或基础种植均可，矮生品种则适合盆栽，观赏性极强（见图4-31）。

图4-31　花贝母片植

4. 花毛茛

（1）分布与生境

1）原产于以土耳其为中心的亚洲西部和欧洲东南部。

2）喜凉爽及半阴环境，忌炎热，适宜的生长温度白天20℃左右，夜间7～10℃，既怕湿又怕旱。

3）要求富含腐殖质、疏松肥沃、通透性能强的砂质培养土。

（2）生长发育规律　种子繁殖。播种期为10月中旬到11月中旬，播种适温15℃左右，10～15天后种子开始出苗，幼苗长到3～4片真叶时进行定植，时间约在12月中旬至1月中旬。冬季宜放在背风向阳处或塑料棚中，可安全越冬。春季回暖后，进入旺盛生长阶段，4月可陆续开花直至5月。

（3）观赏特性与园林应用

1）花语：高贵、典雅。

2）株形低矮，花形优美而独特，色泽艳丽，是春季布置露地花坛及花境、点缀草坪的理想花卉，也是蔽荫环境下优良的美化材料，适合栽植于树丛下或建筑物的北侧（见图4-32）。

3）室内作盆栽观赏，或用于鲜切花生产。

图 4-32　花毛茛片植

5. 风信子

（1）分布与生境

1）原产于欧洲南部地中海沿岸及小亚细亚一带、荷兰，现世界各地栽培。

2）喜冬季温暖湿润、夏季凉爽稍干燥、阳光充足或半阴的环境，较耐寒。

3）适合疏松、肥沃，排水良好的砂质土，忌积水。

（2）生长发育规律　分球繁殖。秋季生根，早春新芽出土，3 月开花，5 月下旬果熟，6 月上旬地上部分枯萎而进入休眠。在休眠期进行花芽分化，分化适温 25℃左右，分化过程 1 个月左右。花芽分化后至伸长生长之前要有两个月左右的低温阶段，气温不能超过 13℃。

图 4-33　风信子片植

（3）观赏特性与园林应用

1）花语：只要点燃生命之火，便可同享丰富人生。

2）植株低矮整齐，花序端庄，花姿美丽，花色丰富，是早春开花的著名球根花卉之一，适于布置花坛、花境和花槽（见图 4-33）。

3）重要的盆花种类，也可作切花或水养观赏。

6. 葡萄风信子

（1）分布与生境

1）原产欧洲中部的法国、德国及波兰南部，后引入我国华北地区，在河北、江苏、四川等省均有栽培。

2）喜温暖、凉爽气候，喜光亦耐阴，适生温度 15～30℃，抗寒性较强。

3）宜于在疏松、肥沃、排水良好的砂质壤土上生长。

（2）生长发育规律　分植种球繁殖。可于每年 11 月份进行，种球消毒晾干后种植于整好的阳畦内，7～10 天后种球开始生根，次年的 2～3 月份开始抽生叶丛，随后在叶丛中长出花序，花期约为 1 个月。夏季进入休眠，冬季叶片常绿。

（3）观赏特性与园林应用

1）花语：悲伤、妒忌，忧郁的爱（得到我的爱，你一定会幸福快乐）。

2）植株矮小，花期早，开放时间长，其纯真的蓝色夺人眼球，可以在林下或草坪上成片、成带与镶边种植，也用于岩石园作点缀丛植，还可应用于园林花境和庭院（见图 4-34）。

图 4-34　葡萄风信子丛植

3）家庭盆栽观赏效果良好。

7. 雪片莲

（1）分布与生境

1）原产欧洲南部及地中海一带。

2）喜凉爽、湿润和半阴环境，耐严寒，大多数种类和品种能耐 -15℃低温。忌强光暴晒和干旱。

3）宜富含腐殖质、疏松和排水良好的砂质壤土。

（2）生长发育规律　分球繁殖。植株地上部分枯萎后挖起鳞茎进行分球，秋季 9～10 月栽植，翌年 3～4 月开花。

（3）观赏特性与园林应用

1）花语：新生。

2）株丛低矮，花叶繁茂，色彩清丽，宜于半阴的林下布置自然式花境，群体效果清新幽雅，或岩石园或多年生混合花境中点缀应用（见图 4-35）。

图 4-35　雪片莲片植

3）良好的室内盆栽和切花材料。

8. 郁金香

（1）分布与生境

1）原产中国新疆、西藏，伊朗和土耳其高山地带。

2）长日照花卉，喜向阳、避风，冬季温暖湿润，夏季凉爽干燥的气候，8℃以上即可正常生长，一般可耐 -14℃低温，耐寒性很强，但怕酷暑。

3）要求腐殖质丰富、疏松肥沃、排水良好的微酸性砂质壤土，忌碱土和连作。

（2）生长发育规律　分球繁殖。鳞茎球一般秋季 10 月份左右栽种，秋冬生根并萌发新芽但不出土，需经冬季低温后第二年 3 月上旬左右（温度在 5℃以上）开始伸展生长形成茎叶，4～5 月开花，生长开花适温 15～20℃。当年栽植的母球经过一季生长后，在其周围同时又能分生出 1～2 个大鳞茎和 3～5 个小鳞茎。

（3）观赏特性与园林应用

1）花语：博爱、体贴、高雅、富贵、慈善、名誉、美丽、爱的表白、永恒的祝福。

2）花朵似荷花，花色繁多，色彩丰润、艳丽，是重要的春季球根花卉。矮壮品种宜布置春季花坛，鲜艳夺目；高茎品种适用切花或配置花境，也可丛植于草坪边缘；中、矮品种适宜盆栽，点缀庭院、室内，增添欢乐气氛（见图 4-36）。

图 4-36　郁金香片植

9. 洋水仙

（1）分布与生境

1）原产地中海沿岸地区的法国、英国、西班牙、葡萄牙等地。

2）温带性球根花卉，喜好冷凉的气候，忌高温多湿，生育适温为 10～15℃，生长期需充足水分和光照，但不能积水。

3）要求肥沃、疏松、排水良好、富含腐殖质的微酸性至微碱性砂质壤土。

（2）生长发育规律　分种球繁殖。种球一般可于冬末或早春栽植，将消毒种球放到7～9℃的冰箱内，也可以将种球种在土壤中，放置到7～9℃环境中，低温处理30～40天，以打破其休眠期。低温处理后，将种植盆移至正常光照下，温度控制在15～20℃，30～50天即可开花，开花时间通常为3月份左右。花期过后叶、根逐渐枯萎，种球进入休眠。

图4-37　洋水仙丛植点缀

（3）观赏特性与园林应用

1）花语：自恋。

2）花形奇特，花色素雅，叶色青绿，姿态潇洒，在园林中常用于布置花坛、花境，亦可片植在疏林下的草坪中，或镶嵌在假山石缝中，或丛植在水池边缘，使得早春风光更加明媚（见图4-37）。

3）春节的理想用花，可作盆栽或切花，用它点缀窗台、阳台和客室，清秀高雅。

10. 朱顶红

（1）分布与生境

1）原产秘鲁和巴西一带。

2）喜温暖湿润气候，生长适温为18～25℃，忌酷热。冬季休眠期，要求冷凉的气候，以10～12℃为宜。阳光不宜过于强烈，应置荫棚下养护。

3）喜富含腐殖质、排水良好的砂壤土，pH在5.5～6.5，怕水涝。

（2）生长发育规律　分种球繁殖。新球的栽植适期为10～11月，种植后要保护越冬。如果种植休眠种球，栽植期可推迟到翌年2～3月，一般每长4片叶，就能出现一个花芽，环境条件适宜时，新叶有12片以上，会抽生2～3莛花，在自然条件下通常4～6月开花。夏季高温，生长发育缓慢，入秋后叶生长旺盛，鳞茎发育加快。冬季鳞茎处于休眠状态，休眠期约60天。

图4-38　朱顶红盆栽

（3）观赏特性与园林应用

1）花语：渴望被爱、成双成对，象征着爱情的忠贞不屈与浪漫。

2）花大色艳，栽培容易，常用于露地布置花坛、花境、庭院（见图4-38）。

3）适于家庭盆栽观赏，陈设于客厅、书房和窗台，高秆品种可用作切花。

二、夏秋季开花

1. 百子莲

（1）分布与生境

1）原产南非，现作为观赏花卉被我国各地引种栽培。

2）喜温暖、湿润和阳光充足环境。具有一定的抗寒能力，要求夏季凉爽、冬季温暖，5～10月温度在20～25℃，11月至4月温度在5～12℃。

3）在腐殖质丰富、肥沃而排水良好的土壤中生长最好，宜pH 5.5～6.5，忌积水。

（2）生长发育规律　分株和播种繁殖。分株常在春季3～4月结合换盆进行，将过密老株分开，每盆以2～3丛为宜，分株后翌年6～8月开花，单株花期一般在15～30天。播种繁殖通常播后15天左右发芽，小苗生长慢，需栽培4～5年才开花。

（3）观赏特性与园林应用

1）花语：恋爱的造访、恋爱的通讯。

2）叶色浓绿、光亮，花形秀丽，花蓝紫色，也有白色、大花和斑叶等品种。在园林中置半阴处栽培，作为岩石园和花境的点缀植物（见图4-39）。

3）适于盆栽作室内观赏。

图4-39　百子莲丛生列植

2. 白芨

（1）分布与生境

1）原产中国，广泛分布于长江流域各省。

2）喜温暖、阴湿的环境，稍耐寒，耐阴性强，忌强光直射，夏季高温干旱时叶片容易枯黄。

3）宜排水良好、含腐殖质多的砂壤土。

（2）生长发育规律　分块茎繁殖。12月下旬将块茎栽植于土壤中，每块带2～3个芽眼，冬季温度低于10℃时块茎基本不萌发，来年2月块茎开始萌动。日平均温度达15～20℃时开始陆续出苗，3月下旬少数开始展开第一片叶，4月初植株叶子已展开完成，每年4月上旬开始现蕾，进入花期。至5月中旬，花朵开始凋谢，部分开始结实。8月下旬植株进入倒苗期。

（3）观赏特性与园林应用

1）花语：寓意“医治创伤”。

2）白芨为地生兰的一种，花有紫红、白、蓝、黄和粉等色，可布置于花坛，常丛植于疏林下或林缘隙地，宜在花径、山石旁丛植，亦可点缀于较为荫蔽的花台、花境或庭院一角（见图4-40）。

图4-40　白芨片植

3. 仙客来

（1）分布与生境

1）原产于中东、欧洲南部和中部，现世界各地广为栽培。

2）喜阳光充足和冷凉、湿润的气候。10～20℃为最适温度，不耐高温，30℃以上，植株将停止生长进入休眠。冬季耐0℃低温，在5℃以下生长缓慢，叶卷曲，花不舒展，花色暗淡。

3）要求疏松、肥沃、富含腐殖质、排水良好的微酸性砂壤土。

（2）生长发育规律　分块茎或播种繁殖。仙客来的休眠球茎，一般于8月底至9月中旬开始萌发新芽，成年球茎一般到12月初就能开花，翌年2～3月达到盛花期。随着外界气温的升高，到5月份开花就逐渐减少，大部分到6月份以后开始脱叶，到7月份便进入休眠期。生产上通常播种繁殖，播种到开花时间长短与品种有关，一般大花品种需要14个月，小花品种需要12个月，部分品种8～10个月，通常秋后（9～10月）播种，次年的元旦、春节开花。

（3）观赏特性与园林应用

1）花语：喜迎贵客、好客。

2）株形美观，花朵繁茂，花色艳丽，花形别致，开花期长达半年之久，盆栽仙客来可以点缀花架、几案、书桌。近年新育成的长梗品种，也可作切花之用（见图4-41）。

图4-41　仙客来盆栽

4. 百合

（1）分布与生境

1）原产于中国，现主要分布在亚洲东部、欧洲、北美洲等北半球温带地区。

2）喜温暖湿润和阳光充足环境。较耐寒，怕高温和湿度大，生长适温为15～25℃，温度低于10℃时生长缓慢，温度超过30℃则生长不良。

3）要求肥沃、富含腐殖质、土层深厚、排水良好的砂质土壤，最忌硬黏土，土壤pH值为5.5～6.5。

（2）生长发育规律　分鳞茎繁殖。在10月中下旬栽种种球，让鳞茎在土中越冬，待次年3月中、下旬出苗。5月上中旬地上茎芽开始出土，茎叶陆续生长，地上茎高达30～40cm时，珠芽开始在叶腋内出现。百合在6月上旬现蕾，7月上旬开始开花，7月中旬为盛花期，7月下旬开花终止。7月下旬至8月初，地上茎的叶全部枯萎。立秋后可收获地下种球。

（3）观赏特性与园林应用

1）花语：百年好合、伟大的爱、深深的祝福。

2）花姿雅致，叶片青翠娟秀，茎干亭亭玉立，主要用作盆栽观赏和鲜切花（见图4-42）。

图4-42　百合片植

5. 唐菖蒲

（1）分布与生境

1）原产非洲热带与地中海地区。

2）喜温暖、凉爽的气候条件，气温过高对生长不利，不耐寒，生长适温为20～25℃。

3）典型的长日照植物，长日照有利于花芽分化，光照不足会减少开花数，但在花芽分化以后，短日照有利于花蕾的形成和提早开花。夏花种的球根都必须在室内贮藏越冬，室温不得低于0℃。

4）要求深厚、肥沃、排水良好的砂质土壤，黏质土不利于球茎的生长及球的增殖，土壤pH值以5.5～6.5为宜。

（2）生长发育规律　分球繁殖。种球一般在4～5月、地温10℃左右时种植，长出3片叶时基部开始抽生花莛，4片叶时花茎膨大至明显可见，6～7片叶时开花，从播种到开花大约3个月。开花后母球逐渐衰老枯死，新球在开花1个月后可收获贮藏。

（3）观赏特性与园林应用

1）花语：怀念之情，也表示爱恋、用心、长寿、康宁、福禄。

2）布置花境及专类花坛，矮生品种可盆栽观赏；重要的鲜切花，可用作花篮、花束、瓶插等（见图4-43）。

图4-43　唐菖蒲片植

6. 大丽花

（1）分布与生境

1）原产墨西哥高原地区，目前世界多数国家均有栽植，在我国辽宁、吉林等地生长良好。

2）喜凉爽气候，不耐严寒与酷暑，忌积水又不耐干旱，喜阳光充足，但花期避免阳光过强，气温在20℃左右，生长最佳。

3）适宜疏松、排水良好的肥沃砂质土壤。

（2）生长发育规律　分块根繁殖。早春发芽前将贮藏的块根进行分割，分割时必须带有部分根茎，植于花槽或花盆内催芽。在15～20℃的条件下，约15天即可长出新芽。在北方花期为5～6月份和9～11月份，南方为2～6月份。用分割块根繁殖的大丽花，从种植到开花约80天。

图4-44　大丽花露地带植

（3）观赏特性与园林应用

1）花语：大吉大利。

2）类型多变，色彩丰富，在园林中可用于花坛、花境、花丛的栽植（见图4-44）。

3）矮生种可地栽，亦可盆栽，用于庭院内摆放盆花群或室内及会场布置；花梗较硬的品种可作切花栽培，用以镶配花圈，制作花篮及花束、插花等。

7. 美人蕉

（1）分布与生境

1）原产美洲、印度、马来半岛等热带地区。

2）喜温暖和充足的阳光，不耐寒，在22～25℃温度下生长最适宜，5～10℃将停止生长，低于0℃时就会出现冻害。

3）喜湿润，忌干燥，畏强风，要求土壤深厚、肥沃、排水良好。

（2）生长发育规律　分根茎繁殖。春季气温回升，美人蕉解除休眠，叶芽开始萌发生长，当长出3片叶时进入花芽分化阶段，5、6月份开始进入旺盛的生长季，根茎的芽陆续萌发成新茎开花，自6月至霜降前开花不断，总花期长。

（3）观赏特性与园林应用

1）花语：坚实的未来。

2）枝叶茂盛，花大色艳，花期长，可成片作自然式栽植或丛植于草坪或庭园一隅，亦常种植于花坛、花境，或成行植成花篱（见图4-45）。

图4-45　美人蕉丛植

8. 石蒜

（1）分布与生境

1）广布于中国长江中下游及西南部分地区，在越南、马来西亚、日本也有分布。

2）喜阴湿的环境，怕阳光直射，不耐干旱，能耐盐碱，耐寒力强。

3）在排水良好的砂质土、石灰质壤土中生长良好。

（2）生长发育规律　分球繁殖。在休眠期或开花后将植株挖起来，将母球上附生的子球取下种植，约一两年便可开花，若播种繁殖的实生苗，从播种到开花约需4～5年。在我国大部分地区鳞茎均可露地自然越冬，2～3月份叶子萌发出土，夏季落叶休眠，8月自鳞茎上抽出花莛，9月开花。南方冬季叶片常绿，北方冬季落叶。

(3) 观赏特性与园林应用

1) 花语：悲伤的回忆、优美、纯洁。

2) 多用于园林树坛、林间隙地和岩石园作地被花卉种植，也可作花境丛植或山石间自然散植。因花时无叶，可点缀于其他较耐荫的草本植物之间（见图4-46）。

图4-46　石蒜片植

9. 马蹄莲

(1) 分布与生境

1) 原产非洲东北部及南部，生于河流旁或沼泽地中，现世界各地均有栽培。

2) 喜温暖、湿润且稍微荫蔽的环境，忌干旱与夏季暴晒。不耐寒，冬季忌霜害，生长适温为白天15～24℃，夜间不低于13℃，若温度高于25℃或低于5℃，被迫休眠。

3) 喜肥沃、含腐殖质较多的壤土或略带黏性的壤土，pH值宜6.0～6.5。

(2) 生长发育规律　分球繁殖。植株进入休眠期后，剥下块茎四周的小球，另行栽植。马蹄莲通常在秋后植球，20天左右即可出苗，3～5月是开花期，5月下旬以后植株开始枯黄，叶子全部枯黄后可取出球根。

(3) 观赏特性与园林应用

1) 花语：幸福、纯洁，象征圣洁虔诚、永结同心、吉祥如意。

2) 白色花莛，素雅高洁，常丛植栽于庭园的水池或堆石旁（见图4-47）。

3) 著名的切花，常用于制作花束、花篮、花环和瓶插；矮生和小花型品种可进行盆栽观赏，摆放于台阶、窗台、阳台。

图4-47　马蹄莲盆栽

【课题评价】

一、本地区常见球根花卉环境因子的量化分析。

编号	名称	环境因子要求						
		温度/℃			光照	水分	土壤	开花对日照长短要求
		最低	适宜	最高				
1								
2								
……								

二、收集整理当地球根花卉常见园林应用形式的实例图片。

以小组形式，制作PPT上交。PPT制作要求：每一种花卉的图片应包括场地环境、应用形式、组合

花卉种类及数量、应用目的、展出时间等。

课题4 水生花卉的习性与应用

水生花卉常年生活在水中，或其生命周期内某段时间生活在水中，大多数为多年生，要求强光照，在荫蔽或疏荫环境下生长不良。水生花卉对水分的要求和依赖远远大于其他各类植物，一般是生长于平静水面或缓慢流动的水体中，少数种类可生长于流速较大的溪涧或泉水边。除某些沼生植物可在潮湿地生长外，大多要求水深相对稳定的水体条件。水底要求富含有机质的黏质土壤。水生花卉的根、茎、叶中多有相互贯穿的通气组织，以利于在水生环境下满足植株对氧的需要。

水生花卉分为4类：挺水类、浮水类、漂浮类、沉水类，其种类繁多，不仅能创造出不同风格的园林水景景观，还是净化水质、改善生态平衡的重要材料。

一、挺水花卉

1. 荷花

（1）分布与生境

1）原产亚洲热带和温带地区。

2）喜温暖，气温23～30℃对于孕蕾和开花最为适宜，长江流域可露地越冬。

3）喜光，生育期需要全光照的环境。在强光下生长发育快，开花早，但凋萎也早；极不耐阴，在半阴处生长就会表现出强烈的趋光性，在弱光下生长发育慢，开花晚，凋萎也迟。

4）要求肥沃的壤土和砂质壤土。宜浅水，忌突然降温和狂风吹袭，叶片怕水淹盖，大株形品种相对水位深一些，但不能超过1.7m，中小株形只适于20～60cm的水深。

（2）生长发育规律　分藕和播种莲子繁殖。荷花的生长分为幼苗期、营养期、花果期、残荷期、休眠期。幼苗期是指从栽种后到立叶出水，约6～8周；营养期是指从立叶出水到花蕾形成，约3～6周，此期荷叶数量增多，叶片面积增大，光合作用旺盛，植株生长发育迅速；花果期是指从花蕾开放到最后一批果实成熟，约12～16周，此期为最佳观赏期；残荷期是指从花果结束到荷叶自然干枯，叶片的光合作用衰退，根系吸收水肥功能减弱，地下茎逐渐膨大形成新藕；休眠期也叫越冬期，是指从叶片自然枯黄到来年气温回升，约16周。

（3）观赏特性与园林应用

1）花语：清白、坚贞、纯洁、信仰、爱情，古代文人称为“翠盖佳人”，誉为“花中君子”。

2）田田绿叶如车盖，亭亭荷花映日红，清香淡远，迎骄阳而不惧，出淤泥而不染，山水园林中作为主题水景植物、专类园（见图4-48）。

图4-48　荷花主题水景

3）缸或盆栽观赏、水石盆景，摆放于庭院、室内等位置。

2. 黄菖蒲

（1）分布与生境

1）原产欧洲，现我国各地常见栽培，喜生于河湖沿岸的湿地或沼泽地上。

2）喜温暖、湿润和阳光充足环境。耐湿，稍耐干旱和半阴。生长适温15～30℃，10℃以下则停止生长，冬季能耐－15℃低温，长江流域冬季叶片不全枯，北方地区冬季地上部分枯死，根茎地下越冬。

3）砂壤土及黏土都能生长。喜生于浅水中，可种植在水深30～50cm处。

（2）生长发育规律　分株繁殖。春季萌芽较早，一般在5月开花，6～8月为结果期，11月下旬至12月初为枯叶期，冬季进入休眠状态。

（3）观赏特性与园林应用

1）花语：信者之福。

2）叶片较柔弱，在庭院水池岸边、水塘石隙点缀数丛，绿叶衬托的花冠，更显得婀娜多姿，或带植、片植，在碧波荡漾中，彩蝶飞舞，风景格外秀丽（见图4-49）。

图4-49　黄菖蒲带植

3. 玉蝉花

（1）分布与生境

1）原产于中国东北、日本、朝鲜、俄罗斯，自然生长于水边湿地。

2）喜温暖、湿润，耐寒性强，露地栽培时，地上茎叶不完全枯死。

3）对土壤要求不严，以土质疏松肥沃生长良好。

4）宜生长于浅水中，一般栽植于水边或湖畔。生长期不宜过干，水位应保持10cm左右，冬季地上部枯萎，可略干燥。

（2）生长发育规律　分株繁殖。春季开始萌芽长出新叶，花期通常在春末至初夏，9月份进入果期，秋季叶片开始逐渐变黄枯萎，冬季进入休眠状态，地上茎叶枯死。

（3）观赏特性与园林应用

1）花语：信任、爱的音讯、信者之福。

2）花姿绰约，花色典雅，花朵硕大，色彩艳丽，园艺品种多，观赏价值较高，适合布置水生鸢尾专类园或在池旁或湖畔点缀（见图4-50）。

3）优良的切花材料。

图4-50　玉蝉花丛生点缀

4. 慈姑

（1）分布与生境

1）原产中国，亚洲、欧洲、非洲的温带和热带均有分布，主要生长在沼泽、水田等湿润的地方。

2）喜光照、温暖和水湿，不耐霜冻和干旱。生长适温为20～25℃，球茎休眠过冬，以保持7～12℃为宜。

3）要求土壤保水、保肥力强，以有机质含量达1.5%以上的壤土或黏壤土为好。

4）浅水性植物，萌芽期水位3～5cm为宜，旺盛生长期水位加深至15～20cm，结球期回落到10～15cm为宜，进入休眠越冬期保持田间薄层浅水或湿润即可。

（2）生长发育规律　顶芽插播繁殖。4月上旬将带有顶芽的球茎进行催芽，保持温度在15℃以上，经10～15天出芽，可插播于苗池，播后7～10天，开始发根生长。随后植株不断抽生正常的箭形叶，6月下旬，慈姑进入花期，植株约具7片大叶时，地下短缩茎形成匍匐茎，9月上旬，球茎开始形成，单

个球茎从形成到成熟大约需要80天。秋冬季节，地上部分逐渐枯萎变黄。

（3）观赏特性与园林应用

1）花语：幸福。

2）叶形奇特，小花清秀，宜作水面、岸边绿化及盆栽观赏（见图4-51）。

图4-51　慈姑丛生点缀

5. 千屈菜

（1）分布与生境

1）原产欧亚两洲的温带地区，现广布全球，我国各地均有栽培。多生于河岸、湖畔、沼泽地、溪沟边和潮湿草地，也可旱地栽培。

2）喜温暖及光照充足、通风好的环境，喜水湿，比较耐寒，在我国南北各地均可露地越冬。

3）对土壤要求不严，在土质肥沃的塘泥基质中长势强壮。适合生长于0～10cm的浅水环境中。

（2）生长发育规律　分株、播种繁殖。分株可在4月份进行，将老株挖起，切成若干丛，每丛有芽4～7个，另行栽植，当年6月即可开花。播种繁殖于3～4月进行，7～10天发芽出苗，6月上旬，植株生长到约20对真叶时进入始花期，6月中下旬进入盛花期，8月初为末花期，种子开始成熟。10月份以后，地上部分逐渐枯萎，进入休眠。

（3）观赏特性与园林应用

1）花语：孤独。

2）姿态娟秀整齐，花色鲜丽醒目，花期长，片植具有很强的感染力，可成片布置于湖岸、河旁的浅水处；在规则式石岸边种植，可遮挡单调枯燥的岸线；与荷花、睡莲等水生花卉配植极具烘托效果（见图4-52）。

3）盆栽摆放庭院中观赏。

图4-52　千屈菜丛生点缀

6. 香蒲

（1）分布与生境

1）原产欧、亚及北美洲，我国南北各地均有分布。

2）对环境条件要求不严，适应性较强，喜阳光充足，耐旱，耐涝，耐寒。

3）喜湿润肥沃、富含腐殖质的泥土，最适宜生长在浅水湖塘或池沼内。初栽时的养护水位为5～10cm，植株生长到正常高度时可保持20～30cm的水位。

（2）生长发育规律　分株繁殖。3～4月，挖起香蒲发新芽的根茎，分成单株，每株带有一段根茎或须根，选浅水处栽种，约15～20天即可陆续出苗，萌芽长叶能力较强，其旺盛生长期为4～5月份，花期为5～8月份，果期8～10月份，11月份逐渐枯黄倒苗，种子开始乘风传播，根状茎转入休眠越冬。

（3）观赏特性与园林应用

1）花语：卑微。

2）叶丛细长如剑，花序挺拔，状如蜡烛，是良好的观叶观花植物，园林中常用于点缀水池、湖畔，或做水景的背景材料（见图4-53）。

3）盆栽布置庭院，其修长的叶片和棒状花序可作切

图4-53　香蒲片植

花材料。

7. 水葱

（1）分布与生境

1）原产中国，也分布于朝鲜、日本、澳大利亚、南北美洲，生长在湖边、水边、浅水塘、沼泽地或湿地草丛中。

2）喜温暖、潮湿、充足光照。最佳生长温度15～30℃，10℃以下停止生长，能耐低温，北方大部分地区可露地越冬。

3）要求有丰富腐殖质的土壤。一般生长于浅水环境，生长初期水位可控制在5～7cm，生长旺期适宜水位为10～15cm。

（2）生长发育规律　播种繁殖。3～4月份在室内播种，种子发芽温度18℃左右最快，播后5～6天出苗。清明后，幼苗开始旺盛生长，苗期为50～100天。花果期为6～9月份，秋季地上部分逐渐枯萎。

图4-54　水葱丛植

（3）观赏特性与园林应用

1）花语：整洁。

2）株丛挺立，色泽淡雅洁净，是典型的竖线条花卉。常用于水面绿化或作岸边、池旁点景，也可以盆栽或组合盆栽形式布置于无水池的庭院中，以增添家庭亲水的乐趣（见图4-54）。

3）茎是良好的插花材料，常以其折成各种几何形而构成线条造型。

8. 菖蒲

（1）分布与生境

1）原产中国及日本，广布于世界温带和亚热带地区，我国南北各地均有分布。

2）喜冷凉湿润气候和半阴环境，忌干旱。最适宜生长的温度20～25℃，10℃以下停止生长，较耐寒，冬季地下茎潜入泥中越冬。

3）喜生于沼泽、溪谷边或浅水中，0～30cm的水位适宜菖蒲的生长。

（2）生长发育规律　分株繁殖。在春、秋两季进行，将植株挖起，剪除老根，2～3个芽为一丛，栽于盆内，或分栽于苗地中，保持土壤湿润。温度在20～25℃，会陆续发芽长叶进入旺盛的生长期，开花时间为6～9月，花谢后进入果期。冬季地上部分叶片逐渐枯萎，地下茎潜入泥中越冬。

（3）观赏特性与园林应用

1）花语：信仰者的幸福。

2）剑叶盈绿，端庄秀丽，与兰花、水仙、菊花并称为“花草四雅”，是室内盆栽观赏的佳品，用菖蒲制作的盆景，既富诗意，又有抗污染作用（见图4-55）。

图4-55　菖蒲片植

3）园林中常丛植菖蒲于湖岸、池塘边，或点缀于庭园水景和临水假山一隅。

9. 旱伞草

（1）分布与生境

1）原产于非洲马达加斯加，我国南北各地均有

栽培。

2）喜温暖、阴湿及通风良好的环境，生长适宜温度为15～25℃，不耐寒冷，冬季10℃以下停止生长，须进行越冬处理。

3）对土壤要求不严格，以保水强的肥沃土壤最适宜。沼泽地及长期积水地均能生长良好，生长水位一般在30cm左右。

（2）生长发育规律　分株、扦插繁殖，也可播种。扦插于6～7月进行，取茎顶稍3～5cm，并将轮生的叶剪短一半，以减少水分蒸发，然后扦插于砂或蛭石中，浇透水，以保持基质湿润，20天左右生根，5～9月为生长期，以6～8月生长最快。分株全年都可以进行，但以3月中下旬最宜。4月播种也容易萌发成苗。

图4-56　旱伞草丛生点缀

（3）观赏特性与园林应用

1）花语：生命力顽强、果敢坚韧、直冲云霄。

2）株丛繁密，叶形奇特，常配置于溪流岸边、假山石的缝隙作点缀，别具天然景趣（见图4-56）。

3）室内良好的盆栽观叶植物，或制作盆景。

二、浮水花卉

1. 睡莲类

（1）分布与生境

1）大部分原产北非和东南亚热带地区，少数产于南非、欧洲和亚洲的温带和寒带地区。我国各地均有分布。

2）喜阳光充足，喜温暖，较耐寒，最佳生长气温为25～32℃。

3）要求腐殖质丰富的黏质土壤。喜水质清洁的静水环境，适宜水深为25～40cm（最深可达60cm）。

（2）生长发育规律　分株繁殖。在长江流域3月下旬至4月上旬萌发长叶，4月下旬或5月上旬孕蕾，6～8月为盛花期，每朵花开2～5天。花后结实，果实成熟后在水中开裂，种子沉入水底。10～11月茎叶枯萎，11月后进入休眠期，翌年春季又重新萌发。

图4-57　睡莲类点缀水面

（3）观赏特性与园林应用

1）花语：洁净、纯真、妖艳，被赞誉为“水中女神”。

2）姿态飘逸悠闲，花色丰富，花型小巧，是水面绿化的重要材料，常点缀于平静的水面、湖面，以丰富水景（见图4-57）。

3）室内盆栽观赏，亦是做切花的良好材料。

2. 萍蓬草

（1）分布与生境

1）原产北半球寒温带，我国东北、华北、华南均有分布，生池沼、湖泊及河流等浅水处。

2）喜温暖、湿润、阳光充足的环境，生长适宜温度为15～32℃，温度降至12℃以下停止。

3）对土壤选择不严，以土质肥沃略带黏性为好。喜缓慢流动的水体，适宜生长的水位为30～60cm，最深不宜超过1m。

（2）生长发育规律　分株繁殖。地下茎以营养繁殖的方式不断长出新的芽和枝条，同时也可以依靠种子繁殖。果实成熟开裂后会完全释放出种子，沉到水底。种子只要在适当的温度之下就可以发芽，不会有休眠的问题。开花时间为5～7月份，果期为7～9月，秋冬季节温度降至12℃以下停止生长。

图4-58　萍蓬草点缀水面

（3）观赏特性与园林应用

1）花语：崇高、跟随你。

2）花叶尤佳，耐污染能力强，根具有净化水体的功能，常作为园林水景点缀的主体材料，以及湖泊环境生态恢复工程中的先锋植物（见图4-58）。

3）花小色艳，庭院中可与假山石组景，或用于家庭盆栽观赏。

3. 王莲

（1）分布与生境

1）原产于南美热带地区，目前世界各地均有引种栽培。

2）典型的热带植物，喜阳光充足，喜高温高湿，耐寒力极差，气温下降到20℃时，生长停滞，气温下降到14℃左右时有冷害，气温下降到8℃左右，受寒死亡。

3）喜肥沃深厚的污泥，但不喜过深的水，栽培水池内的污泥需深50cm以上，水深以不超出1m较为适宜。

（2）生长发育规律　播种繁殖。种子催芽后的第3天开始发芽，约20天后，生有2片叶，随后平均每4～5天长出一片新叶，发芽后的第1片叶为针形叶，第2～3片为戟形叶，第1～3片一般为沉水叶，第4片真叶开始为浮水叶，到11片叶后，叶缘向上反卷，成箩筛状，直径可达2m。开花时间为5～11月，9月前后开始结果。秋季气温下降至20℃时生长停止，冬季休眠。

图4-59　王莲点缀水面

（3）观赏特性与园林应用

1）花语：威严。

2）以巨大的叶盘和美丽浓香的花朵而著称，观叶期150天，观花期90天，常用于各类园林中大中型湖泊、池塘等水面的美化布置（见图4-59）。

3）株型较小的王莲品种种植于庭院水池供观赏。

4. 芡实

（1）分布与生境

1）广泛分布于东南亚、俄罗斯、日本、印度和朝鲜，我国南北各地湖泊、池塘中多有野生。

2）喜温暖水湿，不耐霜寒，生长期间需要全光照。

3）宜生长于富含有机质的轻黏壤土。水深以80～120cm为宜，最深不可超过2m。

（2）生长发育规律　播种繁殖。在3月下旬，气温回升到15℃时，种子开始萌发，7～10天生根发芽。种子萌芽后，幼苗开始生长，首先抽生线型叶，随后抽生箭形叶和盾形叶，40～50天为幼苗生长期，6月上旬到7月中旬为旺盛生长期，7月中旬到10月中旬为开花结果期，可持续90天左右，到10月下旬气温下降到15℃左右，大多数种子成熟，并休眠越冬，植株迅速衰老，随后经霜枯死。

（3）观赏特性与园林应用　叶片巨大，平铺于水面，常用于水面绿化，在中国式园林中，与荷花、睡莲、香蒲等配植水景，颇具野趣（见图4-60）。

图4-60　芡实点缀水面

三、漂浮花卉

1. 凤眼莲

（1）分布与生境

1）原产南美洲。我国引种后广为栽培，现广布于我国长江、黄河流域及华南各省。

2）适应性强，喜温暖，喜阳光充足的环境，具有一定耐寒性，一般25～35℃为生长发育的最适温度，低于10℃便会停止生长。

3）喜生长在水浅而土质肥沃的池塘或湖泊中，在流速不大的水体中也能够生长，水深以30cm左右为宜。

（2）生长发育规律　分株繁殖。凤眼莲母株仲春发芽，长到6～8片叶就开始萌发下代新苗。新萌发的小苗长出2片叶后，紧接着长出主根，随着叶片增多，主根增长，伸到不影响母株的水面生长。凤眼莲繁殖非常快，一次可分蘖4～5株新苗。在长江中下游每年8月至10月开花，花期较长。每茬花开4～5天，第一茬花谢后4～5天，又开第二茬花，共开两至三茬。深秋季节遇到霜冻后，很快枯萎。

（3）观赏特性与园林应用

1）花语：此情不渝，代表对感情、对生活的追求至死不渝。

2）叶色光亮，花色美丽，叶柄奇特，同时适应性强，管理粗放，又有很强的净化污水的能力，是美化环境、净化水源的良好材料。在园林中应用时应加强后期管理，防止过度繁殖（见图4-61）。

图4-61　凤眼莲片植水面

2. 槐叶萍

（1）分布与生境

1）原产热带及亚热带，从我国东北到长江以南地区都有分布，生于水田、沟塘和静水溪河内。

2）喜生长于温暖、无污染的静水水域，漂浮于水面生长。

（2）生长发育规律　孢子繁殖。一年生浮水性蕨类水生植物，本种为无根性植物，水下根状体为沉水叶，孢子果4～8枚聚生于水下叶的基部，孢子成熟即可自行繁殖。

（3）观赏特性与园林应用　叶色青翠，常摆放于鱼池、鱼缸中，漂浮荡漾，清新自然，别有一番趣味（见图4-62）。

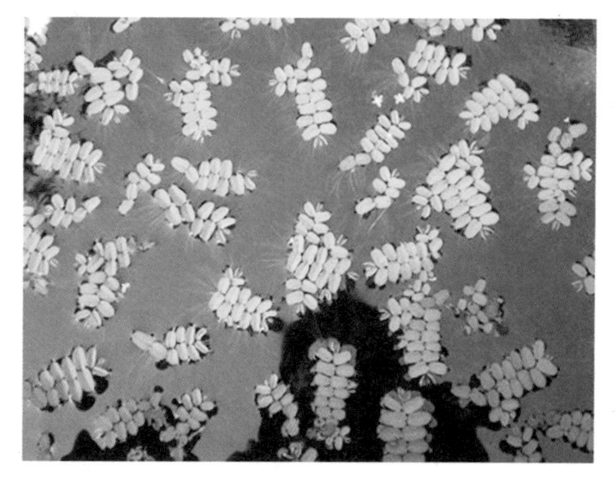

图4-62　槐叶萍点缀水面

3. 水鳖

（1）分布与生境

1）主要分布于欧洲和亚洲，我国的东部、中部和北部均产之。

2）喜生于温暖向阳的静水池沼、河溪、沟渠中，漂浮于水面生长。

（2）生长发育规律　分株繁殖。春或夏季将匍匐茎上的小植株分离，种植在浅水或深水水面上。一般温暖湿润的环境有利于植株的正常发育，温度的高低对植株的生长会有影响。花果期为 8～10 月，秋冬季节休眠枯萎。

（3）观赏特性与园林应用　多年生漂浮草本，园林中主要用于湖面、池塘的水面绿化，亦可在水族箱中栽培观赏（见图 4-63）。

图 4-63　水鳖片植

4. 大薸

（1）分布与生境

1）原产于热带和亚热带的小溪或淡水湖中，在南亚、东南亚、南美及非洲都有分布。在我国从珠江流域到长江流域都有分布。

2）喜阳光充足、高温湿润气候，耐寒性差，适宜生长发育的温度是 23～35℃，10℃以下常常发生烂根掉叶，低于 5℃时则枯萎死亡。

3）喜氮肥，在肥水中生长发育快，分株多。

4）喜欢清水和静水，流动水对其生长不利。

（2）生长发育规律　分株、播种繁殖。一年生水生漂浮草本，可在叶腋中生出多个匍匐枝，顶芽生出叶和根，随之成为新株。种子繁殖，保持温度 30～35℃，并有充足的阳光，3～5 天即可发芽，种子发芽后即到水面生长，出现叶片和根后，生长加快，长到 5～6 片叶时开始分蘖为成苗，从发芽到成苗大约需时 40～50 天。长江流域 7 月开花，从开花到种子成熟需 60～80 天。

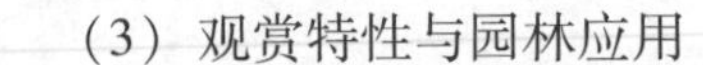

（3）观赏特性与园林应用

1）形状像一朵漂浮在水面上的荷花，有“水莲花”的美称，园林中可点缀水面，宜植于池塘、水池中观赏，能吸收水体中大量的氮、磷、砷、镉等有害元素，可使水质得以净化（见图 4-64）。

图 4-64　大薸片植

2）在园林中应用时应加强后期管理控制，防止过度繁殖。

5. 荇菜

（1）分布与生境

1）广布于温带及热带的淡水中，我国广泛分布于绝大多数省区。生于池沼、湖泊、沟渠、稻田、河流或河口的平稳水域。

2）适应性很强，耐寒又耐热。

3）对土壤要求不严，适生于多腐殖质的微酸性至中性的底泥和富营养的水域中。喜静水，适宜生长水深为 20～100cm。

（2）生长发育规律　分株、播种繁殖。一般于 3～5 月返青，5～10 月开花并结果，9～10 月果实成熟。植株边开花边结果，至降霜，水上部分即枯死。在温暖地区，青草期达 240 天左右，花果期长达 150 天左右。

（3）观赏特性与园林应用

1）花语：柔情、恩惠。

2）叶片形似睡莲叶，小巧别致，鲜黄色花朵挺出水面，花多、花期长，是点缀庭院水景、绿化美化水面的佳品（见图4-65）。

图4-65　荇菜片植

6. 水罂粟

（1）分布与生境

1）原产中美洲、南美洲，我国大部分省份均有分布，常生活于池沼、湖泊、塘溪中。

2）喜阳光充足、温暖湿润的气候环境，低温或高温对植株的正常生长均会产生影响，在25～28℃的温度范围内生长良好，越冬温度不宜低于5℃。

3）为多年生浮叶草本，对水质要求不严。

（2）生长发育规律　根茎分株繁殖。每年3～6月进行，在25～28℃的温度范围内生长良好。花期为6～9月，秋冬季节温度下降至5℃以下则自行枯死。

（3）观赏特性与园林应用

1）花语：死亡之恋。

2）叶片青翠，花朵黄艳美丽，具有一定的氮、磷吸收能力，常作为池塘边缘浅水处的装饰材料，或栽培于园林水景的水池、大型水槽中（见图4-66）。

3）盆栽观赏，或庭院水体点缀。

图4-66　水罂粟点缀水面

四、沉水花卉

1. 金鱼藻

（1）分布与生境

1）分布于亚洲、欧洲、北非及北美地区，为世界广布种。群生于小湖泊静水处、池塘、水沟及水库中。

2）适应性强，喜光，但也耐阴，对水温要求较宽，但对结冰较为敏感，在冰中几天内冻死。

3）喜氮植物，水中无机氮含量高生长较好。

4）一般生长于深水与浅水交汇处，水深不超过2m，最好控制在1.5m左右。

（2）生长发育规律　播种繁殖。种子具坚硬的外壳，有较长的休眠期，通过冬季低温解除休眠。早春种子在泥中萌发，向上生长可达水面。秋季光照渐短，气温下降时，侧枝顶端停止生长，叶密集成叶簇，色变深绿，此时顶芽很易脱落，沉于泥中休眠越冬，第二年春天萌发为新株。金鱼藻花期为6～7月，果期为8～9月，果实成熟后下沉至泥底，休眠越冬。

（3）观赏特性与园林应用　叶裂片纤细秀美，可放入人工养殖鱼缸中作装饰。可净化水体，提高水质，常应用于种植难度大、较深或半阴的湖池中（见图4-67）。

图4-67　金鱼藻水中装饰

2. 狐尾藻

（1）分布与生境

1）世界各地均有广泛分布，我国南北各地池塘、河沟、沼泽中常有生长。

2）喜温暖水湿、阳光充足的气候环境，不耐寒，入冬后地上部分逐渐枯死，以根茎在泥中越冬。

3）在微碱性的土壤中生长良好。

（2）生长发育规律　播种繁殖。种子春天解除休眠，萌发最适温度20～25℃，黑暗及光照均能发芽，发芽幼苗能飘浮于水面，可随水传播。花期为8～9月，10月果实成熟，种子落入水中，秋季叶腋中生出冬芽，入冬后地上部分逐渐枯死，以根茎在泥中越冬。

（3）观赏特性与园林应用　观赏水族饲养箱中作为布景材料，湖泊生态修复工程中作为净水植物和植被恢复先锋物种（见图4-68）。

图4-68　狐尾藻点缀水面

【课题评价】

一、本地区常见水生花卉环境因子的量化分析。

编号	名称	环境因子要求						
		温度/℃			光照	水分	土壤	其他
		最低	适宜	最高				
1								
2								
……								

二、收集整理当地水生花卉常见园林应用形式的实例图片。

以小组形式，制作PPT上交。PPT制作要求：每一种花卉的图片应包括场地环境、应用形式、应用目的、景观效果等。

课题5 其他花卉的习性与应用

其他花卉包括兰科花卉、仙人掌及多肉植物、蕨类植物和食虫植物。

兰科花卉包括中国兰和洋兰（热带兰花）两类。兰科植物种类丰富，花色艳丽，是目前国内重要的盆花，其中洋兰又可作为切花应用。中国兰以其叶形和花形、花香，一直是中国传统的名花之一，在国内具有广泛的消费和欣赏群体。兰科花卉一般喜欢潮湿气候，而土壤又要求疏松透气。一般不耐寒。

仙人掌及多肉植物则大多原产热带地区，尤以热带沙漠气候居多。其外形奇特，多肉多浆，花大色艳。大多不耐寒，喜欢干燥的温热环境，土壤环境不喜欢潮湿多水的状态。大多作为盆栽观赏，园林中则以热带植物园种植观赏为主。

蕨类植物和食虫植物应用较少，属于花卉中的“小众”。以其叶形、株形、花形奇特著称。大多喜欢湿热环境，不耐寒，不耐旱。蕨类植物多以小型盆栽应用，在南方园林中也可布置造景。食虫植物则以其特殊的可以食虫的植物器官吸引观赏者。

一、兰科植物

（一）中国兰

1. 春兰

（1）分布与生境

1）原产中国温暖地带，中国多地有分布。

2）喜温暖、潮湿、半阴环境，不耐寒，忌高温、干燥、强光直晒。最适宜的生长环境是10～30℃，冬季可耐0℃的低温，夏季35℃以上会短暂停止生长。

3）适宜疏松肥沃、排水良好的土壤。

（2）生长发育规律　分株繁殖。3～5月份抽发新芽，11月以后成熟，6～8月花芽分化，10月份现蕾，来年2月份前后开花。

（3）观赏特性与园林应用

1）花语：美好、高洁、贤德。中国的名花之一，早在帝尧之世就有种植春兰的传说，古人认为春兰"香""花""叶"三美俱全，又有"气清""色清""神清""韵清"四清，是"理想之美，万化之神奇"，已人格化，成为美好事物的寄寓和象征。

2）盆栽供室内观赏，全年有花。亦可作为插花，其根、叶、花可入药。

2. 莲瓣兰

（1）分布与生境

1）主要分布于有"兰花王国"之称的云南省西北部和四川省南部川滇交界地带的会理等县山地，以及与此两地比邻的地区。

2）喜阳光，但忌强光，喜温暖，较耐寒，畏高温。

3）喜疏松、微酸性土壤，忌栽培基质过细，缺少氧气。

（2）生长发育规律　分株繁殖。大多于8月中下旬开始萌发花芽，12月抽莛，翌年1月始花，2～3月进入盛花期。

（3）观赏特性与园林应用

1）花语：和谐、高洁。民间称之为"年拜兰"，其意为"拜年花"，给人们带来吉祥喜庆的气氛。

2）主要作为盆栽，以元旦、春节观赏为主。

3. 蕙兰

（1）分布与生境

1）产于中国大部分地区，生于湿润但排水良好的透光处，海拔700～3000m。尼泊尔、印度北部也有分布。

2）喜湿润、开阔且排水良好的环境，耐寒能力较强。

（2）生长发育规律　分株繁殖。通常需3苗以上连体栽培，3苗以下不易成活，每苗从出土到生长完成需3年左右。每年5月上旬至6月上旬新叶芽出土，秋芽在7月下旬至8月中旬出土。新叶芽出土后约有20天缓长期，展叶期约在6月中旬至7月下旬，7月至10月为叶的伸长期。花芽出土为每年9月至10月上旬之间，大约生长2～3cm后，停止生长。11月至来年2月为春化休眠期，花期为每年3月下旬至4月下旬，晚花期5月上旬。

（3）观赏特性与园林应用

1）花语：美好、吉祥、贤惠。古代常称为"蕙"，指中国兰花的中心"蕙心"，常与伞科类白芷合名为“蕙芷”。

2）株形典雅，叶态脱俗，花姿优美，清香宜人，品韵非凡。观赏价值高，文化内涵丰富，可放于室内案头，或作为山石水景的植物点缀。

4. 建兰

（1）分布与生境

1）产于中国大部分地区，广泛分布于东南亚和南亚各国，北至日本。野生建兰大多生长在我国长江以南0℃以上、气候温暖湿润的亚热带地区，生于疏林下、灌丛中、山谷旁或草丛中，海拔600～1800m。

2）喜温暖湿润和半阴环境，忌强光直射，忌干燥，耐寒性差，越冬温度不低于3℃，15～30℃最宜生长，35℃以上生长不良。

3）不耐水涝和干旱，宜富含腐殖质、排水性能良好的腐叶土，pH值为5.5～6.5为宜。

（2）生长发育规律　分株繁殖。大多一年可开花两次，花期为7～10月，通常分两次开放，前后相隔约一个月。初花期在7月上旬，盛花期在7月中旬；第二次开花的初花期在8月上旬，中旬为盛花期。

（3）观赏特性与园林应用

1）花语：君子之风、谦逊、进取。

2）植株雄健，花繁叶茂，常用较大的高腰筒盆栽植，苍绿峭拔而有气度，是阳台、客厅、花架和小庭院台阶陈设佳品。

5. 寒兰

（1）分布与生境

1）分布于中国大部分地区，日本南部和朝鲜半岛南端也有分布。生于林下、溪谷旁或稍荫蔽、湿润、多石之土壤上，海拔400～2400m。

2）生长最适宜温度为20～28℃，最高不要超过30℃，最低不要低过0℃。生殖生长温度为14～22℃。

3）生长期空气湿度应保持在65%～85%，冬季休眠期空气湿度应为50%～60%。

4）典型的喜阴花卉，冬春晴天要有40%～50%的遮阴，夏秋晴天要有80%～90%的遮阴。

（2）生长发育规律　分株繁殖。每年4月下旬至5月中旬叶芽破土而出，叶芽露出盆土2～3cm长时，便有20天左右的缓长期。6月中旬前后新芽伸长展叶，经四个半月左右时间新叶发育成熟。花芽每年9月底至10月中旬露出土面，并继续伸长，经50天左右生长发育，11月下旬前后花会陆续开放。不同品种花期有差异，春寒兰花期为2～3月，夏寒兰花期为6～9月，秋寒兰花期为8～10月。

（3）观赏特性与园林应用

1）花语：清幽高雅、贞洁。

2）株型修长健美，叶姿优雅俊秀，花色艳丽多变，香味清醇久远，花瘦而长、匀称、飘逸，充满生机和神秘色彩，是阳台、客厅、花架和小庭院台阶陈设佳品。

6. 墨兰

（1）分布与生境

1）产于中国安徽以南，四川、云南以东地区，在东南亚也有分布。生于海拔300～2000m的林下、灌木林中或溪谷旁湿润但排水良好的荫蔽处。

2）喜阴，忌强光；喜温暖，忌严寒；喜湿，忌燥；喜肥，忌浊。

（2）生长发育规律　分株繁殖。2～3月新芽萌发，4～5月新芽出土，6～7月新叶伸长，8～9月新叶继续伸长，形成新兰株，萌发生长新根，形成独立根系，10～11月新兰株渐趋成熟，开始花芽分化，12月至翌年1月，花莛伸长，2月份开花。

（3）观赏特性与园林应用

1）花语：报岁平安、寂寞幽香、独守高雅。

2）花期处于二十四节气之尾的大寒季节，辞旧迎新之际，墨兰花开，放于茶几、案头，倍增雅致，其花枝广泛用于插花观赏。

7. 春剑

（1）分布与生境

1）多分布于中国四川、贵州和云南，是我国华西地区的一个独特的兰种，喜湿润清爽的生态环境，野生春剑常分布在高山常绿阔叶林带，多数生长于红壤腐殖土中，喜微酸性土壤。

2）喜凉爽，生长适宜温度为18～28℃，夏天不超过35℃，冬天不低于－2℃，生殖生长温度为8～18℃。

3）盆土不宜过湿，开花时间和生长期适当多浇水，休眠期宜少浇水。夏秋季要求遮阴65%～75%，冬春季可适当增加光照。生长期空气湿度应保持在70%左右，冬季休眠期空气湿度不要低于50%。

（2）生长发育规律　分株繁殖。花芽8～9月出土，花期在2～3月份，3月上中旬盛花期。

（3）观赏特性与园林应用

1）花语：贞洁、高贵、上品。

2）与春兰相比，花蕾多，花型大，花色以浅黄绿、紫红及复色居多，观赏价值较高，常用于室内盆栽观赏。

（二）洋兰

1. 卡特兰

（1）分布与生境

1）原产美洲热带，为巴西、哥伦比亚国花。

2）喜温暖湿润环境，越冬温度为夜间15℃左右，白天20～25℃，以保持大的昼夜温差适宜生长及开花。

3）属附生兰，根部需保持良好的透气，要求半阴环境，春夏秋三季应遮去50%～60%的光线。

（2）生长发育规律　分株或组培繁殖。一年开花1～2次，赏花期一般为3～4周，在花谢后约有40天的休眠期。

（3）观赏特性与园林应用

1）花语：敬爱、倾慕、女性的魅力。

2）花大色艳，花容奇特而美丽，花色变化丰富，极其富丽堂皇，有“兰花皇后"的誉称，而且花期长，一朵花可开放1个月左右，切花水养可欣赏10～14天。常用于春节、元旦花卉，或喜庆、宴会上的插花观赏，亦可作为新娘捧花的成分。

2. 大花蕙兰

（1）分布与生境

1）原产我国西南地区，常野生于溪沟边和林下的半阴环境。

2）喜冬季温暖和夏季凉爽，生长适温为10～25℃，夜间温度10℃左右，保持白天和夜间温差大，有利于其花芽形成、花茎抽出和开花。

（2）生长发育规律　分株或组培繁殖。在白天温度10～25℃，夜间温度10℃下，花芽生长发育正常，花茎正常伸长，在2～3月开花。若温度低于5℃，叶片呈黄色，花芽不生长，花期推迟到4～5月份，而且花茎不伸长，影响开花质量。若温度在15℃左右，花芽会突然伸长，1～2月开花，花茎柔软不能直立。如夜间温度高达20℃，叶丛生长繁茂，影响开花，形成花蕾也会枯黄。

（3）观赏特性与园林应用

1）花语：丰盛祥和、高贵雍容。

2）植株挺拔，花茎直立或下垂，花大色艳，主要用作盆栽观赏，作为春节、元旦用花。适用于室内花架、阳台、窗台摆放，更显典雅豪华，有较高品位和韵味；也可多株组合成大型盆栽，适合宾馆、商厦、车站和空港厅堂布置，气派非凡，惹人注目。

3. 蝴蝶兰

（1）分布与生境

1）大多数产于潮湿的亚洲地区，自然分布于缅甸、印度洋各岛、马来半岛、南洋群岛、菲律宾以至中国台湾等低纬度热带海岛。

2）喜暖畏寒，生长适温为 15～20℃，冬季 10℃以下就会停止生长，低于 5℃容易死亡。

（2）生长发育规律　分株或组培繁殖。春夏期间为生长期，夏天长叶，秋冬为花芽分化及花茎生长期，花期一般在春节前后，观赏期可长达 2～3 个月。

（3）观赏特性与园林应用

1）花语：高洁、清雅、热情、我爱你。

2）色彩多种，纯白，粉红，黄花着斑、线都有，是当今兰花之后，花大色艳，作为重要的春节、元旦用花，亦可作为宾馆、会议室内摆花及其切花用。

4. 石斛兰

（1）分布与生境

1）产于中国华南、华中、华东一带，以亚热带深山老林中生长为佳。

2）喜温暖、潮湿、半阴半阳的环境，对土肥要求不甚严格，野生多在疏松且厚的树皮或树干上生长，有的也生长于石缝中。

（2）生长发育规律　分株或组培繁殖。一般在春季种植，春、夏季生长旺盛期，假球茎生长加快，9 月以后假球茎逐趋成熟，条件适宜可开花。一般春石斛在春天开花，而秋石斛则在秋天开花。

（3）观赏特性与园林应用

1）花语：欢迎、祝福、纯洁、吉祥、幸福。具有秉性刚强、祥和可亲的气质，许多国家把它作为“父亲节之花”，寓意坚毅、勇敢、亲切而威严，表达对父亲的敬意，如黄色石斛兰常用于父亲节或父亲的生日时赠花。

2）花姿优雅，玲珑可爱，花色鲜艳，气味芳香，被喻为“四大观赏洋花”之一，是一种高档的盆花。

5. 兜兰

（1）分布与生境

1）主要分布于亚洲热带地区至太平洋岛屿，通常生于腐殖土上，少数为附生种。

2）喜高温、高湿环境，生长期需要充足肥水。

（2）生长发育规律　分株或组培繁殖。春夏为生长旺盛期，秋冬季为花芽分化期，花期 2～3 月，花后进入休眠期。

（3）观赏特性与园林应用

1）花语：美人、勤俭节约。

2）花色艳丽，花形奇特，单花开放时间长，可作为盆花、摆花等。

6. 万代兰

（1）分布与生境

1）原产马来西亚和美国的佛罗里达州与夏威夷群岛，附生于原始森林中的乔木之上，是气生兰中

的一个重要家族。

2）怕冷不怕热，怕涝不怕旱，在夏季温度35℃时正常生长。

（2）生长发育规律　分株繁殖。典型的附生兰，气生根不断从茎上长出，并露在外面，通常用篮子将根装在里面，在栽培时不必用许多植料。春夏为生长旺盛期，秋冬季节为花芽分化期，几乎每个叶腋都可抽出一个花梗而开花，每株可开15～20枝花。

（3）观赏特性与园林应用

1）花语：有个性、卓越锦绣、万代不朽，具有很强的生命力，能够世世代代永远相传下去之意，是新加坡的国花。

2）花形硕壮，花姿奔放，花色华丽多样，常作为室内盆花。

7. 文心兰

（1）分布与生境

1）原生于美洲热带地区，分布地区较广，有热带、暖带、高山的温带和寒带等。

2）喜湿润和半阴环境，不耐干旱，生长期需保持较高空气湿度。

（2）生长发育规律　分株繁殖。小苗上盆，经过短暂缓苗后，新根萌长快，5～10月为生长旺盛期，待鳞茎生长成熟后，保持适度的昼夜温度，即可从营养生长转为生殖生长。

（3）观赏特性与园林应用

1）文心兰又名跳舞兰，有着亮丽的黄色，每一朵花就像美丽的少女翩翩起舞，其花语：隐藏的爱、快乐无忧、忘却烦忧。

2）世界上重要的兰花切花品种之一，可以在家庭和办公室瓶插，也是加工花束、小花篮的高档用花材料。

二、仙人掌及多肉植物

（一）仙人掌类

1. 山影拳

（1）分布与生境

1）原产西印度群岛、南美洲北部及阿根廷东部。

2）喜阳光，也耐阴，喜排水良好、适度贫瘠的砂壤土，不适宜过分潮湿的土壤，耐旱，耐贫瘠。

（2）生长发育规律　扦插繁殖，早春进行。春、秋两季是生长旺盛期，适宜生长温度为15～32℃，怕高温闷热，在夏季酷暑气温33℃以上时进入休眠状态。忌寒冷霜冻，越冬温度需要保持在10℃以上，在冬季气温降到7℃以下进入休眠，当环境温度接近4℃时，会因冻伤而死亡。20年以上的植株才开花，夏、秋开花，夜开昼闭。

（3）观赏特性与园林应用

1）花语：朴实、稳步前进、有靠山。

2）形态奇特、清雅，似山石而有生命，能表达山石盆景的意境，常见应用于装饰厅堂、几案等处，高雅脱俗，效果独特。

2. 金琥

（1）分布与生境

1）原产墨西哥中部干燥、炎热的热带沙漠地区。

2）喜光照充足，每天至少需要有6小时的太阳直射光照。夏季应适当遮阴，但不能遮阴过度，否则球体变长，会降低观赏价值。

3）生长适宜温度为白天25℃，夜晚10～13℃，适宜的昼夜温差可使金琥生长加快。冬季应放入温室养护。

（2）生长发育规律　扦插或仔球嫁接繁殖。在春、秋季进入生长期，冬、夏季进入休眠期。寿命长，栽培容易，成年大金琥才能进入开花期。

（3）观赏特性与园林应用

1）花语：坚强，将爱情进行到底。

2）金琥拥有浑圆碧绿的球体及钢硬的金黄色硬刺，寿命长，栽培容易，占据空间少，为室内盆栽植物中的佳品，常点缀厅堂，更显金碧辉煌。

3. 仙人球

（1）分布与生境

1）原产南美洲高热、干燥、少雨的沙漠地带，具有喜干、耐旱的特性。

2）怕冷，喜欢生于排水良好的砂质土壤。

（2）生长发育规律　扦插繁殖。春季仙人球开始生长，夏季是生长旺盛期，也是它的盛花期，冬季进入休眠期。一般需培植3～4年，球径达到3～4cm时才能开花。

（3）观赏特性与园林应用

1）花语：执着的追求，朴实而热情。

2）形态奇特，花色娇艳，容易栽培，受到人们的喜爱，或在仙人球上嫁接绯牡丹、翠牡丹、白玉翁和蟹爪兰等，更具观赏价值。

4. 昙花

（1）分布与生境

1）原产墨西哥、危地马拉、洪都拉斯、尼加拉瓜、苏里南和哥斯达黎加，现世界各地区广泛栽培。

2）喜温暖湿润、半阴的环境，生长适宜温度为白天21～24℃，夜间16～18℃，不耐霜冻，忌强光暴晒。

（2）生长发育规律　扦插繁殖。春夏进入生长季，夏季要放在荫棚下养护，或放在无直射光的地方栽培，夏秋季开花，冬季处于半休眠状态，应放入温室。

（3）观赏特性与园林应用

1）花语：美好的事物不长远、瞬间的永恒、短暂的永恒。

2）俗称月下美人、琼花，每逢夏秋节令，繁星满天、夜深人静时，昙花开放，展现美姿秀色，当人们还沉睡于梦乡时，素净芬芳的昙花转瞬已闭合而凋萎，故有“昙花一现”之称。其奇妙的开花习性，常博得花卉爱好者的浓厚兴趣。

5. 令箭荷花

（1）分布与生境

1）原产中美洲墨西哥。

2）喜温暖湿润、阳光充足、通风良好的环境，耐干燥，不耐寒，夏季怕强光暴晒。生长期最适温度20～25℃，花芽分化的最适温度在10～15℃之间，冬季温度不能低于5℃。

3）宜疏松、肥沃、排水良好的微酸性砂质土壤。

（2）生长发育规律　扦插繁殖。令箭荷花3～4月花蕾形成，5～7月进入开花季节。

（3）观赏特性与园林应用

1）花语：追忆、热情。

2）花色品种繁多，具有娇丽轻盈的姿态、艳丽的色彩、幽郁的香气，通常以盆栽观赏为主，用来

点缀客厅、书房的窗前、阳台、门廊。

6. 仙人掌

（1）分布与生境

1）原产墨西哥东海岸、美国南部及东南部沿海地区、西印度群岛、百慕大群岛和南美洲北部。中国于明末引种，南方沿海地区常见栽培，在广东、广西南部和海南沿海地区逸为野生。

2）喜强光，耐炎热，耐干旱、瘠薄，生命力顽强，生长适温为20～30℃。

（2）生长发育规律　扦插繁殖。春夏进入生长期，并大多于夏季开花，冬季进入休眠期。

（3）观赏特性与园林应用

1）花语：外表坚硬带刺，内心相当甜蜜，坚强、刚毅的爱情，燃烧的心。

2）广泛用作盆栽观赏，在一些植物园中的沙漠植物区亦常用。

7. 仙人指

（1）分布与生境

1）原产南美热带森林之中，世界各国多有栽培，在原产地附生于树干上。

2）喜温暖湿润气候，喜光，但在炎夏呈半休眠状态，短日照利于花芽形成。

3）土壤宜富含有机质及排水良好。

（2）生长发育规律　扦插繁殖。春夏季节为生长旺盛期，秋季花芽形成，正常花期在元旦至春节时期。

（3）观赏特性与园林应用

1）花语：高人指点、好运。

2）株形丰满，花繁而色艳，开花期长，常盆栽摆设或悬挂于书房、客厅。

8. 蟹爪兰

（1）分布与生境

1）原产南美巴西，现我国各地均有引进栽培。

2）生长期适温为18～23℃，开花温度以10～15℃为宜，不超过25℃，冬季温度不低于10℃，在冬季气温降到7℃以下也进入休眠状态，如果环境温度接近4℃时，会因冻伤而死亡。

3）短日照植物，喜散射光，夏季避免烈日暴晒和雨淋，冬季要求温暖和光照充足。

4）喜湿润，但怕涝，土壤需肥沃的腐叶土、泥炭、粗砂的混合土壤，酸碱度在pH 5.5～6.5。

（2）生长发育规律　扦插繁殖。春秋为生长旺季，在夏季气温33℃以上时进入休眠状态，从9月至翌年4月进入花期，冬季进入休眠期。

（3）观赏特性与园林应用

1）花语：鸿运当头、运转乾坤。

2）开花正逢圣诞节、元旦，株型垂挂，花色鲜艳可爱，是冬季室内的主要盆花之一，适合于窗台、门庭入口处装饰，热闹非凡。

（二）多肉植物

1. 玉米石

（1）分布与生境

1）原产欧洲、西亚和北非。

2）喜阳光充足，也耐半阴；不耐寒，越冬温度在10℃以上；耐干旱，要求排水良好的砂质壤土。

（2）生长发育规律　扦插繁殖。春秋季为旺盛生长期，盛夏需遮阴，花期6～8月，越冬应放入室内光线充足的地方，保持温度在10℃以上，温度低，叶色易变为紫红色。

（3）观赏特性与园林应用

1）花语：小可爱、晶莹的心。

2）株丛小巧清秀，叶晶莹犹如翡翠珍珠，盆栽点缀书桌、几案极为雅致。

2. 生石花

（1）分布与生境　原产于非洲南部及西南非的干旱地区的岩床裂隙或砂石土中。在干旱季节植株萎缩并埋覆于砾石砂土之中或仅露出植株顶面，光线仅从透光的顶面（窗口）进入体内。当雨季来临，又快速恢复原来的株型并长大。

（2）生长发育规律　分株繁殖。每年春季生长强劲，从中间的缝隙中长出新的肉质叶，将老叶胀破裂开，老叶也随着皱缩而死亡。新叶生长迅速，到夏季又皱缩而裂开，并从缝隙中长出2～3株幼小新株，随着气温升高，逐步进入休眠状态。3～4年生的植株在秋季从这个缝隙里开出黄、白或粉色的花朵。

（3）观赏特性与园林应用

1）花语：顽强、生命宝石、披着狼皮的羊。

2）外形和色泽酷似彩色卵石，品种繁多，色彩丰富，是世界著名的小型多浆植物，常用于室内盆栽观赏。

3. 翡翠珠

（1）分布与生境

1）原产非洲南部，现在世界各地广为栽培。

2）喜温暖湿润、半阴的环境，在温暖、空气湿度较大、强散射光的环境下生长最佳。一般适宜在中等光线条件下生长，亦耐弱光，生长适温为15～25℃，越冬温度为5℃。

3）不择土壤，在疏松的砂质壤土中生长较佳。

（2）生长发育规律　扦插繁殖。春季由于温度逐渐上升，植物生长开始进入旺盛时期；夏季高温季节要放置于阴凉通风处，植物处于半休眠状态；秋天气候逐渐凉爽，植物又进入第二个生长阶段；冬季生长进入停滞状态，室温要在0℃以上，且阳光充足。2～3年生长后，于12月至翌年1月进入花期。

（3）观赏特性与园林应用

1）花语：朴实、纯粹、淡雅、天真。

2）一粒粒圆润、肥厚的叶片，似一串串风铃在风中摇曳，如下垂的宝石项链，晶莹可爱，是家庭悬吊栽培的理想花卉，常小型盆栽，放于案头、几架，或做悬垂栽植。

4. 佛手掌

（1）分布与生境

1）原产南非，现世界各国多有栽培。

2）喜冬季温暖、夏季凉爽干燥环境，生长适温18～22℃，超过30℃温度时，植株生长缓慢且呈半休眠状态，越冬温度须保持在10℃以上。

3）宜于肥沃、排水良好的砂壤土生长。

（2）生长发育规律　扦插繁殖。春季生长旺盛，夏季植株生长缓慢，呈半休眠状态，秋季生长旺盛，秋、冬开花，入冬后气温下降，生长减慢。

（3）观赏特性与园林应用

1）花语：包容、静修、领悟。

2）叶片肥厚多汁、翠绿透明，形似翡翠，清雅别致，冬季正月开花，花朵金黄色，灼灼耀眼，惹人喜爱。适宜室内盆栽，陈设于书桌、窗台、几案，小巧玲珑，非常雅致。

三、蕨类植物

1. 铁线蕨

（1）分布与生境

1）分布于非洲、美洲、欧洲、大洋洲及亚洲温暖地区的溪边山谷湿石上。

2）喜温暖、湿润和半阴环境，不耐寒，忌阳光直射。

3）喜疏松、肥沃和含石灰质的砂质壤土。

（2）生长发育规律　分株或孢子繁殖。春夏秋三季放置于散射光处，生长良好，春夏季节产生孢子，入冬后移入室内放于散射光处，室温保持10℃左右即可安全过冬。

（3）观赏特性与园林应用

1）花语：雅致、少女的娇柔。

2）喜阴，适应性强，栽培容易，适合室内常年盆栽观赏。小盆栽可置于案头、茶几上；较大盆栽可用以布置背阴房间的窗台、过道或客厅。

3）叶片是良好的切叶材料及干花材料。

2. 鹿角蕨

（1）分布与生境

1）原产澳大利亚东部波利尼西亚等热带地区，为热带季雨林中的附生植物。

2）喜高温、湿润环境，较耐阴，不喜强光直射。

（2）生长发育规律　分株繁殖。鹿角蕨以腐殖叶聚积落叶、尘土等物质作营养，雨季开始，在短茎顶端上长出新的腐殖叶及能育叶各两片，上一年的腐殖叶在当年就枯萎腐烂，而能育叶至第二年春季才逐渐干枯脱落。具世代交替现象，孢子体和配子体均行独立生活。

（3）观赏特性与园林应用

1）花语：祥和、平静。

2）姿态奇特，别致逗人，是室内观叶植物中珍贵稀有的精品。

3. 鸟巢蕨

（1）分布与生境

1）原生于亚洲东南部、澳大利亚东部、印度尼西亚、印度和非洲东部等，现在我国热带地区广泛分布，常附生于雨林或季雨林内树干上或林下岩石上。

2）喜高温湿润，不耐强光。生长适温为16～27℃，其中3～10月为22～27℃，10月至翌年3月为16～22℃；夏季气温超过30℃，应采取搭棚遮阴和喷水降温增湿措施；冬季保持15℃，可采取继续生长，最低温度保持不低于5℃，若温度过低易导致其叶缘变成棕色，甚至有可能因受寒害而造成植株死亡。

3）要求盆土湿润，以及较高的相对空气湿度。生长季节浇水要充分，特别是夏季，除栽培基质要经常浇透水外，还必须每天淋洗叶面2～3次，同时给周边地面洒水增湿。

（2）生长发育规律　分株或孢子繁殖。鸟巢蕨7～10天孢子即可萌发，经1个月左右，就会长出绿色的原叶体，3个月后其长出几片真叶。

(3) 观赏特性与园林应用

1) 花语：吉祥、富贵、清香长绿、守护。

2) 株型丰满、叶色葱绿光亮，潇洒大方，野味浓郁，常悬吊于室内，别具热带情调。小型盆栽用于布置明亮的客厅、书房、卧室，小巧玲珑，增加雅趣。植于热带园林树木下或假山岩石上，野趣横生。

4. 肾蕨

(1) 分布与生境

1) 广布于全世界热带及亚热带地区，生溪边林下。

2) 生长适温3~9月为16~24℃，9月至翌年3月为13~16℃，冬季温度不低于8℃，但短时间能耐0℃低温。

(2) 生长发育规律　分株或孢子繁殖。春、秋季为生长的旺盛时期，夏季气温高，须防暑降温、良好通风，冬季生长较弱，应放于散射光照到的地方。孢子多在春夏间成熟，孢子囊群生于小叶片各级侧脉的上侧小脉顶端。

(3) 观赏特性与园林应用

1) 花语：静默的守候、默默的祝福。

2) 盆栽点缀书桌、茶几、窗台和阳台，也可吊盆悬挂于客室和书房，在园林中可作阴性地被植物或布置在墙角、假山和水池边。

3) 其叶片可作切花、插瓶的陪衬材料，或加工成干叶并染色，成为新型的室内装饰材料。

5. 卷柏类

(1) 分布与生境

1) 中国大部分地区均产，主产山东、辽宁、河北，多生于向阳的山坡岩石上，或干旱的岩石缝中。

2) 喜温暖、半阴环境，最适生长温度20℃，盆栽植株越冬温度不低于0℃。

3) 耐旱力极强，在长期干旱后只要根系在水中浸泡后就又可舒展耐瘠薄，通常不需施肥，要求疏松、排水良好的砂质壤土。

(2) 生长发育规律　分株繁殖。根能自行从土壤分离，卷缩似拳状，随风移动，遇水而荣，根重新再钻到土壤里寻找水分。

(3) 观赏特性与园林应用

1) 花语：生命之坚强、不可战胜、坚持就是胜利。

2) 姿态优美，盆栽点缀书房、案几，或配置成山石盆景观赏，园林中多用于假山、山石护坡及其岩石园。

四、食虫植物

1. 猪笼草

(1) 分布与生境

1) 大多数生长在印度洋群岛、马达加斯加、斯里兰卡、印度尼西亚等潮湿热带森林里，中国海南、广东、云南等省有分布。

2) 分为高地种与低地种两种，高地种为标高800~2500m，喜欢冷凉潮湿的环境，不忌讳白天高温，但夜晚必须维持在15℃左右；低地种普遍生长于0~800m，喜欢温暖和湿润，生长适温为25~30℃，3~9月为21~30℃，9月至翌年3月为18~24℃。冬季温度不低于16℃，15℃以下植株停止生长，10℃以下温度，叶片边缘遭受冻害。

3）对水分的反应比较敏感。在高湿条件下才能正常生长发育，生长期需经常喷水，如果温度变化大，过于干燥，都会影响叶笼的形成。

4）常附生在大树林下或岩石的北边，自然条件属半阴。夏季强光直射下，必须遮阴，否则叶片易灼伤，直接影响叶笼的发育，但长期在阴暗的条件下，叶笼形成慢而小，笼面色彩暗淡。

5）不需要特别施肥，通常能自行扑食昆虫转化为养分。

（2）生长发育规律　扦插繁殖。多年生藤本植物，茎木质或半木质，附生于树木或陆生，攀援生长或沿地面生长，生长多年后才会开花。

（3）观赏特性与园林应用

1）花语：财运亨通、财源广进、无欲无求、无忧无虑。

2）造型奇特，硕大色美，用于室内盆栽观赏，或常作为农业高科技示范园及花卉展室应用。

2. 瓶子草

（1）分布与生境

1）原产加拿大南部以及美国东海岸地区。

2）大多生于比较开阔的沼泽地，具有较高的耐湿性，喜生长于光照良好的地方。

（2）生长发育规律　分株或扦插繁殖。从种子到成株需要3～6年，每株通常有捕虫瓶数个至10多个，在原生地，瓶子从开花末期开始生长，一直到晚秋，每个捕虫瓶的寿命都可达半年以上，在冬季10～15℃以下会停止生长新叶，在冬季3～8℃时，瓶子开始凋谢。

（3）观赏特性与园林应用

1）花语：清纯、养心。

2）可在花园内做装饰，以及作生物科普材料栽培。

【课题评价】

一、本地区常见专类花卉环境因子的量化分析（表格内容可以调整）。

编号	名称	环境因子要求						
		温度/℃			光照	水分	土壤	其他
		最低	适宜	最高				
1								
2								
……								

二、收集整理当地专类花卉常见园林应用形式的实例图片。

以小组形式，制作PPT上交。PPT制作要求：每一种花卉的图片应包括场地环境、应用形式、应用目的、景观效果等。

单元五　园林树木的习性与应用

园林树木的习性包括生物学特性和生态习性两方面。生物学特性是指树木的生长发育规律，即由种子萌发经幼苗、小树到开花结实，最后衰老死亡的整个生命过程的发生、发展规律，具体表现在它的寿命长短、生长快慢、结果年龄、分枝特点、根系深浅、萌蘖性和分枝力强弱，是否耐移植和修剪，以及物候期（发叶、落叶的早晚、花果期）等。生态习性是指树木对环境条件的要求和适应能力，即气候因子和土壤因子。树木的生态习性与树木的分布紧密相关，知道某种树木的原产地和分布区，通过对分布区的自然环境条件（气候、土壤、地形、海拔等）的了解，可以进一步加深对树木习性的认识。

园林树木的应用，就是科学地选择和栽植树种、艺术地搭配和布置，即科学性与艺术性的有机结合。园林工作者必须对各种园林树木的生长发育规律、生态习性、观赏特性等有较深入而全面的了解，并具有一定的艺术修养，才能因地制宜、适地适树，保证树木正常、健康、稳定的生长，从而达到理想的绿化质量和艺术效果。

课题1 常绿乔木的习性与应用

常绿乔木主要包括常绿针叶、常绿阔叶两大类。

常绿针叶乔木通常适应能力强，耐寒性强，耐干旱，分布较为广泛，我国长江南北皆有栽植，不同针叶树种分布地域性较强，自然分布或人工单一种植，用于营造地域特色的风景林、荒山造林等（见图5-1、图5-2）。园林中可孤植于草坪中央、建筑前庭之中心、广场中心或主要建筑物的两旁及园门的入口等处，体现树木自身独特的观赏价值，如雪松的端庄秀丽、南洋杉的高大挺拔、油松的雄浑健壮等，以点带面，画龙点睛，烘托环境气氛（见图5-3、图5-4）；列植于园路的两旁，做行道树，形成甬道，严整而壮观，常见于烈士陵园、墓地，以及其他需要渲染和表达整齐、洁净、大方、严肃气氛的环境（见图5-5、图5-6）；丛植常见于公园、居住区绿地，通常多株疏密种植，或与其他落叶乔木混植，下层配植灌丛地被等，营造常绿与落叶混交片林、类自然植物群落（见图5-7、图5-8）；常绿针叶树种大多株形紧密，耐修剪，可人工修剪成各种几何形体、绿篱、色块模纹，常与落叶乔、灌木及地被混植，具有较强烈的人工和自然对比，对植物群落起到限制和规整作用，避免人工群落的混乱和无秩序（见图5-9～图5-12）；形体高大而株丛密实，抗污染能力强，常常密植栽培，可作为常绿背景，具有较强的防尘、减噪与杀菌能力，适宜作道路及工矿企业绿化（见图5-13、图5-14）；寿命长，耐修剪，姿态优美，极适宜造型、盆景观赏，园林中可盆栽或与景观石组合配置，点缀于景观中心区域、花坛等（见图5-15、图5-16）。

图 5-1　赤松林

图 5-2　黑松林

图 5-3　雪松

图 5-4　白皮松

图 5-5　圆柏列植

图 5-6　油松行道树

图 5-7　圆柏丛植组合

图 5-8　圆柏与常绿球组合

图 5-9　剪型植物组合

图 5-10　圆柏造型

图 5-11　龙柏剪型模纹

图 5-12　树篱

图 5-13　常绿背景

图 5-14　雪松路边列植

图 5-15　油松盆栽观赏

图 5-16　造型罗汉松

常绿阔叶乔木一般耐寒性较差、不耐旱，主要分布在长江以南地区。株形高大圆整，姿态优美，园林中常孤植或对植做庭荫树、孤赏树（见图 5-17、图 5-18）；列植做行道树、广场树阵（见图 5-19、图 5-20）；公园中常丛植、片植，或与其他花灌木组合群植，营造自然生态的植物群落（见图 5-21、图 5-22）；适应性较强的常绿阔叶树种也是南方荒山造林、工矿区绿化的优良树种（见图 5-23、图 5-24）。

图 5-17　中国无忧树孤赏

图 5-18　尖叶杜英孤赏

图 5-19　广玉兰行列式规则种植

图 5-20　香樟树行列式自然种植

图 5-21　植物群落组合

图 5-22　榕树林下植物组合

图 5-23　香樟树林

图 5-24　白千层树林

一、常绿针叶乔木

1. 南洋杉

（1）分布与生境

1）原产大洋洲诺福克岛。我国广州、厦门等华南一带可露地栽培，长江流域及北方城市温室盆栽。

2）喜温暖湿润气候，喜光，不耐干旱及寒冷，喜生于肥沃土壤。

（2）生长发育规律　播种、扦插繁殖。生长迅速，再生能力强，砍伐后易生萌蘖，寿命长。

（3）观赏特性与园林应用

1）树形高大，大枝轮生，层层叠翠，姿态优美，与雪松、日本金松、金钱松、巨杉（世界爷）合称为世界五大公园树，是世界著名庭院观赏树种之一。

2）以选无强风地点为宜，避免树冠偏斜，适宜独植为园景树或作纪念树，亦可作行道树，也是珍贵的室内盆栽装饰树种。

2. 日本冷杉

（1）分布与生境

1）原产日本的本州中南部及四国、九州地方。中国大连、青岛、庐山、南京、北京及台湾等地有栽培。

2）喜凉爽湿润气候，幼时耐阴，长大后则喜光。不耐烟尘，抗雪压、风折和病虫害。

（2）生长发育规律　播种或扦插繁殖。幼苗前 5 年生长极慢，6 ~ 7 年略快，至 10 年生后则生长加速成中等速度，每年可长高约 0.5m。寿命不长，达 300 龄以上者极少。

（3）观赏特性与园林应用

1）树形优美，秀丽可观，树冠形状以壮年期最佳，为优美的庭院观赏树。

2）宜孤植、对植、丛植、林植，或与落叶乔木混交，广泛用于城市绿化中。

3. 云杉

（1）分布与生境

1）产于青海、陕西、甘肃、四川等海拔 1600 ~ 3600m 山区，常组成大面积纯林。

2）喜冷凉湿润气候，对干燥环境有一定抗性。要求排水良好，喜微酸性深厚土壤。

（2）生长发育规律　播种或扦插繁殖。生长较快，自然林中 50 年生高达 12m，人工造林及定植的生长可更快。浅根性，寿命长。

（3）观赏特性与园林应用

1）树冠尖塔形，苍翠壮丽，宜作庭园观赏树及风景树。

2）材质优良，生长较快，在用材林和风景林等方面有重大作用。

4. 雪松

（1）分布与生境

1）原产喜马拉雅山脉西部海拔 1300 ~ 3300m 地带。我国自 1920 年起引种，现各大城市多有栽培，如青岛、大连、西安、昆明、北京、郑州、上海、南京等地均生长良好。

2）喜温和凉爽气候，有一定的耐寒性，对过于湿热的气候适应能力较差。

3）喜光，稍耐阴，幼苗期耐阴性较强。

4）喜土层深厚而排水良好的土壤，能生长于微酸性及微碱性土壤上，亦能生于瘠薄地和黏土地，但忌积水地点，耐旱力较强。

5）抗风性弱，抗烟害能力差，幼叶对二氧化硫和氟化氢极为敏感。

（2）生长发育规律　播种、扦插繁殖。生长速度较快，属速生树种，平均每年高生长达50～80cm，但需视生境及管理条件而异。浅根性，寿命长，600年生者高达72m，干径达2m。

（3）观赏特性与园林应用

1）树姿优美，终年苍翠，是珍贵的庭园观赏及城市绿化树种。宜孤植于草坪中央、建筑前庭之中心、广场中心，或对植于主要大建筑物的两旁及园门的入口等处，丛植或群植于大草坪上。

2）不宜植于大气污染较严重的厂矿区附近。

5. 油松

（1）分布与生境

1）产于我国华北及西北地区，以陕西、山西为其分布中心。朝鲜也有分布。

2）耐寒，能耐－30℃的低温，在－40℃以下则会有枝条冻死。

3）强阳性树，幼苗稍耐阴，但随着苗龄的增长而需光性增加。

4）耐干旱、耐瘠薄，在酸性、中性及钙质土上均能生长，在低湿处及黏重土壤上生长不良。

（2）生长发育规律　播种繁殖。平均生长速度中等，在幼苗期生长缓慢，在10～30年间生长最快速。深根性，寿命可长达千年以上。

（3）观赏特性与园林应用

1）树干挺拔、树冠开展、姿态苍劲、四季常青，北方城市绿化常见树种。常孤植、对植、列植、丛植或纯林、混交方式群植。

2）在华北的风景区极为常见，也是华北、西北中海拔地带最主要的荒山造林树种，适于伴生的树种有元宝枫、栎类、桦木、侧柏等。

6. 侧柏

（1）分布与生境

1）原产中国华北、东北地区，目前全国各地均有栽培，朝鲜亦有分布。

2）喜温暖湿润气候，较耐寒，在沈阳以南生长良好，能耐－25℃低温，在哈尔滨市仅能在背风向阳地点进行露地保护过冬。

3）喜光，但有一定耐阴力。

4）喜排水良好而湿润的深厚土壤，但对土壤要求不严格，无论酸性土、中性土或碱性土上均能生长，在干旱瘠薄和盐碱地亦能生长。

5）抗烟尘，抗有毒气体。

（2）生长发育规律　播种繁殖。生长速度中等偏慢，但在幼年、青年期生长较快，至成年期以后则生长缓慢，20年生高6～7m。寿命极长，可达2000年以上。

（3）观赏特性与园林应用

1）枝干苍劲，气魄雄伟，肃静清幽，栽培历史悠久，自古以来常栽植于寺庙、陵墓地和庭院中，或片植、列植、丛植造型，点缀环境，也可利用其萌芽力强、耐修剪的特性栽作篱垣。

2）成林种植时，宜与桧柏、油松、黄栌、臭椿等混交，以与圆柏混交为最佳，能形成较统一且宛若纯林并优于纯林的艺术效果，亦有防止病虫蔓延之效。

7. 圆柏

（1）分布与生境

1）原产中国华北、长江流域至两广北部及西南。朝鲜、日本也有分布。

2）喜温凉气候，喜光，也较耐阴，耐寒又耐热。

3）耐干旱贫瘠，也较耐湿，忌积水，对土壤要求不严，但在中性、深厚而排水良好处生长最佳。

4）对氯气、二氧化硫和氟化氢抗性较强，能吸收一定数量的硫和汞，防尘和隔声效果良好。

（2）生长发育规律　播种繁殖。生长速度中等而较侧柏略慢，25年生可高达8m左右。寿命极长。

（3）观赏特性与园林应用　幼龄树冠整齐圆锥形，树形优美，老龄大树干枝扭曲，姿态奇古，可独树成景，是中国传统的园林树种。常片植、列植、丛植造型，点缀环境，耐修剪又有很强的耐阴性，故也常作绿篱使用。

8. 杜松

（1）分布与生境

1）产于中国东北、华北、内蒙古及西北地区，朝鲜、日本也有分布。

2）喜冷凉气候，耐寒性强，强喜光树，有一定的耐阴性。

3）耐干旱瘠薄，适应性强，对海潮风有较强抗性，能生于酸性土，但以向阳适湿的砂质壤土最佳。

（2）生长发育规律　播种或扦插繁殖。生长较慢，当年苗高5cm，满两年者高达30cm，3年生者高约60cm，成年树高约10m。

（3）观赏特性与园林应用

1）枝叶浓密下垂，树姿优美，北方各地栽植为庭园树、风景树、行道树和海岸绿化树种。

2）适宜公园、庭园、绿地、陵园墓地等孤植、对植、丛植和列植，还可栽植绿篱，盆栽或制作盆景，供室内装饰，以及荒山、海岸造林。

9. 罗汉松

（1）分布与生境

1）产于中国长江以南各地，日本亦有分布。

2）喜温暖湿润气候，不耐寒，稍耐阴。

3）喜排水良好湿润之砂质壤土，对土壤适应性强，盐碱土上亦能生存。

4）抗有害气体能力强。

（2）生长发育规律　播种或扦插繁殖。生长缓慢，寿命很长。

（3）观赏特性与园林应用

1）树形古雅，种子与种柄组合奇特，南方寺庙、宅院多有种植。宜孤植作庭荫树，或对植、散植于厅、堂前，也可作桩景、盆景。

2）适应性强，耐修剪，适于海岸边植作美化及防风高篱、工厂绿化等用。

10. 竹柏

（1）分布与生境

1）产于我国东南部至华南，日本也有分布。

2）喜温暖湿润气候，分布于年平均气温18～26℃，极端最低气温达－7℃，但1月平均气温在6～20℃，年降水量在1200～1800mm的地区。耐阴性强。

3）对土壤要求严格，在排水好而湿润，富含腐殖质的深厚呈酸性的砂壤或轻黏壤上生长良好，而在石灰质地区则不见分布。

（2）生长发育规律　播种或扦插繁殖。初期生长缓慢，4～5年后生长逐渐加快，6～10年生树高5m，胸径8～10cm，生长10年左右开始开花结实。有良好的自然更新能力，在竹柏林中和其他阔叶林下常可见到自然播种的幼苗。

（3）观赏特性与园林应用　枝叶青翠而有光泽，树冠浓郁，树形美观，是南方的良好庭荫树和园林中的行道树，也是风景区和城乡四旁绿化的优秀树种。

11. 红豆杉

（1）分布与生境

1）产于我国西部及中部地区，多生于海拔1500~2000m的山地。

2）喜温湿气候，抗寒性强，可耐-30℃以下的低温，最适温度20~25℃。

3）喜阴，密林下亦能生长。抗有毒气体。

4）喜湿润但怕涝，耐旱，适于在疏松湿润、排水良好的砂质壤土上种植。

（2）生长发育规律　播种或扦插繁殖。在自然条件下红豆杉生长速度缓慢，再生能力差。

（3）观赏特性与园林应用　树形端正，可孤植或群植，又可植为绿篱，也可制作盆景。

二、常绿阔叶乔木

1. 白兰花

（1）分布与生境

1）原产于印尼爪哇，广植于东南亚一带，中国福建、广东、广西、云南等省区栽培极盛，长江流域各省区多盆栽，在温室越冬。

2）喜暖热多湿、通风环境，怕高温，不耐寒，喜光，夏季忌强光直射。

3）喜肥沃疏松及排水良好的微酸性土壤，不耐干旱和水涝。

4）对二氧化硫、氯气等有毒气体抗性差。

（2）生长发育规律　嫁接或压条繁殖。通常用黄兰、含笑、火力楠等为砧木，或空中压条繁殖，生长快，寿命长，每年花期4~9月，通常不结实。

（3）观赏特性与园林应用

1）花语：纯洁的爱，真挚。

2）树形美观，终年翠绿，花香诱人，作庭荫树和行道树植于公园绿地、路旁、房前屋后或草坪内。北方盆栽，应通风向阳，可布置庭院、厅堂、会议室。

2. 木莲

（1）分布与生境

1）产于福建、广东、广西、贵州、云南，生于海拔1200m的花岗岩、砂质岩山地丘陵，在低海拔过于干热地区生长不良。

2）喜温暖湿润气候及深厚肥沃、排水良好的酸性土。

（2）生长发育规律　播种或嫁接繁殖。幼年耐阴，成长后喜光，生长较快，每年开花期5月，果期10月。

（3）观赏特性与园林应用　树荫浓密，花果美丽，初夏盛开玉色花朵，典雅清秀，秀丽动人，可孤植、列植、群植于草坪、庭园、城市绿地中。

3. 广玉兰

（1）分布与生境

1）原产北美洲东南部，现我国长江流域以南各城市有栽培。

2）喜温湿气候，有一定抗寒能力，喜光，而幼时稍耐阴。

3）喜深厚肥沃湿润的土壤，在土壤干燥处则生长缓慢且叶易变黄，在排水不好的黏土和碱土中生长不良。

4）对烟尘及二氧化硫、氯气等有较强抗性。

（2）生长发育规律　嫁接繁殖为主。生长中等至慢，寿命长，通常可长高到30m。一般4月中旬萌芽，6～7月开花，果实9～10月成熟。

（3）观赏特性与园林应用　树干高大，树冠端正雄伟，叶大浓郁，花大清香，病虫害少，长江以南优良城市绿化及观赏树种，可孤植、对植或丛植作园景树、绿荫树，也可作行道树。抗有毒气体较强，也是工矿绿化的优良树种。

4. 苦槠

（1）分布与生境

1）产于我国长江以南五岭以北各地，西南地区仅见于四川东部及贵州东北部。

2）喜温暖湿润气候，喜光，也耐阴，喜肥沃湿润土壤，也耐干旱瘠薄。抗烟尘和有毒气体。

（2）生长发育规律　播种或分蘖繁殖。深根性，萌芽性强，生长速度中等偏慢，寿命长。每年花期4～5月，果实10～11月成熟。

（3）观赏特性与园林应用　树干高耸，枝叶繁茂，适应性强，宜庭园中孤植、丛植，或混交栽植作风景林、沿海防风林及工厂区绿化树种。

5. 青冈栎

（1）分布与生境

1）产于我国长江流域及其以南地区，北至陕西、甘肃、河南等省区，生于海拔60～2600m的山坡或沟谷。

2）喜温暖多雨气候，幼树稍耐阴，大树喜光，喜钙质土。

（2）生长发育规律　播种繁殖。深根性，萌芽力强，耐修剪。每年花期4～5月，果期10月。

（3）观赏特性与园林应用　枝叶茂密，树姿优美，可做绿篱、绿墙、背景树，或列植、片植做城市绿化，单一或与其他树种混交，做防火林、防风林、工厂绿化树种。

6. 杨梅

（1）分布与生境

1）产于中国长江以南各省区，以浙江栽培最多，越南、日本、朝鲜和菲律宾也有分布。

2）喜温暖湿润气候，稍耐阴，不耐烈日直射，适宜温度在15～25℃，最低能耐短时间的－10℃。

3）喜排水良好的酸性土壤，也耐干旱瘠薄。

4）对二氧化硫、氯气等气体抗性较强。

（2）生长发育规律　播种、嫁接繁殖。深根性，萌芽性强，嫁接苗4～5年可结果，10年进入盛果期。每年3～4月开花，5～7月果实成熟。

（3）观赏特性与园林应用　树冠圆整，枝叶繁茂，初夏红果累累，是园林结合生产和荒山绿化的优良树种。常孤植或丛植于草坪庭院，或列植于路边，或适当密植，用来分隔空间或屏障视线。

7. 大叶桃花心木

（1）分布与生境

1）原产南美洲，广泛分布于墨西哥至巴西东部的大西洋沿岸。现我国福建、台湾、广东、广西、海南及云南等省区引种。

2）喜温暖，不耐霜冻，喜光，较耐旱，喜深厚肥沃的土壤。

（2）生长发育规律　播种繁殖。生长速度中等，主干笔直，幼树不耐风吹，容易因强风而倒伏。海南地区花期3～4月，果翌年3～4月成熟。

（3）观赏特性与园林应用　枝叶浓密，树形美观，宜列植、孤植作行道树和庭荫树。

8. 塞楝

(1) 分布与生境

1) 原产非洲热带地区和马达加斯加，现我国广东、广西、福建、云南南部和台湾南部均有栽培。

2) 喜高温湿润气候，喜阳光充足，也耐半阴。

3) 较耐旱，在湿润深厚、肥沃和排水良好的土壤中生长良好，不耐瘠薄。抗风较强，抗大气污染。

(2) 生长发育规律　播种繁殖。适应性强，较易栽植，生长较快。

(3) 观赏特性与园林应用　枝叶茂密，树形高大，华南地区城市绿化中广泛应用，常作行道树、庭园风景树和绿荫树。

9. 人面子

(1) 分布与生境

1) 产于中国广东、广西及海南、云南等地，越南也有分布，多生长在热带地区的森林中。

2) 喜高温多湿环境，不耐寒，喜光，喜湿润肥沃酸性土壤。抗风，抗大气污染。

(2) 生长发育规律　播种或扦插繁殖。萌芽力强，生长较快，高可达20m。

(3) 观赏特性与园林应用　树冠宽广浓绿，适合作行道树和庭荫树。

10. 杧果

(1) 分布与生境

1) 原产印度、马来西亚，现我国华南至西南有栽培。

2) 喜温暖湿润气候，不耐寒，生长要求年均温20℃以上，最低月均温15℃以上，最适生长温度为25~30℃，低于20℃生长缓慢，低于10℃叶片、花序会停止生长，近成熟的果实会受寒害。

3) 喜光，稍耐阴，喜深厚排水良好的砂质土壤。抗风，抗污染能力强。

(2) 生长发育规律　播种、嫁接繁殖。一般苗期和幼树每年抽6~8次梢，幼龄结果树抽2~4次，成龄树1~2次。从芽萌动至枝梢停止生长、叶片老熟历时15~35天，夏、秋梢历时较短，冬梢较长，枝梢生长与根系生长交替进行。海南地区自然开花在每年12月至次年1~2月，盛花期在春节前后。从开花至果实青熟，因品种和地区而异，需100~150天，果实收获期在5~8月。

(3) 观赏特性与园林应用　树冠浓密，郁闭度大，嫩叶紫红，佳果累累，是优良的果树生产和园林绿化树种，华南地区常栽作庭荫树和行道树。

11. 柚

(1) 分布与生境

1) 原产于东南亚、中国长江以南各地，最北见于河南省信阳及南阳一带。

2) 喜温暖湿润气候，最适生长温度为23~30℃，较耐阴，忌强光。喜深厚、肥沃而排水良好的中性或微酸性壤土或黏质壤土。

(2) 生长发育规律　嫁接繁殖为主。适宜选择本砧嫁接，生长较快，成熟期较早，果实耐贮藏。芽具早熟性，一年能抽发多次，容易形成树冠，每年花期4~5月，果期9~11月。

(3) 观赏特性与园林应用　枝叶常绿，果实硕大，是园林绿化结合生产的优良树种，可作庭园树，华北常温室盆栽观赏。

12. 九里香

(1) 分布与生境

1) 产于中国台湾、福建、广东、海南及广西。常见于离海岸不远的平地、缓坡、小丘的灌木丛中。

2）喜温暖湿润气候，喜光，耐干热，不耐寒，最适宜生长的温度为20～32℃。

3）喜生于土层深厚且排水良好的砂质土。

（2）生长发育规律　播种、扦插繁殖。4～6月为促其花芽分化，每月可向叶面喷一次0.2%的磷酸二氢钾溶液，北方冬季最低气温降至5℃左右时，移入低温（5～10℃）室内越冬。

（3）观赏特性与园林应用　树冠优美，花香怡人，南方地区用作围篱和绿化隔离带配置于庭园之中、建筑物周围，或作盆景观赏，长江流域及以北常于温室盆栽观赏。

13. 黄皮

（1）分布与生境

1）原产我国华南及西南。

2）喜温暖湿润气候，最适宜生长的温度为20～32℃，最低温度应大于5℃，低于0℃易冻死。

3）喜光照充足，半阴环境生长渐弱，开花香气淡，过于荫蔽则枝细软、叶色浅、花少或无花。

4）对土壤适应性强，喜肥沃疏松的砂壤土，较耐旱，不耐涝。

（2）生长发育规律　播种、嫁接繁殖。成年树每年抽2～3次梢，以秋梢量最多，花期3～5月，也有秋后开花，果期7～8月或9～12月。

（3）观赏特性与园林应用　树冠浓密，枝干苍劲，树姿秀雅，开花洁白而芳香，红果耀目，是南方重要果树之一，常植于庭园观赏，也是优良的盆景材料。

14. 花榈木

（1）分布与生境

1）产于我国长江流域以南地区的山坡、溪谷两旁杂木林内，常与杉木、枫香、马尾松、合欢等混生。越南、泰国也有分布。

2）喜温暖，也较耐寒。对光照的要求有较大的弹性，全光照或阴暗均能生长，但以明亮的散射光为宜。喜湿润土壤，忌干燥。

（2）生长发育规律　播种繁殖。苗期易倒伏，分枝较低，应注意固定和修枝，开花期7～8月，果期10～11月。

（3）观赏特性与园林应用　枝叶茂盛，四季常青，可做庭院观赏及城市园林绿化。

15. 台湾相思

（1）分布与生境

1）原产中国台湾，现中国华南、云南等地广为栽培，菲律宾、印度尼西亚亦有分布。

2）喜暖热、湿润环境，不耐寒，极喜光，不耐阴。

3）喜酸性土，耐干燥瘠薄土壤，亦耐短期水淹，砂质土或黏质土上均可生长。抗风能力强，抗污染。

（2）生长发育规律　播种繁殖。深根性，萌芽力强，生长迅速，适应性强，根部有根瘤可固氮。花期3～6月，果期7～10月。

（3）观赏特性与园林应用

1）树冠苍翠绿荫，为优良而低维护的遮阴树、行道树、园景树，为华南低山地区荒山造林、水土保持和沿海防护林的重要树种。

2）幼树可作绿篱，花能诱蝶、诱鸟。

16. 南洋楹

（1）分布与生境

1）原产印尼和太平洋群岛，现我国福建、广东、广西等热带各地广为栽培。

2）喜高温潮湿气候，喜光不耐阴。喜肥沃湿润土壤，不耐干旱瘠薄和积水，有根瘤可固氮。不抗风。

（2）生长发育规律　播种繁殖。根系发达，萌芽力强，生长迅速，广东地区15年生树高达32m，但寿命短，约25年生后即衰老。

（3）观赏特性与园林应用　树冠广阔，枝叶茂密，绿荫如伞，最适孤植或对植于大门、入口两旁，或列植于宽广的街道上。

17. 红花羊蹄甲

（1）分布与生境

1）原产我国香港和两广等地，现世界热带、亚热带地区广泛栽培。

2）喜光照充足，喜温暖湿润、多雨的气候，生长适温20～30℃，不耐寒。

3）喜肥沃湿润的酸性土壤，抗大气污染，不抗风。

（2）生长发育规律　嫁接繁殖为主。苗期生长较快，3年生的幼树高可达3m左右。萌芽力和成枝力强，分枝多，极耐修剪。一年可多次开花但不结实，花期11月至翌年3月，有时几乎全年开花。

（3）观赏特性与园林应用　树冠如伞，花大色艳，可孤植、列植和群植，作公园、庭园、广场和水滨等处的主体花和行道树。

18. 中国无忧花

（1）分布与生境

1）产于中国云南、广东和广西南部，越南、老挝也有分布。

2）喜光，喜高温湿润气候，不耐寒，越冬温度应在12℃以上，5℃左右有冷害。喜生于富含有机质、肥沃、排水良好的酸性至微碱性土壤。

（2）生长发育规律　播种、扦插繁殖。广州以北露地不能越冬，北方多于温室内盆栽，自然花期4～5月或夏季，果期7～10月。

（3）观赏特性与园林应用　树姿雄伟，叶大翠绿，花红似火，华南地区常栽作庭院观赏树和行道树。

19. 榕树

（1）分布与生境

1）产于我国华南，印度及东南亚各国至澳大利亚也有分布，生于低海拔山林。

2）喜温暖多雨气候，不耐寒，喜光，怕烈日暴晒。

3）不耐旱，较耐水湿，短时间水涝不会烂根，在微酸和微碱性土中均能生长。耐修剪，抗风，抗污染。

（2）生长发育规律　扦插或播种繁殖。生长快，根系发达，常有板根隆起，病虫害少，寿命长。

（3）观赏特性与园林应用　树冠庞大而圆整，枝叶茂密，在广州、福州等地常做行道树及庭荫树，也可用于坡地与林缘等生态造林，或盆栽观赏。

20. 波罗蜜

（1）分布与生境

1）原产印度和马来西亚，现广植于热带各地，我国华南有栽培。

2）喜温暖湿润热带气候，适生于无霜冻、年雨量充沛的地区，越冬温度13℃。喜光，喜深厚肥沃土壤，忌积水。

（2）生长发育规律　播种或扦插繁殖。生长迅速，3～5年生树即能结果。

（3）观赏特性与园林应用　树干通直，树性强健，树冠茂密，果大奇特，著名热带水果，也是优良的庭荫树和行道树。

21. 龙眼

（1）分布与生境

1）我国西南部至东南部栽培很广，以福建最盛，广东次之，云南及广东、广西南部有野生或半野生林木。

2）喜高温多湿气候，生长适温22～30℃，耐旱、耐酸、耐瘠、忌积水。

（2）生长发育规律　播种繁殖。温度是影响其生长、结实的主要因素，生长力强，生长快，耐修剪，寿命长，适于山地栽培。一般4～5月开花，7～8月果实成熟。

（3）观赏特性与园林应用　枝叶茂密，幼枝嫩叶紫红色，我国南部和东南部著名果树之一，也常作庭院、行道树种植。

22. 荔枝

（1）分布与生境

1）产于中国华南地区，亚洲东南部也有栽培。

2）喜光，喜暖热湿润气候，不耐寒，怕霜冻。喜富含腐殖质的深厚酸性土壤。抗风，抗大气污染。

（2）生长发育规律　播种或嫁接繁殖。深根性，寿命长，一般2～4月开花，5～8月果实成熟。

（3）观赏特性与园林应用　枝叶茂密，树姿优美，新叶橙红，红果累累，华南地区重要果树，可作庭园树、行道树种植。

23. 石楠

（1）分布与生境

1）产于中国华东、中南及西南地区，在焦作、西安及山东等地能露地越冬。

2）喜温暖湿润气候，喜光，稍耐阴，耐干旱瘠薄，不耐水湿，对烟尘和有毒气体有一定的抗性。

（2）生长发育规律　播种繁殖。深根性，萌发力强，耐修剪，生长较快，寿命较长，一般4～5月开花，10月果熟。

（3）观赏特性与园林应用　叶丛浓密，嫩叶红色，花白色、密生，冬季果实红色，鲜艳瞩目，可赏叶或观果，常作绿篱和庭荫树。

24. 枇杷

（1）分布与生境

1）原产我国中西部地区，现南方各地普遍栽植。

2）喜温暖湿润的气候，喜光，稍耐阴，不耐寒，喜肥沃湿润而排水良好的中性和微酸性土。

（2）生长发育规律　播种、嫁接、扦插繁殖。深根性，生长缓慢，寿命较长，一年能发三次新梢，花期10～12月，果期次年5～6月。

（3）观赏特性与园林应用　圆形树冠，叶大荫浓，冬日白花盛开，夏初黄果累累，常用于庭院观赏和果树栽培，也是极好的蜜源植物。

25. 香樟

（1）分布与生境

1）产于我国长江以南及西南各省区，亚热带地区广泛栽培，生于低山向阳山坡、谷地。

2）喜温暖湿润气候，不耐寒，喜光，稍耐阴。

3）对土壤要求不严，以肥沃、湿润、微酸性的黏质土生长最好，较耐水湿，不耐干旱、贫瘠和盐碱地，抗海潮风，抗污染。

（2）生长发育规律　播种繁殖。深根性，萌芽力强，耐修剪，生长速度中等偏慢，寿命长，通常花期4~5月，果期8~11月。

（3）观赏特性与园林应用　冠大荫浓，树姿雄伟，是长江以南城市绿化的优良树种，广泛用作庭荫树、行道树、防护林及风景林。

26. 海桐

（1）分布与生境

1）产于中国长江以南滨海各省，日本及朝鲜也有分布。

2）对气候的适应性较强，较耐寒，亦耐暑热，喜光，也耐阴，以半阴地生长最佳。

3）对土壤要求不严，在黏土、砂土及轻盐碱土中均能正常生长。抗海潮风，抗大气污染。

（2）生长发育规律　播种或扦插繁殖。萌芽力强，耐修剪，通常花期5月，9~10月果熟。

（3）观赏特性与园林应用　枝叶茂密，树冠圆整，初夏开花，清丽芳香，是南方城市及庭园常见绿化树种，多作建筑基础种植及绿篱，北方常盆栽观赏，温室越冬。

27. 蚊母树

（1）分布与生境

1）产于中国广东、福建、台湾、浙江等省，日本亦有分布。

2）喜温暖湿润气候，耐寒性不强，喜光，稍耐阴。

3）对土壤要求不严，酸性、中性土壤均能适应，耐烟尘，抗SO_2、Cl_2。

（2）生长发育规律　扦插或播种繁殖。萌芽、发枝力强，耐修剪。一般病虫害较少，但若在潮湿阴暗和不透风处，易遭介壳虫危害。通常花期4~5月，果期9月。

（3）观赏特性与园林应用　枝叶茂密，树形整齐，常作灌木栽培，适于路旁、庭前、草坪或大乔木下种植，作背景树或绿篱，也可修剪造型。

28. 苹婆

（1）分布与生境

1）产于中国广东、广西的南部、福建东南部、云南南部和台湾，印度、越南、印度尼西亚也有分布，多为人工栽培。

2）喜温暖湿润气候，喜光，耐半阴。耐涝不耐旱，喜生于肥沃、排水良好的土壤。

（2）生长发育规律　播种或扦插繁殖。根系发达，速生，树干萌生能力强，花期4~5月，果期8~9月，在10~11月常可见少数植株开第二次花。

（3）观赏特性与园林应用　树冠宽阔浓密，蓇葖果鲜红，宜栽作庭荫树和行道树。

29. 山茶花

（1）分布与生境

1）原产日本、朝鲜和中国，我国各地广泛栽培，东部及中部栽培较多。

2）喜温暖湿润气候，有一定的耐寒能力，生长适温为18~25℃，不耐酷热，夏季温度超过35℃，就会出现叶片灼伤现象。

3）喜半阴，忌烈日。喜肥沃湿润而排水良好的酸性土壤，不耐盐碱。抗Cl_2和海潮风。

（2）生长发育规律　播种、压条、扦插或嫁接繁殖。当早春气温在12℃以上开始萌芽，30℃以上则

停止生长，始花温度为2℃，适宜花朵开放的温度在10～20℃。在整个生长发育过程中需要较多水分，花期1～4月。

（3）观赏特性与园林应用　山茶花为中国传统园林花木，被称为“胜利花”。其叶色翠绿，花大色艳，品种繁多，园林中常用于庭院、室内盆栽观赏。

30. 木荷

（1）分布与生境

1）产于我国浙江、福建、台湾、广东等，广泛分布于长江以南地区山地。

2）喜温暖气候，不耐寒。喜光，也耐阴。喜肥沃的酸性土壤，不耐水湿，对有毒气体有一定的抗性。耐火烧，抗风力强。

（2）生长发育规律　播种繁殖。深根性，萌芽力强，生长速度中等，寿命长，可达200年以上。通常6～8月开花，9～11月果熟。

（3）观赏特性与园林应用　树冠浓密，叶片厚革质，具抗火性，是南方重要防火、防风树种。初发叶及秋叶红艳可观，可植为庭荫树及风景林。

31. 桂花

（1）分布与生境

1）原产我国西南及华中，现各地广为栽培。通常淮河以南可露地栽培，华北常盆栽，冬季入室防寒。

2）喜温暖气候，不耐寒，喜光，也耐半阴。

3）喜温润、排水良好的砂质土壤，忌涝地、盐碱地和黏重土壤。

4）对二氧化硫、氯气有较强抗性。

（2）生长发育规律　扦插、嫁接或播种繁殖。每年春秋两季各发芽一次，春季萌发的芽，生长势旺，容易分枝；秋季萌发的芽，只在当年生长旺盛的新枝顶端上，萌发后一般不分杈，只能向上延长，即所谓副梢。花芽多于当年6～8月间形成，有二次开花习性。花期9～10月。

（3）观赏特性与园林应用

1）树干端直，树冠圆整，中秋前后开花，香飘数里。“两桂当庭”是传统配植手法，园林中常植于道路两侧，假山、草坪、院落等地；大面积栽植，或与秋色叶树种同植，有色有香，可形成“桂花山”“桂花岭”。

2）淮河以北地区常桶栽、盆栽，布置会场、大门等。

32. 女贞

（1）分布与生境

1）原产中国长江流域及其以南地区，朝鲜日本也有分布。

2）喜光，稍耐阴，喜温暖湿润气候，有一定耐寒性，北京在背风向阳处可露地越冬。

3）适生于微酸性至微碱性的湿润土壤，不耐干旱，不耐瘠薄。对有毒气体抗性强，能吸收一定量的氟化物。

（2）生长发育规律　播种或扦插繁殖。生长快，萌芽力强，耐修剪，通常5～6月开花，11～12月果熟。

（3）观赏特性与园林应用　枝叶清秀亮丽，夏日满树白花，长江流域常用于庭院观赏、园路树，或修剪作绿篱，也适于厂矿区绿化。

33. 橄榄

（1）分布与生境

1）产于中国华南及越南、老挝、柬埔寨。

2）喜温暖湿润气候，生长适温23～32℃，不耐寒，稍耐阴，在肥沃深厚的微酸性土中生长良好。抗风力强。

（2）生长发育规律　播种繁殖。深根性，生长期需适当高温才能生长旺盛，花期4～5月，果期9～10月。

（3）观赏特性与园林应用　树姿优美，绿荫如盖，是华南地区良好的防风树种，优美的绿荫树、行道树，以及食用果木。

34. 杜英

（1）分布与生境

1）产于我国两广、福建、台湾、浙江、江西、湖南、贵州和云南，生长于海拔400～700m的林中。日本有分布。

2）喜温暖湿润气候，稍耐阴，喜排水良好的酸性土壤，抗SO_2。

（2）生长发育规律　播种或扦插繁殖。根系发达，萌芽力强，耐修剪，生长速度中等偏快，老叶凋落前变鲜红色。通常6～7月开花，10～12月果熟。

（3）观赏特性与园林应用　枝叶茂密，树冠圆整，老叶落前变红，红绿相间，颇为美丽。宜于作园景树、背景树、行道树，或列植成绿墙用于隐蔽遮挡及隔声，也是工矿区绿化和防护林带树种。

35. 大叶桉

（1）分布与生境

1）原产澳大利亚，现我国南部及西南地区有栽培，在西南地区生长较华南好。

2）喜光，喜温热湿润气候，不耐寒霜。对土壤要求不严，在肥沃、疏松的微酸性土壤中生长最好，不耐干瘠，极耐水湿。

（2）生长发育规律　播种繁殖为主。深根性，萌芽力强，生长迅速，在5～10年阶段生长最快，25～30年后生长渐慢，寿命长。树干易招白蚁危害，枝脆易风折。

（3）观赏特性与园林应用　树干高大挺直，树冠庞大，树姿优美，可列植、孤植作公路树、庭园树。

36. 蒲桃

（1）分布与生境

1）原产马来半岛及中印半岛，现我国海南、广东、福建、广西、台湾、云南等地有栽培。

2）喜光，喜湿热气候，年均温20℃以上地区可开花结果。

3）喜水湿，不耐干旱，喜深厚肥沃的酸性土壤，亦能生长于沙地，喜生河旁水边。

（2）生长发育规律　播种繁殖。深根性，枝干强健，易繁殖。通常花期4～5月，7～8月果熟。

（3）观赏特性与园林应用　树冠丰满浓郁，花叶果均可观赏，宜栽在水边、草坪、绿地作风景树、庭荫树及固堤、防风树种。

37. 白千层

（1）分布与生境

1）原产大洋洲、印尼等海岸地区，现我国南方广为栽培。

2）喜光，喜高温多湿气候，可耐轻霜及短期0℃左右低温。

3）对土壤要求不严，耐水湿，耐干旱贫瘠。抗风、抗大气污染。

（2）生长发育规律　播种繁殖。深根性，生长快，每年可多次开花。

（3）观赏特性与园林应用　树冠整齐，树皮白色，呈海绵质，为美丽的观干、观姿树，可作行道树、园景树。树皮易引起火灾，不适宜造林。

38. 糖胶树

（1）分布与生境

1）产于中国广西和云南，现广东、湖南和台湾有栽培，印度、澳大利亚等亚热带地区也有分布。

2）喜光，喜温暖湿润气候，喜肥沃土壤，不耐干旱。抗风、抗大气污染。

（2）生长发育规律　播种繁殖为主。生长较快，在泉州，树高年生长量40～50cm，胸径年生长量2.5～3cm。

（3）观赏特性与园林应用　树形美观，轮状分枝如层塔，果实细长如面条，可栽于公园、风景区，作为庭荫树、风景树和行道树。

【课题评价】

一、本地区常见常绿乔木环境因子的量化分析。

编号	名称	环境因子要求						
		温度/℃			光照	水分	土壤	其他
		最低	适宜	最高				
1								
2								
……								

二、收集整理当地常绿乔木园林应用实例图片。

以小组形式，制作PPT上交。PPT制作要求：每一种植物的图片应包括场地环境、应用形式、景观效果、应用目的等。

课题2　落叶乔木的习性与应用

落叶乔木是指每年秋冬季节或干旱季节叶全部脱落的乔木，主要分布在温带和亚热带地区，尤以温带地区最多。落叶是植物减少蒸腾、渡过寒冷或干旱季节的一种适应，这一习性是植物在长期进化过程中形成的。

这类树木一般冬季耐寒性较强，春季发芽，生长季节开花，秋季叶色常因季节的不同发生明显变化而落叶，冬季树叶落尽，利于园林中冬季光照和采暖的需求，并进入休眠期，呈现树干光秃的冬态，具有明显的季相特点。是北方城市绿化的主要植物材料之一，用途广泛，可用作行道树，庭荫树，观叶、观花、观果树及工矿企业绿化树种，风景林等。常见园林应用及景观效果（如图5-25～图5-46所示）。

图5-25　水松林

图5-26　落羽杉林

图 5-27　毛白杨林

图 5-28　华北落叶松林

图 5-29　水杉林

图 5-30　银杏路

图 5-31　毛白杨行道树

图 5-32　栾树小路

图 5-33　椿树孤植

图 5-34　槐树路

图5-35 法桐路

图5-36 合欢孤植

图5-37 柿树孤植

图5-38 流苏庭荫树

图5-39 黄连木广场树阵

图5-40 刺槐丛植

图 5-41　白桦丛植

图 5-42　水边桃红柳绿景观

图 5-43　槐树与建筑

图 5-44　白桦林

图 5-45　珙桐林

图 5-46　核桃林秋色

一、落叶针叶乔木

1. 水杉

(1) 分布与生境

1) 天然分布于我国川东、鄂西南和湘西北海拔 800 ~ 1500m 山区，多生于山谷或山麓附近地势平缓、土层深厚、湿润或稍有积水的地方。现国内北起北京、辽宁南部，南及广东、广西广泛栽培，以长江中下游地区栽种最多，世界上 50 多个国家引种。

2) 阳性树种，喜温暖气候，夏季凉爽，冬季有雪而不严寒，年平均温度在 13℃，极端最低温度 -8℃。

3) 喜湿润、肥沃而排水良好土壤，酸性、石灰性、轻盐碱土均可生长，不耐长期积水，不耐贫瘠和干旱，也宜沼生。

(2) 生长发育规律　播种或扦插繁殖。水杉根系发达，生长较快，树高前期生长较快，平均生长量 6 ~ 12 年生长最为迅速，南方 10 ~ 15 年成材。但生长的快慢通常受土壤水分的支配，在长期积水排水不良的地方生长缓慢，树干基部通常膨大和有纵棱。水杉忌在土壤冻结的严寒时节和生长季节（夏季）栽植，否则成活率极低。长江中下游地区 3 月中旬芽萌绿，4 月上旬盛发梢、叶，5 月上旬发二次枝，新梢旺盛生长期，秋季叶片变棕褐色，带小枝一块脱落。

(3) 观赏特性与园林应用

1) “活化石”树种，国家一级珍稀濒危植物。

2) 树冠尖塔，树干通直，秋叶棕褐色，园林中适于列植于建筑物前或用作行道树；也可丛植、片植于水边营造风景林，林下配植低矮地被植物，水面形成倒影，气势雄伟壮美，有深邃感。

3) 对二氧化硫有一定的抵抗能力，是工矿区绿化的优良树种。

2. 水松

(1) 分布与生境

1) 中国特有树种，主要分布在广州珠江三角洲和福建中部及闽江下游海拔 1000m 以下地区，广东东部及西部、福建西部及北部、江西东部、四川东南部、广西及云南东南部也有零星分布。

2) 喜光，喜温暖湿润的气候及水湿的环境，耐水湿，不耐低温。

3) 对土壤的适应性较强，除盐碱土之外，在其他各种土壤上均能生长，以水分较多的冲渍土上生长最好。

(2) 生长发育规律　播种繁殖。幼苗时期主根发达，10 多年后主根停止生长，侧根发达，生于水边或沼泽地的树干基部膨大呈柱槽状，并有露出土面或水面的屈膝状呼吸根。种子在天然状态下不易萌

发。发芽时子叶出土，幼苗或幼树期间需要较充足的阳光和肥沃、湿润的土壤。花期1～2月，球果10～11月成熟。

（3）观赏特性与园林应用

1）根系强大，树形优美，适宜在河边湖畔绿化，或用于防风护堤。

2）作为室内盆栽观赏。

3. 金钱松

（1）分布与生境

1）零星分布于江苏、浙江、福建、安徽、江西、河南、湖南、湖北、四川。生于海拔1500m以下的常绿、落叶阔叶混交林中。

2）喜温暖、湿润、光照充足环境。

3）要求深厚肥沃、排水良好的微酸性或中性砂质黄壤或黄棕壤，不耐干旱，不适应长期积水地或盐碱地。

（2）生长发育规律　种子繁殖。深根性喜光树种，初期稍耐荫蔽，生长较慢，以后需光性增强，生长较快。幼龄阶段稍耐庇荫，生长比较缓慢，10年以后，需光性增强，生长逐渐加快。芽于3月中下旬萌动，4月初开始展叶，4月中旬进入展叶盛期，8月下旬至9月上旬叶开始变色，10月中下旬为落叶盛期，10月中旬种鳞转为淡黄色就要及时采收，否则，种鳞松散，种子与鳞片一同散落。

（3）观赏特性与园林应用

1）枝条平展，姿态秀丽，叶色多变，状如“金钱”，叶形奇特。以春季嫩叶初展及入秋后叶转金黄色时，观赏效果最佳。

2）冬季落叶后，合栽式、丛林式金钱松盆景可观赏寒林景色。

4. 池杉

（1）分布与生境

1）原产于美国弗吉尼亚州，现在中国长江流域广泛分布。

2）喜温暖，喜光，不耐阴。

3）喜深厚、疏松、湿润的酸性土壤，耐湿性很强，在水中也能较正常生长。抗风性很强。

（2）生长发育规律　播种或扦插繁殖。速生树种，萌芽性强，生长势旺，自3～4龄起至20龄以前，高、粗生长均快，7～9年生树开始结实。长江流域一般在3月下旬至4月上旬开花，10月中、下旬种子成熟。

（3）观赏特性与园林应用

1）树形婆娑，枝叶秀丽，秋叶棕褐色，适生于水滨湿地、河边和低洼水网地区成片造林。

2）园林中可作孤植、丛植、片植配置，亦可列植作道路的行道树。

5. 落羽杉

（1）分布与生境

1）原产北美东南部，生长在沿海和平原的池沼、河滩沼泽地。我国分布在长江以南。

2）喜强阳、温暖、潮湿环境，喜肥沃土壤，耐涝，抗风力强，不耐盐碱。

（2）生长发育规律　播种或扦插繁殖。深根性，生长较快，10年树高12m，胸径达到20cm。一般3月下旬芽萌发，4月上旬梢、叶伸长，5月下旬发二次枝，进入旺盛生长期，11月上旬至下旬叶片转褐绿至赭黄色脱落。

(3）观赏特性与园林应用

1）高大端直，树姿雄伟壮观，叶片翠绿婆娑，常列植于建筑物旁做游步道，或片植于水边营造风景林。

2）根系深直，抗风、抗冲刷能力强，在农田水网及易淹区栽植，可防风、固岸、护堤和保持水土。

6. 华北落叶松

（1）分布与生境

1）我国特产，主要分布于山西、河北两省，东北、华北、西北等均有引种。

2）强阳性，极耐寒，耐水湿，喜深厚、湿润而排水良好的酸性或中性土壤。

（2）生长发育规律　种子繁殖。适应性强，成活高，生长快，根系萌芽更新能力强，每年很早即发芽生长，直至8月底才停止加长生长。花期4~5月，球果10月成熟。

（3）观赏特性与园林应用　干形直，树冠整齐，叶轻柔而潇洒，适合于较高海拔和较高纬度地区的风景林营造。

二、落叶阔叶乔木

1. 银杏

（1）分布与生境

1）我国特产，北自沈阳，南至广州均有栽培。

2）对气候适应范围广，在冬季绝对低温-32.9℃可正常生长，高温多雨（如广州）地区也能适应但生长不良。

3）喜光，不耐庇荫。

4）深根性，抗旱力较强，不耐水涝。对土壤适应性强，酸性土、钙质土或中性土均可生长，过于贫瘠、干燥山坡或过度潮湿、盐分太重的土壤，生长不良。

5）抗烟尘、抗火灾、抗有毒气体、抗辐射能力强。

（2）生长发育规律　播种繁殖。生长缓慢，实生树一般20年开始结种子，嫁接树可提早5~7年结种子，寿命长达千年以上。一般3月下旬芽萌动，4月中旬叶初放、现花蕾、抽梢，5~6月为新梢旺盛生长期，9月中下旬，种子成熟，10月中旬叶片逐渐变金黄而脱落。

（3）观赏特性与园林应用

1）现存种子植物中最古老的孑遗植物，称为“活化石”。因寿命长，寺庙、皇家庭院中多见栽培。

2）树干端直，树冠庞大，雄伟壮丽，秋叶鲜黄，少病虫害，适宜配植于大建筑旁、广场、草坪等开阔场地，宜作庭荫树、独赏树、风景林。行道树宜选择雄株，避免雌株种子成熟后次第凋落，肉质恶臭，有碍卫生。

3）抗性强，适宜岩石园、工矿区绿化。

2. 毛白杨

（1）分布与生境

1）原产我国，分布广，北起辽宁南部、内蒙古，南至长江流域，黄河中下游为适生区。多生于低山平原土层深厚的地方。

2）强阳性树种，耐寒。

3）对土壤要求不严，喜深厚肥沃的砂壤土，不耐过度干旱瘠薄，稍耐碱，pH值8~8.5时亦能生长。大树耐湿涝，耐烟尘，抗污染。

（2）生长发育规律　扦插繁殖为主。在环境条件优良、肥水充足的地方生长最快，20年生即可成材。萌芽性强，一年中可多次生长，易抽生夏梢和秋梢，花期3月，果期4~5月。

（3）观赏特性与园林应用　树体高大挺拔，姿态雄伟，干皮灰白，叶大荫浓，有“大丈夫”的气

概，常孤植、丛植、群植于建筑周围、草坪、广场、水滨以及疏林草坪中，适宜作行道树、园路树、庭荫树或营造防护林。

3. 垂柳

（1）分布与生境

1）原产我国长江流域与黄河流域，其他各地均有栽培。

2）喜光，喜温暖湿润气候，较耐寒。

3）喜潮湿、深厚的酸性及中性土壤，特耐水湿，亦能生于土层深厚的高燥地区。

（2）生长发育规律　扦插繁殖为主，或种子繁殖。萌芽力强，根系发达，生长迅速，15 年生树高达 13m，胸径 24cm。树干易老化，一般 30 年后渐趋衰老。在病虫害比较严重的情况下，寿命较短。花期 3～4 月，果期 4～5 月。

（3）观赏特性与园林应用

1）枝条细长，柔软下垂，随风飘舞，姿态优美潇洒，常植于河岸及湖池边，柔条依依拂水，别有风致，自古即为重要的庭园观赏树，与桃花间植可形成桃红柳绿之景，是江南园林春景的特色配植方式之一。

2）用作道树、庭荫树、固岸护堤树及平原造林树种。

3）对有毒气体抗性较强，能吸收二氧化硫，适用于工厂区绿化。

4. 旱柳

（1）分布与生境

1）原产中国，以我国黄河流域为栽培中心，广泛分布于东北、华中，西至甘肃、青海等地。

2）耐严寒，抗风沙，耐干旱涝碱，不择土壤。

（2）生长发育规律　播种或扦插繁殖。萌芽力强，根系发达，生长较快，8 年生树高达 13m，胸径 25cm。春季发芽早，秋季落叶迟，花期 3～4 月，果期 4～5 月。

（3）观赏特性与园林应用

1）枝条柔软，树冠丰满圆整，是中国北方常用的庭荫树、行道树，或孤植、片植于河湖岸边、草坪上，对植于建筑两旁。

2）适应性强，常用作公路树、防护林、沙荒造林、农村“四旁”绿化等，是早春蜜源树种，也可作用材树种。

3）园林应用中应注意选择雄株，以防落絮。

5. 胡桃

（1）分布与生境

1）分布于中亚、西亚、南亚和欧洲。我国在华北、西北、西南及华中等地的平原及丘陵地区均有大量栽培，长江以南各省较少。

2）喜光，喜温凉气候，较耐干冷，不耐温热。

3）喜深厚、湿润肥沃、排水良好的微酸性至弱碱性壤土或黏质壤土，抗旱性较弱，不耐盐碱。深根性，抗风性较强，不耐移植，有肉质根，不耐水淹。

（2）生长发育规律　播种繁殖。5 年生树高 3～4m，20 年生高约 12m。实生苗通常 8～10 年开始结实，20～30 年后进入盛果期。

（3）观赏特性与园林应用

1）树冠庞大雄伟，枝叶茂密，绿荫覆地，枝干灰白洁净，是良好的庭荫树，也可孤植、丛植于草地或园中隙地。

2）花、果、叶挥发出的气味具有杀菌、杀虫的保健效果，可成片、成林栽植于风景疗养区。

6. 枫杨

（1）分布与生境

1）原产中国，在长江流域和淮河流域最为常见，生于沿溪涧河滩、阴湿山坡地的林中。华北和东北有栽培。

2）喜温暖湿润，喜光，不耐庇荫。

3）喜深厚、肥沃、湿润的土壤，耐湿性强，但不耐长期积水和水位太高之地。对有害气体二氧化硫及氯气的抗性弱。

（2）生长发育规律　扦插或播种繁殖。深根性，主根明显，侧根发达，萌芽力很强，初期生长较慢，后期生长速度加快，花期4~5月，果熟期8~9月。

（3）观赏特性与园林应用

1）树冠广展，枝叶茂密，可作行道树，或孤植、片植于草坪及坡地。

2）生长快速，根系发达，为河床两岸低洼湿地的良好绿化树种，可防治水土流失。

7. 白桦

（1）分布与生境

1）产于中国东北、华北、西北等地，俄罗斯远东地区、蒙古东部、朝鲜北部、日本也有。生于海拔400~4100m的山坡或林中，适应性大，分布广，尤喜湿润土壤，为次生林的先锋树种。

2）喜光，不耐阴，耐严寒。对土壤适应性强，喜酸性土，沼泽地、干燥阳坡及湿润阴坡都能生长，耐瘠薄。

（2）生长发育规律　播种繁殖。深根性，萌芽强，生长速度中等，寿命较短，天然更新良好，30年生树高12m，胸径16cm。花期5~6月，果期8~10月。

（3）观赏特性与园林应用　树干修直，洁白雅致，枝叶扶疏，姿态优美，常植于庭园、公园之草坪、池畔、湖滨，或列植于道旁，在山地或丘陵坡地可成片组成风景林。

8. 板栗

（1）分布与生境

1）原产于中国，分布于越南、中国台湾以及中国大陆地区。生长于海拔370~2800m的地区，多见于山地。

2）对气候适应范围较为广泛，喜光，光照不足引起枝条枯死或不结果实。对土壤要求不严，喜肥沃温润、排水良好的砂质或优质壤土，对有害气体抗性强，忌积水，忌土壤黏重。

（2）生长发育规律　播种繁殖。深根性，根系发达，萌芽力强，耐修剪，寿命长达300年。实生树5~8年开始结果，15~20年进入盛果期。幼苗根系从4月初开始活动到10月下旬结束，维持200多天，板栗根系年生长有两个高峰，第一次在地上部新梢旺盛生长之年约6月上旬，第二次约在9月份，枝条停止生长以后。成年板栗树新梢主要是一次生长，幼树旺树及强旺发育枝，徒长枝有二次生长。花期5~6月，果熟期9~10月。

（3）观赏特性与园林应用　树冠圆广，枝茂叶大，主要做干果生产栽培，华北地区的群众把板栗叫作“铁杆庄稼”，是绿化结合生产的良好树种。亦可作山区绿化造林和水土保持树种。

9. 麻栎

（1）分布与生境

1）产于我国辽宁南部、华北各省及陕西、甘肃以南。黄河中下游及长江流域较多。垂直分布自云

南海拔2200m至山东海拔1000m以下山地或丘陵，常与枫香、栓皮栎、马尾松、柏树等混交或小面积成林。

2）喜光，喜湿润气候，耐寒，耐干旱瘠薄，不耐水湿，不耐盐碱，在湿润、肥沃、深厚、排水良好的中性至微酸性砂壤土上生长最好，排水不良或积水地不宜种植。不耐移植，抗污染、抗尘土、抗风能力都较强。

（2）生长发育规律　播种繁殖或萌芽更新，种子发芽力可保持1年。深根性，萌芽力强，生长速度中等，寿命长，可达500～600年。花期5月，果期翌年9～10月。

（3）观赏特性与园林应用　树干通直，枝条广展，树冠雄伟，浓荫如盖，秋季叶片转橙黄，为秋色叶树种。可用于荒山绿化，防护林或与其他树混交成林。

10. 榆树

（1）分布与生境

1）分布于中国东北、华北、西北及西南各省区，朝鲜、俄罗斯、蒙古也有分布，生于海拔1000～2500m以下之山坡、山谷、川地、丘陵及沙岗等处。

2）喜光，耐干冷气候。不择土壤，适应性极强，耐旱，耐瘠薄，耐中度盐碱，但不耐水湿（能耐短期雨季水涝）。

3）抗城市污染能力强，叶面滞尘能力强，尤其对氟化氢及烟尘有较强的抗性，抗风力、保土力强。

（2）生长发育规律　播种繁殖。根系发达，深根性，萌芽力强，耐修剪，生长迅速，寿命较长。花果期3～6月。

（3）观赏特性与园林应用

1）树干通直，树形高大，绿荫较浓，适应性强，是城市绿化、行道树、庭荫树、工厂绿化、营造防护林、水土保持林和盐碱地造林的重要树种。

2）在干瘠、严寒之地常呈灌木状，用作绿篱者，其老茎、残根萌芽力强，可自野外掘取制作盆景。

11. 榉树

（1）分布与生境

1）产于淮河及秦岭以南，长江中下游至华南、西南各省区、台湾，朝鲜半岛、日本也有分布，垂直分布在海拔500m以下之山地、平原。

2）喜光，喜温暖环境。

3）对土壤的适应性强，酸性、中性、碱性土及轻度盐碱土均可生长，适生于深厚、肥沃、湿润的土壤，忌积水，不耐干旱和贫瘠。

4）耐烟尘及有害气体，侧根广展，抗风力强。

（2）生长发育规律　播种繁殖。深根性，萌芽力强，生长速度中等偏慢，尤其是幼年期生长慢，10年生后渐加快，寿命较长。花期3～4月，果熟期10～11月。

（3）观赏特性与园林应用　树体高大雄伟，盛夏绿荫浓密，秋叶红艳。可作庭荫树、行道树，或与常绿树种混植作风景林，也是制作树桩盆景的好材料。

12. 朴树

（1）分布与生境

1）产于我国辽宁以南，至云南大部分地区。

2）喜温暖湿润气候，对土壤要求不严，有一定耐干旱能力，亦耐水湿及瘠薄土壤，适应力较强，抗风性强，抗烟尘及有毒气体。

（2）生长发育规律　播种繁殖。深根性，寿命较长，可达200～300年。花期4月，果实9～10月成熟。

（3）观赏特性与园林应用　树形美观，树冠宽广，绿荫浓郁。可作庭荫树、行道树，又是优良的厂区绿化树种，也是制作盆景的常用树种。

13. 桑树

（1）分布与生境

1）原产中国中部和北部，现东北至西南各省区，西北至新疆均有栽培。

2）喜温暖湿润气候，耐寒，生长适宜温度25～30℃，喜光，稍耐阴。

3）对土壤的适应性强，耐干旱，耐瘠薄，耐水湿能力极强。抗风力强，对硫化氢、二氧化氮等有毒气体抗性很强。

（2）生长发育规律　播种、扦插繁殖。深根性，根系发达，萌芽性强，耐修剪，易更新。生长快，12年生树高9m，胸径19cm。气温12℃以上开始萌芽，超过40℃则受到抑制，降到12℃以下则停止生长，花期4～5月，果期5～6月。

（3）观赏特性与园林应用　树冠丰满，枝叶茂密，秋叶金黄，适生性强，为山地绿化的先锋树种，也是居民新村、厂矿绿地的主要树种，果实能吸引鸟类，宜构成鸟语花香的自然景观。

14. 构树

（1）分布与生境

1）产于中国南北各地。分布于中国黄河、长江和珠江流域地区。

2）喜光，适应性强，耐旱、耐瘠，对土壤的适应能力较强。

3）抗烟尘、有毒气体（二氧化硫和氯气）很强，少病虫害。

（2）生长发育规律　播种、扦插繁殖。生长较快，萌芽力强，根系较浅，但侧根分布很广，移栽容易成活，成年树可高达16m。花期4～5月，果熟期8～9月。

（3）观赏特性与园林应用　外形粗野，枝叶茂密，具有抗性强、生长快、繁殖容易等优点，果实酸甜，宜食用，可做庭荫树及防护林，尤其适合用作矿区、荒山坡地、大气污染严重地区绿化。

15. 无花果

（1）分布与生境

1）原产地中海沿岸，分布于土耳其至阿富汗。中国唐代即从波斯传入，现南北均有栽培。

2）喜光，喜温暖湿润的气候，不耐寒。喜肥，抗风，较耐干旱，耐盐碱，不耐涝。

（2）生长发育规律　扦插、压条繁殖。根系发达，分布较浅，生长较快，2～3年生树可开始结果，6～7年生进入盛果期，寿命可达百年以上。花期4～5月，果熟期8～10月。

（3）观赏特性与园林应用

1）树势优雅，叶片宽大，具有良好的吸尘效果，很少病虫危害，果实可食，是园林结合生产的优良树木。

2）适应性强，抗有毒气体和大气污染，是化工污染区绿化的好树种，也可在干旱的沙荒地区栽植，起到防风固沙、绿化荒滩地作用。

16. 玉兰

（1）分布与生境

1）原产中国中部各省，现北京及黄河流域以南均有栽培。

2）喜光，较耐寒，能耐－20℃的低温，但小规格玉兰和当年移植后抗寒性差。

3）喜湿润肥沃、排水良好而带微酸性的砂质土壤，在弱碱性的土壤上亦可生长，忌低湿，畏水淹。

4）对有害气体（二氧化硫和氯气）抗性较强。

（2）生长发育规律　播种、嫁接繁殖。根肉质，生长速度较慢，每年伸长30cm左右。3月上旬芽萌动，3月下旬至4月上中旬开花，南方略早，花先开放，叶子后长，花期约10天，花谢后展叶，至5月初可形成叶幕，10月中下旬开始落叶，11月初叶落净，冬季花芽发育变大。

（3）观赏特性与园林应用　玉兰代表感恩。其树形圆整雄伟，叶大荫浓，未叶先花，千枝万蕊，莹洁清丽，外形极似莲花，宛如玉树，为中国传统庭园花木，现城市园林中广泛应用，配植中应考虑背景选择常绿树或蓝天碧水映衬。

17. 鹅掌楸

（1）分布与生境

1）产于我国陕西、安徽以南，西至四川、云南，南至南岭山地，生于海拔900～1000m的山地林中或林缘，呈星散分布，或组成小片纯林。

2）喜光，喜温和湿润气候，有一定的耐寒性。

3）喜深厚肥沃、湿润而排水良好的酸性或微酸性土壤（pH 4.5～6.5），在干旱土地上生长不良，忌低湿水涝。

（2）生长发育规律　播种繁殖。生长速度快，在长江流域1年生苗可达40cm，10～15年可开花结实，20年生者高达20m，胸径约30cm。不耐移栽，具有一定的萌芽力，可自行萌芽更新。花期5～6月，果熟期9～10月。

（3）观赏特性与园林应用

1）树形端正雄伟，叶形奇特古雅，如同古人的“马褂”，花大而美丽，是城市中极佳的行道树、园景树、庭荫树种。

2）对有害气体的抗性较强，可用于工矿区绿化。

18. 枫香

（1）分布与生境

1）产于我国秦岭及淮河以南各省，多生于平地、村落附近，及低山的次生林。

2）喜光，幼树稍耐阴，喜温暖湿润气候，不耐寒，黄河以北不能露地越冬。

3）在湿润肥沃而深厚的红黄壤土上生长良好，耐干旱瘠薄，不耐水涝。

4）抗风力强，对二氧化硫、氯气等有较强抗性。

（2）生长发育规律　播种繁殖。深根性，主根粗长，萌蘖性强，可天然更新，不耐修剪，大树移植较困难。幼年生长较慢，一年生苗高30～40cm，后期生长较快。花期3月中下旬至4月上旬，10月下旬果实成熟。

（3）观赏特性与园林应用

1）干高通直，树冠宽广，气势雄伟，深秋叶色渐变红艳，优美的秋色叶树种，在园林中栽作庭荫树，或与常绿树混植，或群植成纯林。

2）耐火性强，对有毒气体的抗性，可用于厂矿区绿化。

19. 杜仲

（1）分布与生境

1）中国特有种，分布于华中、华北、华东等地区，现各地广泛栽种。多生长于海拔300～500m的低山、谷地或低坡的疏林。

2）喜温暖湿润气候和阳光充足的环境，耐－20℃低温，对土壤适应性强。

（2）生长发育规律　播种繁殖。生长速度在幼年期较缓慢，速生期出现在7～20年，20年后生长速度又逐年降低，50 年后，树高生长基本停止，植株自然枯萎。深根性，适应环境能力强，萌芽力强，耐修剪，通常 4 月开花，叶前开放或花叶同放，10 ~ 11 月果实成熟。

（3）观赏特性与园林应用　干形端直，树冠开展整齐，枝繁叶茂，是良好的庭荫树及行道树，或作绿化造林树种。

20. 法桐

（1）分布与生境

1）原产欧洲东南部及亚洲西部，久经栽培，据记载中国晋代即已引种。现全国城市中常见。

2）喜光，喜温暖湿润气候，较耐寒。

3）对土壤要求不严，但适生于微酸性或中性、排水良好的土壤，微碱性土壤虽能生长，但易发生黄化。耐干旱瘠薄，耐水湿。

4）抗空气污染能力较强，

（2）生长发育规律　播种、扦插繁殖。生长速度较快，萌芽力强，耐修剪，对城市环境耐性强，寿命较长。一般 4 月萌芽，5 月新梢进入旺盛生长期，11 ~ 12 月叶始落尽。花期 4 ~ 5 月，果期 9 ~ 10 月。

（3）观赏特性与园林应用

1）树形雄伟端庄，叶大荫浓，干皮光滑，适应性强，耐修剪整形，广泛应用于城市绿化，为优良的庭荫树、行道树种。

2）对多种有毒气体抗性较强，并能吸收有害气体，对夏季降温、滞尘、降噪声、吸收有害气体，提高空气相对湿度，调节二氧化碳与氧气的平衡，改进大气质量效果显著。作为厂矿绿化也颇为合适。

21. 山楂

（1）分布与生境

1）产于东北、华北等地，生于山坡林边或灌木丛中。朝鲜和俄罗斯西伯利亚也有分布。

2）喜光也耐阴，喜温暖、凉爽环境，但又耐寒且耐高温，在 −36 ~ 43℃之间均能生长。

3）对土壤要求不严格，耐干旱，水分过多时，枝叶易徒长。

（2）生长发育规律　播种繁殖。根系发达，萌蘖性强，树势强，成枝力弱，果枝连续结果能力强。通常 3 月下旬萌芽，花期 5 ~ 6 月，果熟期 10 月。

（3）观赏特性与园林应用　树冠半球形开张，花繁叶茂，果实鲜红可爱，是观花、观果和园林结合生产的良好绿化树种。常用作庭荫树和园路树，也可作为绿篱栽培。

22. 木瓜

（1）分布与生境

1）我国华北、华东、华中、广东、广西都有分布。

2）喜光，不耐阴，喜温暖，在江淮流域可露地越冬。

3）对土质要求不严，但在土层深厚、疏松肥沃、排水良好的砂质土壤中生长较好，忌低洼积水。

（2）生长发育规律　播种、嫁接繁殖，砧木一般用海棠果。生长较慢，10 年左右才能开花。先花后叶，花期 4 ~ 5 月，果期 8 ~ 10 月。

（3）观赏特性与园林应用　树姿优美，花簇集中，花量大而色美，优良的庭荫树、园景树种，或作为盆景在庭院或园林中应用。

23. 海棠花

（1）分布与生境

1）中国特有植物，分布于我国河北、山东、陕西、江苏、浙江、云南，多生长在海拔 50 ~ 2000m

的平原和山地。

2）喜光，耐寒，耐干旱，忌水湿，在北方干燥地带生长良好。

（2）生长发育规律　播种繁殖。实生苗约7～8年才能开花，枝梢每年有两次生长高峰期，分别形成春梢和秋梢。花期4～5月，果期8～9月。

（3）观赏特性与园林应用

1）树姿潇洒，花开似锦，在皇家园林中常与玉兰、牡丹、桂花相配植，取“玉棠富贵”的意境，对二氧化硫有较强的抗性，优良的城市街道绿地和矿区绿化树种。

2）制作盆景的材料，切枝可供瓶插及其他装饰之用。

24. 紫叶李

（1）分布与生境

1）广泛分布于山坡林中或多石砾的坡地以及峡谷水边等处。

2）喜温暖湿润气候，喜光，不耐阴。对土壤适应性强，较耐水湿，不耐干旱，不耐盐碱。对有毒气体抗性较强。

（2）生长发育规律　播种、嫁接繁殖。根系较浅，萌生力较强。幼龄期生长迅速，一般3～4年即可进入结果期，寿命可达40年左右。花叶同放，花期4～5月，果常早落，一般8～10月成熟。

（3）观赏特性与园林应用　整个生长季节叶片紫红，为园林中广泛应用的常色叶树种，著名的观花观叶园景树，也常用于路旁列植、水滨风景林、工矿区绿化。

25. 梅花

（1）分布与生境

1）中国是世界上梅花的野生分布中心和栽培中心，原产于中国四川、湖北、广西等省区，现以长江流域以南各省栽培较多。日本和朝鲜也有分布。

2）喜阳光，喜温暖而略潮湿的气候，耐－15℃低温。

3）对土壤要求不严，不适合黏重过湿土壤，畏涝，耐瘠薄土壤，亦能在轻碱性土中正常生长。对烟尘和有毒气体抗性强。

（2）生长发育规律　嫁接繁殖为主，或播种繁殖。生长发育较快，寿命长，实生苗在3～4年即可开花，7～8年后进入花果盛期。嫁接苗1～2年即可开花。其生长势在最初的40～50年内最旺，以后渐趋缓慢。一年中5～6月花芽逐步形成，花期冬春季，果期5～6月（在华北果期延至7～8月）。

（3）观赏特性与园林应用

1）枝干苍劲，花朵冰清玉洁，纯贞高雅，有凝寒迎春的坚强气质，具中国传统造景韵味，自古以来深受人们喜爱和称颂，与松、竹搭配，称为“三君子”。

2）园林中于山坞、山坡、水漄、溪畔、房屋附近，配植各种花色品种，丛植、片植、列植成梅园、梅坞、梅岭、梅岩、梅溪、梅峰、梅径等，达到“万花敢向雪中出，唯我独先天下春”的意境。或作盆景和切花。

26. 桃花

（1）分布与生境

1）原产中国，各省区广泛栽培。现世界各地均有栽植。

2）喜光，喜温暖，稍耐寒。喜肥沃、排水良好土壤，耐干旱，不耐水湿。

（2）生长发育规律　嫁接繁殖为主，或播种繁殖。根系浅，萌芽力差，不抗风，寿命约30～50年。一般实生苗3～4年即开花，4～8年达花果盛期。生长势和发枝力强，枝条一年内可多次生长。树势衰老快，进入离心生长早，一般15～20年即衰老。华东、华中一带多于3月中下旬开花，先叶开放，6～9月果熟。

（3）观赏特性与园林应用　自古有着生育、吉祥、长寿的民俗象征。其树姿洒脱，枝干扶疏，花色艳丽，为中国传统的园林花木，园林应用广泛，在我国常和柳树间隔配植，以成“桃红柳绿”之景，桃花夭夭，柳丝依依，红绿相映，饶有诗情画意；桃花片植景色有桃花坞、桃花峰、桃花源、桃花谷等，花开时节，红雨塞途，往往成为当地春游胜地。

27. 樱花

（1）分布与生境

1）分布于北半球温和地带，主要种类分布在中国西部和西南部、日本和朝鲜。

2）喜阳光和温暖湿润的气候条件，有一定抗寒能力。

3）对土壤的要求不严，宜在疏松肥沃、排水良好的砂质壤土生长，不耐盐碱土，忌积水低洼地。对有毒气体和海潮风抗性弱，抗风力不强。

（2）生长发育规律　嫁接繁殖为主，或播种繁殖。根系较浅，实生苗4～5年开始结果，8～10年进入结果盛期，盛果期一般维持15～20年，寿命80～100年。花期4月，一般先叶开放，果期5～6月。谢花后，春梢进入迅速生长期，前期长出的新梢基部各节腋芽多能分化为花芽，花后长出的新梢顶部各节多分化为叶芽。

（3）观赏特性与园林应用　枝叶繁茂，绿荫如盖，花时满树缤纷，如云似霞，极为壮观。常片植、群植成林，营造“花海”景观；也可列植于小路、建筑物前，形成花径、花篱；或孤植、丛植点缀于绿地形成锦团。

28. 苹果

（1）分布与生境

1）分布于中国的黄河和长江流域一带，生长在山坡、平地和山谷梯田边，栽培品种、变种颇多。

2）温带树种，喜冷凉和干燥的气候，喜阳光充足，以肥沃深厚而排水良好的土壤为好，不耐瘠薄。

（2）生长发育规律　嫁接、播种繁殖。一般嫁接苗定植后3～6年开始结果，实生苗花果初期较晚，寿命可达30～40年。枝梢每年有两次生长高峰期，分别形成春梢和秋梢。花芽分化期集中在6～9月，花期4～5月，果熟期7～10月。

（3）观赏特性与园林应用　春花粉艳，秋果红艳，观赏特性和海棠有些相似，是园林结合生产的优良树种，也可盆栽观赏果实和造型。

29. 白梨

（1）分布与生境

1）分布于中国河北、山西、陕西、甘肃、青海、山东、河南等地。

2）喜光，喜温，冬季最低温度在－25℃以上的地区，多数品种可安全越冬。

3）耐旱、耐涝、耐盐碱，适宜土层深厚、排水良好的缓坡山地种植，尤以砂质壤土山地为理想。

（2）生长发育规律　播种、嫁接繁殖。根系发达，干性强，层性较明显，寿命较长，可达百年。一般嫁接苗定植后5～6年开始结果，枝条一年一般有一次生长高峰期，个别还有一次加长生长。花期芽化为6～9月，花期4～5月，果熟期8～9月。

（3）观赏特性与园林应用　开花时满树雪白，秋季硕果累累，是园林结合生产的优良果树。在园林中可孤植于庭院，或丛植于开阔地、亭台周边或溪谷口、小河桥头均甚相宜。

30. 杏

（1）分布与生境

1）产于中国各地，多数为低山丘陵地带的主要栽培果树，尤以华北、西北和华东地区种植较多。

2）阳性树种，适应性强，喜光，抗寒，耐旱，耐盐碱，抗风，不耐涝。

（2）生长发育规律　播种繁殖。深根性，实生苗3～4年即开花结果，寿命较长，可达200～300年。生长势强，盛果期长，花期3～4月，先花后叶，果熟6～7月。

（3）观赏特性与园林应用　树形饱满圆整，早春先花后叶，是园林结合生产的优良果树。可散植于池旁湖畔或植于山石崖边、庭院堂前，园林绿地中常成林成片种植，也可用于荒山造林。

31. 合欢

（1）分布与生境

1）产于我国黄河流域及以南各地，分布于华东、华南、西南，以及辽宁、河北、河南、陕西等省，生于路旁、林边及山坡上。

2）喜温暖湿润和阳光充足环境，对气候和土壤适应性强，宜在排水良好、肥沃土壤生长，耐干旱瘠薄，不耐水涝。对氯化氢、二氧化硫抗性强。

（2）生长发育规律　播种繁殖。生长迅速，枝条开展，树冠常偏斜，分枝点较低。实生苗前期生长较慢，后期加快，5～6年可开始开花。花期6～7月，果期9～10月。

（3）观赏特性与园林应用

1）树冠开阔，绿荫如伞，夏日粉红色绒花吐艳，美丽雅致，适用于池畔、水滨、河岸和溪旁等处散植，是行道树、庭荫树、四旁绿化和庭园点缀的观赏佳树。

2）根瘤可改良土壤，用于荒山造林、沙荒及海滩造林、厂矿区绿化。

32. 刺槐

（1）分布与生境

1）原生于北美洲，现被广泛引种到亚洲、欧洲等地。我国已遍及华北、西北、东北南部的广大地区。

2）适生范围广，在年平均气温8～14℃、年降雨量500～900mm的地方生长良好，喜光、不耐阴，抗旱、抗烟尘、耐盐碱、耐瘠薄，不耐黏重土壤，不耐水湿。

（2）生长发育规律　播种繁殖。浅根性，侧根发达，萌蘖性强，寿命较短，前期生长较快，属于速生树种，高生长最快的时期大致在3～9年，一般8～10年即可成材，但衰老较快，寿命30～50年。春季发芽较晚，秋季落叶早，花期5月，果熟期10月。

（3）观赏特性与园林应用

1）树冠高大，叶色鲜绿，开花季节绿白相映，素雅而芳香，冬季落叶后枝条疏朗向上，枝条粗细、疏密对比明显，造型富有国画韵味，可作为行道树、住宅区绿化、庭荫树。

2）根部有根瘤，可改良土壤、提高地力，是水土保持、防护林、薪炭林、荒山造林先锋树种。

33. 槐树

（1）分布与生境

1）原产中国，现南北各省区广泛栽培，华北和黄土高原地区尤为多见。

2）喜光而稍耐阴，能适应较冷气候。

3）对土壤要求不严，耐干旱、瘠薄，石灰及轻度盐碱地（含盐量0.15%左右）上也能正常生长，能适应城市土壤板结等不良环境条件。

4）抗风，对二氧化硫、氯气等有毒气体有较强的抗性。

（2）生长发育规律　播种繁殖。生长速度中等，根系发达，为深根性树种，萌芽力强，耐修剪，寿命极长，可达千年。花期7～8月，果熟期10月。

（3）观赏特性与园林应用　枝叶茂密，绿荫如盖，夏秋观花，适作庭荫树、行道树，也是优良的防风固沙、工矿区绿化、用材及经济林兼用的树种。

34. 皂荚

(1) 分布与生境

1) 原产中国长江流域，现自中国北部至南部及西南均有分布。多生于平原、山谷及丘陵地区。

2) 喜光而稍耐阴，喜温暖湿润的气候，耐热、耐寒。

3) 对土壤要求不严，耐干旱，在石灰质及盐碱甚至黏土或砂土均能正常生长。抗污染能力强。

(2) 生长发育规律　播种繁殖。深根性，生长速度较慢，萌芽力强，寿命较长，可达六七百年。播种后经7~8年可开花结果，花期4~5月，果熟期10月。

(3) 观赏特性与园林应用

1) 干高冠广，叶密荫浓，姿态雄伟壮观，宜作庭荫树、广场孤植与列植、道路绿化等。

2) 具固氮作用、适应性广、抗逆性强等综合价值高的生态经济型树种，可用做防护林和水土保持林。

35. 椿树

(1) 分布与生境

1) 中国除黑龙江、吉林、新疆、青海、宁夏、甘肃和海南外，各地均有分布。

2) 喜光，不耐阴，耐寒也耐热。

3) 适应性强，除黏土外，各种土壤和中性、酸性及钙质土都能生长，耐干旱，耐中度盐碱，不耐水湿，长期积水会烂根死亡。

4) 具较强的抗烟能力，对二氧化硫、氯气、氟化氢、二氧化氮的抗性极强。

(2) 生长发育规律　播种或分蘖繁殖。根系发达，为深根性树种，树体高大，适应力强，萌蘖性强，生长较快，一般10年生树高近10m，胸径15cm，二年生者高约13m，胸径24cm。花期6~7月，果期9~10月。

(3) 观赏特性与园林应用　树干通直高大，枝繁叶茂，秋季红果满树，深受欧美国家赞赏，被誉为“天堂树”，是良好的园景树和行道树，也适于造林、工矿区绿化。

36. 楝树

(1) 分布与生境

1) 中国华北至华南，西至甘、川、滇均有分布，印度、缅甸有分布。

2) 喜光，不耐庇荫，喜温暖、湿润气候，较耐寒，华北地区幼树易受冻害。

3) 在酸性土、中性土、碱性土、含盐量0.45%以下的盐碱土里都能良好生长，较耐干旱、瘠薄，也能生长于水边。抗风力强，耐烟尘。

(2) 生长发育规律　播种繁殖。生长迅速，侧根发达，萌芽力强，在条件合适处，10年生树干径可达30cm以上，寿命短，30~40年即衰老。花期4~5月，果期10~11月。

(3) 观赏特性与园林应用　优美的树形、羽状的绿叶、紫白色的花蕊、芬芳的幽香、金黄色的果实形似橄榄或红枣，为观花观果树木，园林中宜做行道树、庭荫树，也是工矿区绿化及造林用重要速生树种之一。

37. 香椿

(1) 分布与生境

1) 原产中国中部和南部，东北自辽宁南部，西至甘肃，北起内蒙古南部，南到广东、广西，西南至云南均有栽培，尤以山东、河南、河北栽植最多。

2）喜光，喜温，适宜在平均气温8~10℃的地区栽培，一年生幼苗在-10℃左右易受冻，抗寒能力随苗树龄的增加而提高。

3）较耐湿，宜生于河边、宅院周围肥沃湿润的砂壤土中，pH 5.5~8.0。

（2）生长发育规律 播种繁殖，幼苗成苗快，根蘖性强，也可用根蘖繁殖。深根性，萌芽力强，萌蘖力强，生长速度中等偏快。在水土不良的环境下易衰老，枝干皮层易开裂，产生流胶病，从而寿命较短。花期6月，果期10~11月。

（3）观赏特性与园林应用 华北、华中、华东等地低山丘陵或平原地区的重要用材树种、蔬菜栽植，又作为观赏及行道树种。

38. 黄栌

（1）分布与生境

1）原产中国西南、华北和浙江，南欧、伊朗、巴基斯坦及印度北部亦产。

2）耐寒，喜光，也耐半阴。耐干旱瘠薄，不耐水湿，以深厚、肥沃而排水良好之砂壤土生长最好。对二氧化硫有较强抗性。

（2）生长发育规律 播种或分株繁殖。生长快，根系发达，萌蘖性强，砍伐后易形成次生林。幼苗生长迅速，3年后可出圃，花期5月，果期6~8月，秋季当昼夜温差大于10℃时，叶色变红。

（3）观赏特性与园林应用 花后久留不落的不孕花的花梗呈粉红色羽毛状，在枝头形成似云似雾的梦幻般景观，俗称“烟树”，夏赏“紫烟”，秋季叶片变红，鲜艳夺目，且极耐瘠薄，使其成为石灰岩营建水土保持林和生态景观林的首选树种，著名的北京香山红叶就是本树种。园林中可纯林或混交林，或以常绿树作背景种植，为园林增添秋色。

39. 火炬树

（1）分布与生境

1）分布在中国的东北南部、华北、西北北部暖温带落叶阔叶林区。

2）阳性树种，耐寒，适应性极强，耐干旱瘠薄，耐水湿，耐盐碱，可在石砾山坡荒地上生长。

（2）生长发育规律 播种或分株繁殖。一般4年生即可开花结实，可持续30年左右，根系发达，萌蘖性强，4年内可萌发30~50萌蘖株。生长速度极快，可1年成林。浅根性，寿命短，花期6~7月，果8~9月成熟。

（3）观赏特性与园林应用 果穗类似火炬而得名，深秋季节叶色金红，远望景色壮观，可作为城郊公路两侧、工厂、水库、旅游地等绿化的风景树种，也是人工林营建、退化土地恢复、荒山绿化、盐碱荒地风景林树种。

40. 黄连木

（1）分布与生境

1）中国分布广泛，在温带、亚热带和热带地区均能正常生长。

2）喜光，幼时稍耐阴，喜温暖，畏严寒。

3）耐干旱瘠薄，对土壤要求不严，微酸性、中性和微碱性的砂质、黏质土均能适应，以在肥沃、湿润而排水良好的石灰岩山地生长最好。

4）对二氧化硫、氯化氢和煤烟的抗性较强。

（2）生长发育规律 播种或分株繁殖。深根性，主根发达，抗风力强，萌芽力强。生长较慢，寿命可长达300年以上。花期3~4月，先叶开放，果期9~11月。

（3）观赏特性与园林应用 树冠浑圆，叶形清秀繁茂，早春嫩叶红色，入秋叶又变成深红或橙黄色，红色的雌花序也极美观，是低山区造林及风景区的优良绿化树种，宜作城市庭荫树、行道树及观赏风景树。

41. 乌桕

(1) 分布与生境

1) 主要分布于中国黄河以南各省区，北达陕西、甘肃，以浙江为最多。东亚、欧洲、美洲和非洲亦有栽培。

2) 喜温暖环境，不甚耐寒，喜光，不耐阴。

3) 适生于深厚肥沃、含水丰富的土壤，对酸性土、钙质土、盐碱土均能适应，能耐短期积水，亦耐旱，含盐量在0.3%皆可适应。

(2) 生长发育规律　播种繁殖。主根发达，抗风力强，生长速度中等偏快，寿命较长。一般4~5年生树开始结果，10年后进入盛果期，60~70年后逐渐衰老，在良好的立地条件下可生长到百年以上。一年能发几次梢，但秋梢常易枯干，花期5~7月，果实多在10月下旬至11月下旬成熟。

(3) 观赏特性与园林应用

1) 树冠整齐，叶形秀丽，秋叶经霜时如火如荼，十分美观，有“乌桕赤于枫，园林二月中”之赞名，是著名的秋色叶树种。可孤植、丛植于草坪和湖畔、池边，或做护堤树、庭荫树及行道树，或与各种常绿或秋景树种混植成风景林点缀秋景。

2) 冬日白色的乌桕子挂满枝头，经久不凋，也颇美观，古人就有“偶看桕树梢头白，疑是江梅小着花”的诗句。

42. 丝绵木

(1) 分布与生境

1) 原产北起黑龙江，南到长江南岸各省区，西至甘肃，除陕西、西南和两广未见野生外，其他各省区均有，长江以南地区多以栽培为主。

2) 喜光，稍耐阴，耐寒。对土壤要求不严，耐干旱，也耐水湿，以肥沃、湿润而排水良好之土壤生长最好。对二氧化硫的抗性中等。

(2) 生长发育规律　播种繁殖。根系深而发达，能抗风，根蘖萌发力强，生长速度中等偏慢。一般4月份发芽，花期5~6月，果期10月成熟，10~11月落叶。

(3) 观赏特性与园林应用　枝叶秀丽，秋季果实和叶片皆变成红色，果实形状特殊，为秋色叶树种，又可观果。园林中广泛应用，也可作为防护林及工厂绿化树种。

43. 鸡爪槭

(1) 分布与生境

1) 产于中国北部、中部及东部，辽宁至四川均有分布。

2) 较耐寒，喜光，稍耐阴，忌日射，在高大树木庇荫下长势良好。

3) 对土壤要求不严，耐干旱，也耐水湿，以肥沃、湿润而排水良好之土壤生长最好。对二氧化硫和烟尘抗性较强。

(2) 生长发育规律　播种繁殖。根系深而发达，能抗风，根糵萌发力强，生长速度中等偏慢，不耐移植，不耐修剪，萌芽力中等，成枝力弱，树体的生长势中等。花期4~5月，果熟期9~10月。

(3) 观赏特性与园林应用　春叶红艳，夏叶碧绿，秋叶又通红一片，是著名的秋色叶和春色叶树种。在园林绿化中，常用不同品种配置于一起，形成色彩斑斓的槭树园；也可在常绿树丛中杂以槭类品种，营造“万绿丛中一点红”景观；植于山麓、池畔，以显其潇洒、婆娑的绰约风姿；配以山石，则具古雅之趣；还可植于花坛中作主景树，植于园门两侧，建筑物角隅，装点风景；以盆栽用于室内美化，也极为雅致。

44. 元宝枫

（1）分布与生境

1）广布于东北、华北，西至陕西、四川、湖北，南达浙江、江西等省。

2）耐阴，喜温凉湿润气候，耐寒性强，但过于干冷则对生长不利。

3）对土壤要求不严，在酸性土、中性土及石灰性土中均能生长，但以湿润、肥沃、土层深厚的土中生长最好。

4）抗风雪力强，对二氧化硫、氟化氢的抗性较强，吸附粉尘的能力亦较强。

（2）生长发育规律　播种繁殖。萌蘖性强，深根性，生长速度中等，在适宜环境中，幼树生长较快，后渐变慢。花期4月，叶前或稍前于叶开放，果实8~9月成熟。

（3）观赏特性与园林应用　春季嫩叶红色，秋叶黄色、红色或紫红色，树姿优美，叶形秀丽，为优良的秋色叶树种。宜作庭荫树、行道树或风景林树种，也是优良的防护林、用材林、工矿区绿化树种。

45. 七叶树

（1）分布与生境

1）中国黄河流域及东部各省均有栽培，仅秦岭有野生，自然分布在海拔700m以下之山地。

2）喜光，稍耐阴，喜温暖气候，也能耐寒。

3）喜深厚、肥沃、湿润而排水良好之土壤，阳光过强或土壤过于干燥时对生长不利。适应风沙、盐碱等各种不良环境，抗污染，抗病虫害能力强。

（2）生长发育规律　播种繁殖。深根性，萌芽力强，生长速度中等偏慢，寿命长。4月上旬展叶，4月中旬至5月中旬为新梢第一次高生长期，4月中下旬展现花蕾，5月上中旬开花，5月中旬至8月上旬出现新梢的第1次休眠期，8月中下旬至9月下旬为第2次新梢高生长期，9月下旬果熟，于10月上旬开始进入冬眠，10月末至11月初落叶。

（3）观赏特性与园林应用　树干耸直，冠大阴浓，初夏繁花满树，硕大的白色花序又似一盏华丽的烛台，蔚然可观，是优良的行道树、庭荫树，以及公园、广场绿化树种。

46. 栾树

（1）分布与生境

1）产中国北部及中部大部分省区，以华中、华东较为常见。日本、朝鲜也有分布。

2）喜光，稍耐半阴，耐寒，可耐 -25℃低温。

3）对环境的适应性强，喜欢生长于石灰质土壤中，耐干旱和瘠薄，耐盐渍及短期水涝。

4）抗风能力较强，对粉尘、二氧化硫和臭氧均有较强的抗性。

（2）生长发育规律　播种繁殖。深根性，萌蘖力强，生长速度中等，幼树生长较慢，以后渐快，耐修剪，耐移植。花期6~7月，果期9~10月。

（3）观赏特性与园林应用　春季嫩叶亮红，夏末黄花满树，入秋叶色变黄，果实紫红，形似灯笼，十分美丽，宜做庭荫树、行道树及园景树，也是居民区、村旁、工业污染区配植的优良树种。

47. 文冠果

（1）分布与生境

1）原产中国北方黄土高原地区，在黑龙江省南部，吉林省和宁夏等地区有较大面积的栽培树林。

2）喜阳，耐半阴，抗寒能力强，-41.4℃条件下可安全越冬。对土壤适应性很强，抗旱能力极强，耐瘠薄，耐盐碱。

（2）生长发育规律　播种繁殖。深根性，主根发达，萌蘖力强。生长尚快，3~4年生即可开花结果，幼苗生长较慢，4~5年生苗可出圃定植。花期4~5月份，果熟期8~9月。

（3）观赏特性与园林应用

1）树姿较美，叶形奇特如帽子，花序大而稠密，花期长，甚为美观，可于公园、庭园、绿地孤植或群植观赏。

2）作为防风固沙、小流域治理和荒漠化治理的优良树种。

48. 紫椴

（1）分布与生境

1）中国原产树种，东北地区的长白山、小兴安岭等地常单株散生于红松阔叶混交林内，垂直分布多在海拔800m以下。朝鲜地区也有分布。

2）喜光，喜温凉、湿润气候。对土壤要求比较严格，喜肥，喜土层深厚、排水良好的湿润土壤，不耐水湿和沼泽地。抗烟、抗毒性强。

（2）生长发育规律　播种繁殖。生长速度中等偏快，寿命长达200年以上。深根性，萌蘖性强。种子具有后熟性，需要低温沙藏处理。花期6~7月，果熟9月。

（3）观赏特性与园林应用

1）树姿优美，树冠圆满，叶片光滑，是良好的庭荫和行道树种。

2）著名的蜜源植物，抗烟尘和有毒气体，具备一定的生态与景观功能，适合栽植于城市防护绿地、厂矿绿化。

49. 木槿

（1）分布与生境

1）主要分布在热带和亚热带地区，中国中部各省原产，南北各地都有栽培。

2）适应性强，喜阳光也能耐半阴，生长适温15~28℃，在华北和西北大部分地区都能露地越冬。

3）对土壤要求不严，中性至微酸性土壤都可以，较耐瘠薄，耐半荫蔽，能在黏重或碱性土壤中生长。

4）对二氧化硫与氯化物等有害气体具有很强的抗性，同时具有很强的滞尘功能。

（2）生长发育规律　播种、扦插繁殖。萌蘖性强，耐修剪，萌芽力强，枝条生长势强，栽培管理容易。花期7~9月，单花的花期短，总花期长，果期9~11月。

（3）观赏特性与园林应用　夏、秋季的重要观花树木，花繁色艳，花期长，可作庭园点缀及室内盆栽，也可作花篱、绿篱等，是有污染工厂的主要绿化树种。

50. 流苏

（1）分布与生境

1）产于中国黄河中下游及以南地区，朝鲜、日本也有分布。

2）喜光，也较耐阴，耐寒，耐干旱，耐贫瘠，不耐水涝。

（2）生长发育规律　播种繁殖。幼苗生长较慢，寿命长。花期一般在4~6月，多在5月初开花，9月下旬果熟。

（3）观赏特性与园林应用　树形高大优美，枝叶茂盛，初夏满树白花，如覆霜盖雪，清丽宜人，常用于庭植观赏。园林中常作为主景树、庭荫树、行道树等，也作为嫁接桂花的砧木及盆栽桩景观赏。

51. 梧桐

（1）分布与生境

1）中国原产树种，长江南北及黄河以南各省均有栽培分布。

2）喜光，喜温暖气候，不耐寒。

3）适生于肥沃、湿润的砂质壤土，喜碱性土，不耐水渍，在生长季节受涝3~5天即烂根致死。对多种有毒气体有较强抗性。

（2）生长发育规律　播种繁殖。生长中等偏快，寿命较长，能活百年以上。深根性，直根粗壮，萌芽力强，一般不耐修剪，发叶较晚而秋天落叶早。花期6~7月，果期9~10月。

（3）观赏特性与园林应用　叶掌状裂缺如花，夏季开花，圆锥花序鲜艳而明亮，常点缀于庭园、宅前，作为庭荫树、行道树等应用。

52. 柽柳

（1）分布与生境

1）原产中国辽宁、内蒙古及华北至西北地区，华东、华中及西南各地有栽培。

2）耐高温和严寒，喜光，不耐遮阴，能耐烈日暴晒。

3）抗风，耐盐碱，耐干旱，又耐水湿，在黏壤土、砂质壤土及河边冲积土中均可生长，在含盐量1%的重盐碱地上生长良好。

（2）生长发育规律　播种繁殖。深根性，主侧根都极发达，主根往往伸到地下水层，最深可达10m余，萌芽力强，耐修剪，生长较快，年生长量50~80cm，4~5年高达2.5~3.0m，树龄可达百年以上。花期5~9月，秋季果熟，开花结实大。

（3）观赏特性与园林应用　枝条细柔，姿态婆娑，开花如红蓼，颇为美观。适于栽植于水滨、池畔、桥头、河岸、堤防、街道旁、公路旁等；耐修剪，可做绿篱、盆景观赏；根系发达，抗盐碱，是盐碱地绿化、防风固沙的优良树种。

53. 桂香柳

（1）分布与生境

1）原产亚洲西部，在中国主要分布在西北各省区和内蒙古西部，少量分布在华北北部、东北西部。

2）生活力、适应力很强，对土壤、气温、湿度要求不甚严格，抗旱、抗风沙、耐盐碱、耐贫瘠。

（2）生长发育规律　播种繁殖。生长迅速，侧枝萌发力强，顶芽长势弱，5年生苗可高达6m，10年生者近10m，10余年后生长放缓。通常4年生开始结果，10年后可丰产，寿命可达60~80年。一年中的3月下旬树液开始流动，4月中旬开始萌芽，5月底至6月初进入花期，花期为3周左右，果9~10月成熟。

（3）观赏特性与园林应用　叶形似柳而色灰绿，叶背有银白色光泽，观赏价值独特。其根蘖性强，能保持水土，抗风沙，改良土壤，常用来营造防护林、防沙林、用材林和风景林。

54. 紫薇

（1）分布与生境

1）原产南亚及大洋洲北部，中国华东、华中、华南及西南地区均有分布，河北省以南广为种植。

2）喜光，略耐阴，喜温暖，较抗寒。

3）喜肥，喜湿润、深厚肥沃的砂质壤土，较耐干旱，忌涝，在钙质土或酸性土均能生长良好。

4）具有较强的抗污染能力，对二氧化硫、氟化氢及氯气的抗性较强。

（2）生长发育规律　播种、扦插繁殖。萌蘖性强，生长较慢，寿命长，树龄可达200余年。3~4月开始抽枝，萌芽力强，抽生花序一般在6月20日前后，单朵花期5~8日，每个花序可开50天左右，全株群花期则为120余天，果实10~11月成熟。

（3）观赏特性与园林应用　花色鲜艳美丽，花期长，热带、亚热带地区广泛用于公园、庭院、道路、居住区等绿化，有“盛夏绿遮眼，此花满堂红”之赞，也常做盆景观赏。

55. 石榴

（1）分布与生境

1）原产伊朗、阿富汗等小亚细亚国家，在中国、印度及亚洲、非洲、欧洲沿地中海各地，均作为果树栽培，以非洲尤多。

2）喜光，不耐荫蔽，喜温暖气候，有一定的耐寒力，北京避风向阳的小气候良好处可露地栽培。

3）喜湿润肥沃、排水良好的石灰质或夹砂土壤，耐干旱，耐瘠薄，不耐涝。

（2）生长发育规律　播种或分株繁殖。萌蘖性强，萌芽率高，耐修剪，耐移植，生长速度中等，寿命较长，可达200年以上。在气候温暖的江南一带，1年有2~3次生长，春梢开花结实率最高，夏梢和秋梢在营养条件较好时也可着花，而使石榴的花期大为延长，盛花期5~7月，零星开花持续至9~10月，果熟期9~10月。

（3）观赏特性与园林应用　树姿优美，枝叶秀丽，初春嫩叶抽绿，婀娜多姿；盛夏繁花似锦，色彩鲜艳；秋季黄铜色果实悬挂，既能赏花观果，又可食果，是优良的观赏树和果树，也可作为各种桩景和供瓶插花观赏。

56. 珙桐

（1）分布与生境

1）原产中国，现长江流域和黄河流域广泛分布。

2）喜夏季凉爽、冬季较温和气候，宜空气阴湿环境，在干燥多风、日光直射之处生长不良。

3）喜中性或微酸性、腐殖质深厚的土壤，不耐瘠薄，不耐干旱。

（2）生长发育规律　播种繁殖。幼苗生长缓慢，喜阴湿，成年树趋于喜光。花期4~5月，果实10月成熟。

（3）观赏特性与园林应用　世界著名的珍贵观赏树，植物界的“活化石”，被誉为“中国的鸽子树”，有和平的象征意义，常植于池畔、溪旁及疗养所、宾馆、展览馆附近。

57. 喜树

（1）分布与生境

1）原产中国长江流域及以南地区，常生于海拔1000m以下的林边或溪边。

2）喜温暖湿润，不耐严寒和干燥，适宜年平均温度13~17℃之间、年降雨量1000mm以上地区生长。

3）喜肥沃，不耐瘠薄，对土壤酸碱度要求不严，较耐水湿，在湿润的河滩沙地、河湖堤岸以及地下水位较高的渠道埂边生长较旺盛。

（2）生长发育规律　播种繁殖。种子春播后，当年苗高可达1m左右，萌芽力强，在前10年生长迅速，以后则变缓慢，在良好条件处，7年生可高11m，14年生高23m。花期6~7月，果熟期9~11月。

（3）观赏特性与园林应用　树干挺直，叶荫浓郁，可作为庭园树、行道树及农村“四旁”绿化树种，又适用于滨湖、平原区农田栽作防护林。抗风力弱，可与其他树种混植。

58. 山茱萸

（1）分布与生境

1）产于中国长江流域及河南、陕西等地，朝鲜、日本也有分布。

2）暖温带阳性树种，喜充足的光照，较耐阴，生长适温为20~30℃，超过35℃则生长不良，抗寒性强，可耐短暂的-18℃低温。

3）喜排水及透气良好、富含有机质、肥沃的砂壤土，耐干旱，不耐湿涝。

（2）生长发育规律　播种繁殖。早春先花后叶，生长较慢，花期3~4月，果熟期8~9月。

（3）观赏特性与园林应用　古人把山茱萸作为祭祀、避邪之物，早春枝头密生金黄色小花，秋季亮丽红果累累，为中国传统早春观花、秋冬季观果佳品，可在庭园、花坛内单植或片植，或盆栽观果。

59. 毛梾木

（1）分布与生境

1）产于中国黄河流域，分布于河北、山西及长江以南各省区，生于山谷杂木林中。

2）适应性强，耐寒，较喜光，在庇荫条件下结果少或只开花不结果。对土壤酸碱性要求不严，较耐干旱瘠薄。

（2）生长发育规律　播种繁殖。实生苗4~6年生可开花结实，结果期可持续60~70年，树龄可达300年。深根性，根系发达，萌蘖性强，当年萌条可达2m，花期5月，果熟期9~10月。

（3）观赏特性与园林应用　枝叶茂密，白花可赏，常作为庭荫树、疏林草地用树种，也是荒山造林及“四旁”绿化树种。

60. 柿树

（1）分布与生境

1）原产中国长江及黄河流域，其中陕西、山西、河南、河北、山东5省栽培最多。

2）喜温暖气候，喜充足阳光，较耐寒。

3）喜深厚肥沃、湿润、排水良好的土壤，适生于中性土壤，耐干旱瘠薄，不耐水湿、盐碱。

（2）生长发育规律　播种、嫁接繁殖。深根性，潜伏芽寿命长，更新与成枝能力强，更新结果快，寿命可达300年。一般实生树5~7龄开始结果，嫁接品种多3~4年开始结果，10~12年达盛果期，结果年限在100年以上。一年中春季萌芽期较迟，秋季结束生长期较早，花期5~6月，果9~10月成熟。

（3）观赏特性与园林应用　树形优美，树冠开张，叶大光洁，绿树浓影，夏可遮阴纳凉，秋季叶红，果实累累，是观叶、观果俱佳的果树和观赏树。适于公园、庭院中孤植或成片种植，或山区风景点绿化配置。

61. 白蜡

（1）分布与生境

1）北自中国东北中南部，经黄河流域、长江流域，南达广东、广西，东南至福建，西至甘肃均有分布，常见于平原、河谷地带、山洞溪流旁。

2）喜光，耐侧方庇荫，耐寒，对霜冻较敏感。喜深厚肥沃、湿润土壤，耐轻盐碱，较耐水湿，耐干旱。抗烟尘。

（2）生长发育规律　播种繁殖。深根性，萌芽力和萌蘖力均强，耐修剪，生长较快，寿命较长，可达200年以上。花期4~5月，果实9~10月成熟。

（3）观赏特性与园林应用　干直端正，枝叶繁茂，秋叶橙黄，适应性强，是优良的行道树和遮阴树，也常用于湖岸绿化和工矿区绿化。

62. 暴马丁香

（1）分布与生境

1）产于中国黑龙江、吉林、辽宁，生于山坡灌丛或林边、草地、沟边，或针阔叶混交林中。俄罗斯远东地区和朝鲜也有分布。

2）喜温暖、湿润及阳光充足，稍耐阴，阴处或半阴处生长衰弱，开花稀少。

3）喜肥沃、排水良好的土壤，较耐干旱，耐瘠薄，忌低洼积水。

（2）生长发育规律　播种繁殖。树势较强健，生长速度中等，树体高可达8m左右。花期5月末至

6月，果熟期9～10月。

（3）观赏特性与园林应用

1）花序大，花期长，树姿美观，花香浓郁，可做行道树、庭院树，常丛植于建筑前、茶室凉亭周围，散植于园路两旁、草坪之中，与其他种类丁香配植成专类园。

2）也可盆栽、促成栽培、切花等用。

63. 泡桐

（1）分布与生境

1）原产中国，除东北北部、内蒙古、新疆北部、西藏等地区外全国均有分布。

2）阳性树种，对温度的适应范围较大，能耐－25℃的低温。

3）适应性强，在酸性或碱性较强的土壤，或在较瘠薄的低山、丘陵地均能生长，忌积水，在水淹、黏重的土壤上生长不良。

（2）生长发育规律　播种、分株繁殖。生长迅速，栽植后经过2～8年，自然接干向上生长，高生长量大，胸径的连年生长量高峰在4～10年。十几年树龄的泡桐树干会出现中空，枝条受伤不易愈合，修枝要适当。花期4～5月，果8～9月成熟。

（3）观赏特性与园林应用

1）春季满树盛花，夏季叶密浓荫，是良好的公园、居住区、村舍等行道树、庭荫树种。

2）较强的速生性，是平原绿化、营建农田防护林、四旁植树和林粮间作的重要树种。

64. 楸树

（1）分布与生境

1）原产我国，分布于东起海滨、西至甘肃、南始云南、北到长城的广大区域内，辽宁、内蒙古、新疆等省区引种试栽，均可良好生长。

2）喜光，较耐寒，适生于年均气温10～15℃，降水量700～1200mm的环境。

3）喜深厚肥沃、湿润的土壤，不耐干旱、积水，忌地下水位过高，稍耐盐碱。耐烟尘、抗有害气体能力强。

（2）生长发育规律　播种繁殖。主根粗壮，侧根发达，根蘖和萌芽力很强，幼树生长慢，10年以后生长加快，寿命长。为异花（或异株）授粉植物，单株或同一无性系种植在一起，因自花不孕，往往开花而不结实。花期5～6月，果期6～10月。

（3）观赏特性与园林应用

1）枝干挺拔，花淡红素雅，自古以来广泛栽植于皇宫庭院、胜景名园之中，如北京的故宫、北海、颐和园、大觉寺等游览圣地和名寺古刹，到处可见百年以上的古楸树苍劲挺拔的风姿。

2）叶被密毛、皮糙枝密，防风能力强，有利于隔声、减声、防噪、滞尘，是农田、铁路、公路、沟坎、河道防护的优良树种。

65. 凤凰木

（1）分布与生境

1）原产地马达加斯加及世界各热带地方，现分布于中国南部及西南部。

2）喜高温多湿和阳光充足环境，生长适温20～30℃，不耐寒，冬季温度不低于10℃。

3）以深厚肥沃、排水良好、富含有机质的砂质壤土为宜，怕积水，较耐干旱，耐瘠薄。抗空气污染，抗风能力强。

（2）生长发育规律　播种繁殖。浅根性，根系发达，萌发力强，生长迅速。一般一年生高可达1.5～2m，二年生高可达3～4m，种植6～8年始花。在中国华南地区，每年2月初冬芽萌发，4～7月为生长

高峰，7 月下旬因气温过高，生长量下降，8 月中下旬以后气温下降，生长加快，10 月份后生长减慢，12 月至翌年 1 月份落叶。花期 5～8 月，果实 8～10 月成熟。

（3）观赏特性与园林应用

1）花语：离别、思念、火热青春。

2）树冠高大，花期满树如火，富丽堂皇，取名缘于“叶如飞凰之羽，花若丹凤之冠”，是多个城市的市花，广泛栽植于植物园和公园，作为园景树、行道树、庭荫树、风景林等。

66. 木棉

（1）分布与生境

1）原产中国云南、四川、贵州、广西、江西、广东、福建、台湾等省区亚热带，生于海拔 1400～1700m 以下的干热河谷及稀树草原，也可生长在沟谷季雨林内。

2）喜温暖干燥和阳光充足环境，不耐寒，生长适温 20～30℃，冬季温度不低于 5℃。

3）适宜深厚、肥沃、排水良好的中性或微酸性砂质土壤，稍耐湿，忌积水，耐旱。抗污染、抗风力强。

（2）生长发育规律　播种繁殖。深根性，速生，萌芽力强。每年 2～3 月树叶落光后进入花期，花后长叶，6～7 月果实成熟，夏季绿叶成荫，秋季枝叶萧瑟，冬季秃枝寒树，四季展现不同的风情。

（3）观赏特性与园林应用

1）花语：珍惜身边的人和身边的幸福，广州、攀枝花的市花。

2）树形高大雄伟，颇具阳刚之美，春季红花盛开，鲜亮夺目，是优良的行道树、庭荫树和风景树。

67. 无患子

（1）分布与生境

1）原产中国长江流域以南各地以及中南半岛各地、印度和日本，浙江金华、兰溪等地区大量栽培。

2）喜光，稍耐阴，耐寒能力较强。对土壤要求不严，耐干旱，不耐水湿。抗风力强，对二氧化硫抗性较强。

（2）生长发育规律　播种繁殖。深根性，萌芽力弱，不耐修剪。生长较快，寿命长，树龄可达 100～200 年。实生苗 5～6 年后开花结果，花期为 5～6 月，果熟期为 10 月。

（3）观赏特性与园林应用　树干通直，枝叶广展，绿荫稠密，秋季满树叶色金黄，橙黄果实累累，是优良的观叶、观果树种，也是工业城市生态绿化的首选树种。

【课题评价】

一、本地区常见落叶乔木环境因子的量化分析。

编号	名称	环境因子要求						
		温度/℃			光照	水分	土壤	其他
		最低	适宜	最高				
1								
2								
……								

二、收集整理当地落叶乔木常见园林应用形式的实例图片。

以小组形式，制作 PPT 上交。PPT 制作要求：每一种落叶乔木的图片应包括场地环境、应用形式、应用目的、景观效果等。

课题3 常绿灌木的习性与应用

常绿灌木包括针叶和阔叶植物，通常植株低矮，树冠密集，分枝力强，耐修剪。园林应用形式多样，在自然生长状态下，种植在乔木林下或与其他落叶植物组合，具有强烈的自然气息（见图5-47、图5-48）。可人工修剪成各种规格的圆球形、柱形等几何形状，高低组合、与其他自然花木配植、疏密栽植于乔木林下或植物群落中，通过人工与自然、疏与密、高与矮、虚与实的强烈对比，表达植物的组合美感（见图5-49、图5-50）。也可紧密栽植，人工修剪平整或高低错落，代替草坪成为地被覆盖植物，整体组合成一片“立体草坪”的效果，成为园林绿化中的背景和底色（见图5-51、图5-52）；或常绿叶、其他彩叶灌木分别紧密栽植代替草花，组合成寓意不同的曲线、色块、花形等图案，起到画龙点睛的作用（见图5-53、图5-54）；一些形状各异的花坛，采取小灌木密集栽植法进行绿化美化，形成花境、花台，会产生不同的视觉效果（见图5-55、图5-56）；做自然花篱或绿篱等观赏（见图5-57、图5-58）；各类庭院中孤植、丛植、基础种植等（见图5-59～图5-61）。

通过密集栽植、人工修剪造型的办法，体现植物的修剪美、群体美，这些植物组合或色块，应用于不同场合，能起到丰富景观、增加绿量的作用，有着简洁明快、气度不凡的园林艺术效果，具有便于管理、效果上乘的优点，被广泛应用于园林绿化的重要部位。

图5-47　沙地柏

图5-48　洒金珊瑚

图5-49　北海道黄杨柱

图5-50　大叶黄杨球

图 5-51　模纹色块

图 5-52　细叶萼距花

图 5-53　龙船花

图 5-54　红花檵木

图 5-55　变叶木

图 5-56　金脉爵床

图 5-57　夹竹桃花篱

图 5-58　红背桂篱

图 5-59 鹅掌柴

图 5-60 满山红丛植

图 5-61 福建茶基础种植

1. 沙地柏

（1）分布与生境

1）主要分布于内蒙古、陕西、新疆、宁夏、甘肃、青海等地。江苏、浙江、安徽、湖南等地有栽培。

2）喜凉爽干燥的气候，喜光，耐寒、耐旱、耐瘠薄，能忍受风蚀沙埋，长期适应干旱的沙漠环境。

3）对土壤要求不严，不耐涝，在肥沃通透土壤生长较快。

（2）生长发育规律　播种或扦插繁殖。适应性强，生长快，耐修剪，栽培管理简单。

（3）观赏特性与园林应用

1）树体低矮、冠形奇特，园林中常带植作绿篱或片植于路旁护坡，也可配植于草坪、花坛、山石、林下，增加绿化层次，丰富观赏美感。

2）用侧柏做砧木高接沙地柏，做悬崖式树姿，可配植于水边、景观石头旁。

2. 铺地柏

（1）分布与生境

1）原产日本，现我国黄河流域至长江流域广泛栽培。

2）适生于滨海湿润气候，喜光，稍耐阴，耐寒力较强。

3）喜湿润、肥沃、排水良好的钙质土壤，耐旱、抗盐碱，在平地或悬崖峭壁上都能生长。

4）抗烟尘，抗二氧化硫、氯化氢等有害气体。

（2）生长发育规律　扦插或嫁接繁殖。浅根性，但侧根发达，萌芽力强，寿命长，栽培管理容易。

（3）观赏特性与园林应用

1）枝叶翠绿，蜿蜒匍匐，在园林中可配植于岩石园或草坪角隅，也是缓土坡的良好地被植物。

2）用侧柏做砧木高接铺地柏，可养成悬崖式树姿，广泛应用于盆栽观赏。

3. 粗榧

（1）分布与生境

1）分布于中国长江流域以南及河南、陕西和甘肃等省区，多生于海拔600～2200m的花岗岩、砂岩或石灰岩山地。

2）阴性树，耐阴，较耐寒，喜生于富含有机质之壤土中，抗病虫害能力强。

（2）生长发育规律　播种或扦插繁殖。生长缓慢，有较强的萌芽力，耐修剪，但不耐移植。

（3）观赏特性与园林应用　树冠整齐，针叶粗硬，在园林中多作基础种植，在草坪边缘、林下或与其他树种配植，也可盆栽观赏，或做切花装饰材料。

4. 矮紫杉

（1）分布与生境

1）原产日本。现我国北京、吉林、辽宁、山东、上海、浙江等地区有栽培。

2）阴性，非常耐寒，怕涝，喜生于富含有机质之湿润土壤中，在空气湿度较高处生长良好。

（2）生长发育规律　播种或扦插繁殖。浅根性，侧根发达，生长迟缓，耐修剪。

（3）观赏特性与园林应用　树形矮小，树姿秀美，是北方地区园林绿化的好材料，可孤植或群植，又可植为绿篱用，适合整形修剪为各种雕塑物式样。

5. 含笑

（1）分布与生境

1）原产我国华南地区，现长江以南各地广为栽培。北方温室栽培。

2）喜温暖湿润气候，不耐寒，长江以南背风向阳处能露地越冬，喜半阴，不耐烈日。

3）喜排水良好、肥沃疏松的酸性壤土，不耐干旱瘠薄。抗Cl_2。

（2）生长发育规律　扦插、播种繁殖。一般4～6月生长较慢，7月份生长中等，8～10月期间生长最快，11～12月份生长较慢并停止生长。

（3）观赏特性与园林应用　树形、叶形优美，花朵香气浓郁，是著名的香花树种。适于孤植、丛植在小游园、公园或街头绿地、草坪边缘、疏林下。北方盆栽观赏。

6. 十大功劳

（1）分布与生境

1）产于中国华中、西南一带，在日本、印度尼西亚和美国等地也有栽培。

2）喜温暖湿润的气候，较耐寒，不耐暑热，耐阴，忌烈日暴晒。

3）喜排水良好的酸性腐殖砂壤土，抗干旱，极不耐碱，怕水涝。抗二氧化硫。

（2）生长发育规律　播种、扦插或分株繁殖。具有较强的分蘖和侧芽萌发能力，每年每株萌发2～3枝不等，并且当年高度可达到20cm左右。花期7～8月，果期9～11月。

（3）观赏特性与园林应用　叶形奇特，黄花似锦，典雅美观，常丛植于假山一侧、围墙作为基础种植，也可植为绿篱，或盆栽观赏。

7. 南天竹

（1）分布与生境

1）产于我国长江流域及浙江、福建、广西、陕西等地，山东、河北有栽培。

2）喜温暖湿润气候，喜半阴，喜肥沃、湿润且排水良好的钙质土壤，耐湿也耐旱，较喜肥。

（2）生长发育规律　播种、扦插繁殖。直立灌木，干高分枝少，萌芽力和萌蘖力强，生长速度较慢。春季长势强，强光下叶色变红，花期5～7月，9～10月果实变红或黄白色。

（3）观赏特性与园林应用　茎干丛生，枝叶扶疏，形态清雅，红果累累，冬季阳光下叶色变红，适于庭院、路旁、水际丛植及列植，可营造冬季景观，也可盆栽观赏。

8. 金丝桃

（1）分布与生境

1）产于中国黄河流域以南，日本也有分布。

2）喜光，略耐阴，不耐寒，喜生于湿润的河谷或半阴坡，喜肥沃的中性砂壤土，耐干旱，忌干冷和积水。

（2）生长发育规律　分株、扦插或播种繁殖。播种后20天即可萌发，当年可分栽1次，第二年就能开花。根系发达，萌芽力强，耐修剪。

（3）观赏特性与园林应用　株形丰满，花色金黄，花叶秀丽，适于丛植或群植在草坪、树坛边、庭院角落、门庭两侧、路口和假山旁，也可作花篱、盆栽及切花材料。

9. 毛杜鹃

（1）分布与生境

1）产于我国长江以南各地，东至台湾，西南达四川、云南，北至河南、山东，华北地区有栽培。

2）喜凉爽湿润和阳光充足的环境，生长适温15～28℃，冬季能耐－8℃低温，怕热，耐半阴，不耐长时间强光暴晒。

3）喜肥沃、疏松、排水良好的酸性砂质壤土。

（2）生长发育规律　扦插繁殖。根具菌根，移植时须带原土，分枝稀疏，花量大，花期4～6月。

（3）观赏特性与园林应用　花开时节满山皆红，可密植修剪成形，林下布置，亦可与其他植物配合种植形成模纹花坛，也可单独成片种植，或建筑物背阴面丛植作花篱。

10. 火棘

（1）分布与生境

1）产于我国华中、华东、西南地区。

2）喜光，耐半阴，喜温暖湿润气候，最适生长温度20～30℃，较耐寒，华北地区宜栽植于向阳背风处露地越冬。

3）对土壤要求不严，耐贫瘠，抗干旱。具有良好的滤尘效果，对二氧化硫有很强的吸收和抵抗能力。

（2）生长发育规律　播种、扦插繁殖。播种后自然生长枝条一年可长至1.2m，两年可长至2m左右，并开始着花挂果。适应性强，耐修剪，注意整枝以避免大量结果出现大小年。花期4～5月，果期9～12月。

（3）观赏特性与园林应用

1）树形优美，夏有繁花，秋有红果，优秀的绿篱、盆景材料，果枝可作切花材料。

2）适应性强，可用于山体、山坡、瘠薄土壤、工矿区绿化。

11. 福建茶

（1）分布与生境

1）原产于中国广东、广西、福建、海南和台湾，亚洲南部及东南部热带地区也有分布。

2）喜温暖湿润的海洋气候，不耐严寒，喜光，耐半阴。

3）对土壤要求不严，以肥沃湿润土壤生长较好，耐瘠薄，略耐干旱。

（2）生长发育规律　扦插繁殖。栽培管理容易，生长势强，萌芽力强，极耐修剪，春、夏开花。

（3）观赏特性与园林应用　枝叶茂密，花白幽雅，常用作绿篱、模纹和基础种植材料，可修剪成各种形状用于园林点缀，也适于盆栽观赏。

12. 胡颓子

（1）分布与生境

1）产于中国华中、华东、西南地区，日本也有分布。

2）喜温暖湿润气候，生长适温为24～34℃，耐高温酷暑，能耐－8℃低温，喜光，也耐半阴。

3）对土壤要求不严，耐干旱瘠薄，耐水湿。抗风，对有毒气体抗性强。

（2）生长发育规律　播种或扦插繁殖。适应性强，耐修剪，10～11月开花，次年4～6月果实成熟。

（3）观赏特性与园林应用　株形自然，红果下垂，常植于庭院观赏，也用于林缘、树群外围作自然式绿篱，还可作盆景。

13. 细叶萼距花

（1）分布与生境

1）原产中美洲，现我国华南地区广泛引种栽培。

2）喜温热湿润气候，耐热，喜高温，不耐寒。喜光，也耐半阴。喜排水良好的砂质土壤，耐瘠薄。

（2）生长发育规律　扦插繁殖。适应能力强，耐修剪，栽培管理容易，花期自春至秋季。

（3）观赏特性与园林应用　植株矮小，分枝细密，花色红紫，状似繁星，是花坛、花境、花篱、地被的优良材料，也可盆栽观赏。

14. 山指甲

（1）分布与生境

1）产于我国长江以南各省区，在低海拔疏林、路旁、沟边常见。

2）喜温暖湿润气候，较耐寒，喜光，也耐阴。喜湿润肥沃且排水良好的土壤，对土壤湿度敏感，不耐干旱瘠薄。对有害气体抗性强。

（2）生长发育规律　播种或扦插繁殖。耐修剪，生长慢，花期5～6月，果熟期7～9月。

（3）观赏特性与园林应用　宜作绿篱、绿墙和隐蔽遮挡作绿屏，也可整形成各种几何图形，还可作盆景和厂矿区绿化。

15. 茉莉

（1）分布与生境

1）原产于印度。现热带、亚热带和温带地区广泛栽培，我国长江以南各省区均有栽培。

2）喜炎热潮湿气候，畏寒畏旱，冬季气温低于3℃时，枝叶易遭受冻害，如持续时间长就会死亡。喜光，喜土层深厚、疏松、肥沃的砂质土壤。

（2）生长发育规律　扦插繁殖。春季4～5月份抽枝长叶，5～6月为春花期，盛夏6～8月为高温生长快的盛花期，果期7～9月。一般以3～6年生苗开花最旺，以后逐年衰老，可重剪更新。

（3）观赏特性与园林应用　叶色翠绿，花色洁白，香味浓厚，为常见庭园及盆栽观赏芳香花卉。

16. 黄杨

（1）分布与生境

1）产于我国，北至山东，南至广东，东至台湾、福建，西至贵州、四川。

2）喜温暖湿润气候，喜阴湿，在无庇荫处生长叶常发黄，要求肥沃的砂质壤土，耐碱性较强。

3）抗烟尘，对二氧化硫、氯气等多种有害气体抗性强。

（2）生长发育规律　扦插繁殖。浅根性，萌蘖性强，耐修剪，生长缓慢，寿命长。一般在早春发新梢后，将先端1～2节剪去，可防止徒长，黄杨结果后，要及时摘去，以免消耗养分，影响树势生长。

（3）观赏特性与园林应用　树姿优美，四季常青，是优良的庭园观赏、绿篱和盆景植物，也适于厂矿绿化。

17. 枸骨

（1）分布与生境

1）产于中国长江中下游各省区，朝鲜也有分布。

2）喜温暖湿润气候，能耐－5℃的短暂低温。喜光，稍耐阴，喜肥沃湿润且排水良好的微酸性土壤，对有害气体抗性较强。

（2）生长发育规律　播种或扦插繁殖。生长缓慢，萌芽、萌蘖力强，耐修剪。花期4～5月，果熟期10～11月。

（3）观赏特性与园林应用

1）枝繁叶茂，叶形奇特，红果累累，经冬不落，是良好的观叶、观果树种。可孤植于花坛中作为主景，丛植于草坪角隅及建筑周边作基础种植。

2）耐修剪，易造型，可对植于门庭、路口两侧，也是绿篱、岩石园、盆景的良好材料。

18. 大叶黄杨

（1）分布与生境

1）原产日本南部。现中国南北各地均有栽培，长江流域以南尤多。

2）喜温暖湿润的海洋性气候，较耐寒，喜光，也耐阴。

3）喜中性肥沃土壤，耐干旱瘠薄，对烟尘和有毒气体抗性较强。

（2）生长发育规律　扦插繁殖。萌芽力强，分枝密实，极耐修剪，花期5～6月，果熟期9～10月。

（3）观赏特性与园林应用　叶片翠绿，株形整齐，园林中栽植于林缘、路旁、花坛、建筑周围等作人工修剪的绿篱、模纹、色块、背景树丛，也可作厂矿区绿化。

19. 洒金珊瑚

（1）分布与生境

1）原产日本，现中国长江中下游地区广泛栽培。

2）喜温暖阴湿环境，不甚耐寒，耐阴，阳光直射而无庇荫之处，则生长缓慢，发育不良，甚至灼伤。

3）喜疏松肥沃的微酸性土或中性壤土，对烟害的抗性很强。

（2）生长发育规律　扦插繁殖。生长快，耐修剪，病虫害极少。花期3～4月，果期11月至次年2月。

（3）观赏特性与园林应用

1）枝繁叶茂，叶色奇特，是珍贵的耐阴观叶灌木。适于配植在林缘、树下、池畔湖边，丛植于庭园一角、假山石背阴面或点缀庭园阴湿之处。

2）华南地区常用作绿篱及基础种植，北方盆栽陈设。

20. 八角金盘

（1）分布与生境

1）产于日本。现我国长江以南地区广泛栽培。

2）喜阴湿、温暖、通风环境，耐寒性差，我国长江以南城市可露地栽培，不耐酷热和强光暴晒。

3）在排水良好、肥沃的微酸性土壤上生长良好，不耐干旱。抗二氧化硫。

（2）生长发育规律　扦插繁殖为主。萌蘖性强，适应能力强。南北方环境差异，花期自7～11月，果熟期翌年4～8月。

（3）观赏特性与园林应用　植株扶疏，叶大奇特，是优良的观叶植物。最适于林下、山石间、水边、小岛、桥头、建筑物附近丛植，阴处植为绿篱或地被；北方室内做观叶植物盆栽观赏；也适于厂矿区绿化。

21. 夹竹桃

（1）分布与生境

1）原产印度及伊朗等地，现广植于世界热带地区。

2）喜光，庇荫处栽植，花少色淡，喜温暖湿润气候，不耐寒，长江流域以南地区可露地栽植，在南京有时枝叶冻枯，小苗甚至冻死。

3）以肥沃的中性土最适宜，耐旱，不耐水涝。滞尘能力强，抗二氧化硫、氯气和汞等有害物质。

（2）生长发育规律　扦插、分株繁殖。适应性强，栽植管理容易，萌芽力强，耐修剪，树体受害后容易恢复。花期为6～9月，果熟期12月至次年1月。

（3）观赏特性与园林应用

1）姿态潇洒，花色妖媚，适于孤植、群植于公园绿地、草坪、水滨、湖畔、墙角及篱边，列植于建筑物前、路边。

2）作为厂矿、街道的优良抗污染树种，以及防风林及固沙灌木。

3）全株有毒，幼儿园、校园避免栽植。

22. 黄蝉

（1）分布与生境

1）原产巴西，现我国南方常见栽培。

2）喜高温、多湿，阳光充足，稍耐半阴。不耐寒冷，忌霜冻，生长适温为18～30℃，在35℃以上也可正常生长，冬季休眠期适温12～15℃，不能低于10℃，低于5℃植物受冻害。

3）喜肥沃湿润的砂壤土，黏重土生长较差，忌积水和盐碱地。

（2）生长发育规律　播种、扦插繁殖。萌蘖力强，耐修剪，实生苗2年即可进入盛花期。花期5～8月，果熟期10～12月。

（3）观赏特性与园林应用　叶片深绿，花大美丽，适于水边、草地丛植或路旁列植以及厂矿区绿化。但植株乳汁有毒，应用时应注意。

23. 栀子花

（1）分布与生境

1）产于我国长江流域以南各地，山东、河南等地有栽培。

2）喜温暖湿润气候，耐热，生长期适温18～22℃，越冬期5～10℃，稍耐寒（－3℃），低于－10℃则受冻。

3）喜光，忌强光直射，耐半阴，在全庇荫条件下叶色浓绿，但开花稍差。

4）适宜在肥沃、排水良好、pH 5～6的酸性土中生长。抗二氧化硫、氯气。

（2）生长发育规律　扦插繁殖。萌蘖力、萌芽力强，耐修剪更新。一般4月孕蕾形成花芽，5～7月开花，花后抽生新梢，果熟期9～10月。

（3）观赏特性与园林应用　叶色亮绿，四季常青，花大洁白，芳香馥郁，适于植作花篱或阳台绿化、盆花、切花和盆景等，还可用于街道和厂矿绿化。

24. 龙船花

（1）分布与生境

1）原产热带亚洲，我国华南有野生，常散生于低海拔山地疏林、灌丛或空旷地。

2）喜湿润炎热气候，生长适温在23～32℃，当气温低于20℃后，长势减弱，开花明显减少，当温度低于10℃后，生长缓慢，当温度低于0℃时，会产生冻害。

3）喜光照充足，也耐半阴。

4）喜pH 5～5.5的酸性土壤，如土壤偏碱性则发育不良，较耐干旱和水湿。

（2）生长发育规律　扦插繁殖。萌芽力强，耐修剪，花期较长，每年3～12月均可开花。

（3）观赏特性与园林应用

1）花语：争先恐后。

2）株形美观，开花密集，花色丰富，终年有花可赏，广泛用于盆栽、庭院观赏，以及片植、列植做色块、模纹、花篱等。

25. 鹅掌柴

（1）分布与生境

1）原产我国华南至西南，北达江西和浙江南部。

2）喜温暖湿润气候，生长适温为16～27℃，在30℃以上高温条件下仍能正常生长，冬季温度不低于5℃，若气温在0℃以下，植株会受冻，出现落叶现象，但如果茎干完好，翌年春季会重新萌发新叶。

3）喜光，耐半阴，喜湿怕干，稍耐瘠薄，在空气湿度大、土壤水分充足的情况下，茎叶生长茂盛。

（2）生长发育规律　扦插繁殖为主。适应性强，生长快，3～9月为生长旺季，花期11～12月，果期12月。

（3）观赏特性与园林应用　枝叶密生，树形优美，叶形特别，是优良的室内盆栽观叶树种，园林中可丛植、片植作树丛之下木。

26. 红花檵木

（1）分布与生境

1）产于中国长江中下游及以南地区，印度北部也有分布。

2）喜温暖湿润气候，不耐寒，喜光，稍耐阴，但阴时叶色容易变绿。

3）耐旱，耐瘠薄，适宜在肥沃、湿润的微酸性土壤中生长。

（2）生长发育规律　扦插繁殖。适应性强，萌芽力和发枝力强，耐修剪。3～9月生长旺盛，花期4～5月，约30～40天，国庆节能再次开花，果期8～9月。

（3）观赏特性与园林应用　枝盛叶茂，叶色鲜艳，花色瑰丽，是花、叶俱美的观赏树木，常用于色块布置或修剪成球形，也是制作盆景、叶篱、花篱的好材料。

27. 米兰

（1）分布与生境

1）产于亚洲东南部和中国华南地区。我国福建、四川、贵州和云南等省常有栽培。

2）喜温暖、湿润的气候，怕寒冷，生长适温为20～25℃，冬季温度不低于10℃，很短时间的零下低温就能造成整株死亡。

3）幼龄期耐阴，成龄后偏阳性，不耐旱，适生于肥沃、疏松、富含腐殖质的微酸性砂质土中。

（2）生长发育规律 扦插繁殖。植株生长发育对温度敏感，当温度达16℃左右时，植株抽生新枝，但生长缓慢，不能形成花穗，通常在阳光充足，气温达25℃时，生长旺盛，新枝顶端叶腋孕生花穗，温度较高（30℃左右），开出来的花就有浓香，一年内多次开花，夏秋最盛。

（3）观赏特性与园林应用

1）花语：有爱，生命就会开花。

2）株形美观，花香袭人，可观叶、赏花、闻香，在华南、西南可植于庭院，在北方盆栽陈列于客厅、书房、门廊等处。

28. 金橘

（1）分布与生境

1）产于我国东南沿海各省，全国各地较多盆栽观赏。

2）喜阳光充足、温暖湿润气候，以土层深厚、肥沃、排水良好的中性、微酸性砂壤土为宜。对二氧化硫抗性强。

（2）生长发育规律 嫁接繁殖。播种实生苗后代多变异，品种易退化，结果晚，多常用嫁接繁殖。夏季开花，秋冬季果熟或黄或红。

（3）观赏特性与园林应用 枝叶繁茂，夏季花色玉白，秋冬金果累累，适于庭落、庭前、门旁、窗下配植，或群植于草坪、树丛周围，也可盆栽观果。

29. 茵芋

（1）分布与生境

1）产于中国华东、西南及台湾、湖北、湖南、广东、广西等地，生于树荫下、海拔较高林下。日本也有分布。

2）喜温暖湿润气候，不耐寒，喜光，也稍耐阴，喜湿润、肥沃壤土。

（2）生长发育规律 播种或扦插繁殖。生长缓慢，耐修剪。花期4～5月，果期10～11月。

（3）观赏特性与园林应用 株形整齐，花香果红，园林中常做林缘、地被、色块种植，也可做盆栽或造型观赏。

30. 虾衣花

（1）分布与生境

1）原产墨西哥，世界各地均有栽培。现我国多在温室中栽培。

2）喜温暖、湿润环境，生长适温18～28℃，有一定的耐寒力，南京可露地越冬。喜阳，也较耐阴，忌高温暴晒。

3）喜湿润、疏松、肥沃及排水良好的中性及微酸性土壤，较耐旱。

（2）生长发育规律 扦插繁殖。植株丛生性较弱，新梢易徒长，株姿松散，着花少，可人工及时短剪或摘心。常年开花不断，对低温和湿度敏感，栽培管理要注意防寒防旱。

（3）观赏特性与园林应用 常年开花，花似龙虾，是优良的观花植物，适宜盆栽置于室内高架、窗台、阳台观赏，也可作花坛布置和制作盆景。

31. 金脉爵床

（1）分布与生境

1）原产于厄瓜多尔。现热带地区广泛栽培，我国华南地区常见栽培。

2）喜高温多湿气候，不耐寒，喜半阴，忌阳光直射，要求深厚肥沃的砂质土壤。

（2）生长发育规律　扦插或分株繁殖。用带芽枝条扦插生长较快。为了保持株形美观，须定期修剪或摘心，以控制高度，促进侧枝生长，使枝叶繁茂。

（3）观赏特性与园林应用　叶大优雅，叶脉金黄，是优良的观叶植物，可栽培于庭园半阴处观赏。

32. 变叶木

（1）分布与生境

1）原产于澳大利亚、印度和马来西亚。现我国华南地区露地栽培，长江流域及以北地区盆栽。

2）喜光，喜高温多湿气候，生长适温为20～30℃，不耐寒，忌霜冻，气温低于10℃会引起叶色暗淡或落叶，温度在4～5℃时，叶片受冻害，造成大量落叶，甚至全株冻死。

3）喜湿怕干，喜肥沃而有保水性的土壤。

（2）生长发育规律　扦插繁殖。萌芽力强，栽培管理容易。叶片颜色和形状因品种、生长环境、光照、温度、栽培管理等发生变化。

（3）观赏特性与园林应用　枝叶密生，叶色、叶形变化多姿，是著名的庭园、公园观叶树种。适于路旁、墙隅、石间丛植，也可植为绿篱或基础种植材料。北方常盆栽观赏。

33. 红背桂

（1）分布与生境

1）产于中国广东、广西，南方普遍栽培。越南也有分布。

2）喜温暖至高温湿润气候，不耐严寒，生长适温15～25℃，冬季温度不低于5℃。

3）喜光，耐半阴，忌阳光暴晒。

4）喜肥沃和排水良好的砂质土壤，不耐干旱瘠薄，不耐盐碱，怕涝。抗二氧化硫。

（2）生长发育规律　扦插繁殖。生长速度快，栽培管理容易，花期几乎全年。

（3）观赏特性与园林应用　植株低矮，叶面绿色，叶背紫红，是优良的观叶树种。可丛植于林下、房后、墙角等荫蔽环境，或植为地被、绿篱。长江流域及其以北地区盆栽观赏。

34. 红千层

（1）分布与生境

1）原产于澳大利亚。现我国华南地区常见栽培。

2）喜高温高湿气候，生长适温为25℃左右，耐－5℃低温和45℃高温，喜光，喜稍有荫蔽的阳坡环境。

3）喜肥沃湿润和排水良好的壤土，耐干旱瘠薄。抗大气污染，抗风。

（2）生长发育规律　播种、扦插繁殖。在湿润的条件下生长较快，萌发力强，耐修剪，不易移植成活。长江以南自然条件下每年春、夏季开两次花。

（3）观赏特性与园林应用　树姿优美，花形奇特，适应性强，观赏价值高，园林中广泛用作行道树和园景树，也用于工矿区绿化。

35. 瑞香

（1）分布与生境

1）原产中国和日本，我国长江流域各地广泛栽培。

2）喜温暖，不耐寒，喜光，忌日光暴晒，喜肥沃湿润而排水良好的酸性和微酸性土壤，忌积水。

（2）生长发育规律　扦插繁殖为主。生长速度快，萌发力强，耐修剪，易造型。花期3～5月，果期7～8月。

（3）观赏特性与园林应用　中国传统名花，树姿优美，树冠圆形，条柔叶厚，枝干婆娑，花繁馨

香，寓意祥瑞，最适于林下路边、林间空地、庭院、假山岩石的阴面等处配植，也可修剪造型。北方温室盆栽观赏。

36. 扶桑

（1）分布与生境

1）产于我国热带及亚热带地区。长江流域及以北温室盆栽。

2）喜光，喜温暖湿润气候，不耐寒，低于5℃时叶片转黄脱落，低于0℃，即遭冻害。

3）对土壤适应范围广，以富含有机质、pH 6.5 ~7 的微酸性壤土生长最好。

（2）生长发育规律　扦插繁殖。适应性强，生长较快，耐修剪，发枝力强。花期全年。

（3）观赏特性与园林应用

1）花语：纤细美、体贴之美、永保清新之美，新鲜的恋情，微妙的美，是我国及世界名花。

2）花大色艳，开花不断，常栽植于道路两旁、庭园、水滨，或密植修剪为绿篱，也常用作盆栽观赏，是布置节日公园、花坛、宾馆、会场及家庭养花的最好花木之一。

【课题评价】

一、本地区常见常绿灌木环境因子的量化分析。

编号	名称	环境因子要求						
		温度/℃			光照	水分	土壤	其他
		最低	适宜	最高				
1								
2								
……								

二、收集整理当地常绿灌木的常见园林应用形式的实例图片。

以小组形式，制作 PPT 上交。PPT 制作要求：每一种常绿灌木的图片应包括场地环境、应用形式、应用目的、景观效果等。

课题4　落叶灌木的习性与应用

落叶灌木通常无明显主干，丛生状，秋冬季节叶片就会全部脱落，整株植物只剩下光秃秃的枝丫，春季到来后又重新发芽、生长、开花、结果等，到来年秋冬季再一次落叶，如此随着季节的转变年复一年地重复其年周期。

因高度差异，可分为高灌木（4 ~5m），在景观中用于垂直面上构成空间闭合，或视线屏障和私密控制，或作为天然背景材料（见图5-62、图5-63）；中灌木（2 ~3m），主要作为乔木下木、群落组合、构图中起视线过渡作用（见图5-64、图5-65）；矮灌木（0.6 ~1.5m），景观设计中通常大面积栽植，以暗示方式控制空间，可在视觉上连接其他不相关因素等（见图5-66 珍珠花、图5-67 金山绣线菊）。

落叶灌木主要分布于温带地区，通常适应性强，在园林绿化中，更多表现为开花、果实所带来色彩、季相的变化，从而成为园林中的主景材料（见图5-68 ~图5-73）。

图 5-62　灌木组合

图 5-63　白丁香灌丛

图 5-64　珍珠绣线菊

图 5-65　溲疏灌丛

图 5-66　珍珠花

图 5-67　金山绣线菊

图 5-68　植物组合

图 5-69　碧桃丛植

图5-70　灌木与常绿树组合

图5-71　黄刺玫花篱

图5-72　丛生石榴做主景

图5-73　贴梗海棠丛植

一、春季开花

1. 迎春

（1）分布与生境

1）原产于我国北方及中部各省，在华北地区栽培极为普遍，有“北迎春”之称。

2）喜阳光，耐半阴，喜温暖湿润气候，较抗寒。

3）喜湿润、肥沃而排水良好的砂壤土，耐旱，耐碱，怕涝。

（2）生长发育规律　扦插繁殖为主。根部萌发力强，枝条着地部分极易生根，其生性强健，极少病虫害。早春2～3月先花后叶，观赏期近一个半月，花后枝叶旺盛生长，6～8月进行花芽分化，秋末落叶，冬季枝条翠绿，柔软拱垂。

（3）观赏特性与园林应用

1）花语：相爱到永远。因与水仙花、梅花、蜡梅、山茶花同时开放，古人将迎春花、梅花、水仙和山茶花统称为“雪中四友”。

2）枝条婀娜多姿，黄花明媚秀逸，广泛栽植于庭院、花坛、坡体、河滨、石缝等，适合做自然式绿篱，还可盆栽观赏或制作盆景。

2. 连翘

（1）分布与生境

1）天然分布于我国山西、河南、陕西、河北、辽宁等地。

2）阳性树种，较耐阴，喜温暖湿润环境，耐寒性强。

3）喜肥沃而排水良好土壤，耐干旱瘠薄，怕涝，抗病虫害能力强。

（2）生长发育规律　扦插繁殖为主。根系发达，萌发力强、发丛快。早春 3 月上旬先叶开花，花期近 2 个月。花后为枝条旺盛生长期，每年春季可从基部萌生许多徒长枝，夏季可适当修剪。秋季有二次开花现象，秋季叶色变黄，后渐变褐色，12 月份逐渐脱落。

（3）观赏特性与园林应用

1）花语：预料、善意的魔法。

2）花色金黄，拱垂飘逸，可做成花篱、花丛、花坛或在疏林下、林缘种植，花后枝条旺长，株丛混乱，可适当修剪。

3）根系发达，具较强的水土保持作用，是国家推荐的退耕还林优良生态树种和黄土高原防治水土流失的最佳经济作物。

3. 贴梗海棠

（1）分布与生境

1）天然分布于中国西北各省，缅甸也有分布，现我国各地均有栽培。

2）喜光，也耐半阴，有一定的耐寒能力。

3）喜肥沃、深厚、排水良好的土壤，耐瘠薄，不耐水淹。

（2）生长发育规律　扦插、分株繁殖为主。4 月先叶后花或花叶同放，花期近 20 天，开花以短枝为主，前期叶初发时花最明亮，后期花掩于叶丛中，8 ~ 9 月形成花芽，并进入果熟期。多年生长的株丛密集，内部枝条易干枯，可适当短剪更新。

（3）观赏特性与园林应用

1）花语：平凡、热情。

2）花色红艳，为庭园中主要春季花木之一，适于花境、窗前、阶下、路旁、花坛中丛植，亦可成行栽植作花篱，或制作树桩盆景观赏。

4. 榆叶梅

（1）分布与生境

1）天然分布于我国北方地区，现全国各地广为栽植。

2）温带树种，耐寒性强，可耐 -35℃低温，喜光，稍耐阴。

3）喜中性肥沃、疏松的砂壤土，耐干旱，耐盐碱，不耐水涝。

（2）生长发育规律　嫁接繁殖。3 月下旬至 4 月上旬花先叶开放，花后枝叶进入生长旺盛期，枝条细长呈现红褐色，7 月结果，冬季落叶后可将其树形修剪成自然开心形。

（3）观赏特性与园林应用

1）花语：春光明媚、花团锦簇、欣欣向荣、心灵的交汇。

2）枝叶繁密，花繁色艳，早春开花期视觉冲击力极强，可丛植，与同期开花的连翘、常绿树丛、垂柳配植，争相斗艳，相映成趣，景色宜人。

5. 白鹃梅

（1）分布与生境

1）天然分布于我国江西、浙江、河南、江苏、湖北等省。

2）喜光，耐半阴，耐寒。抗逆性强，耐干旱贫瘠土壤，不耐水湿。

（2）生长发育规律　播种繁殖。根系发达，生长旺盛，花繁叶茂，华北地区花期 4 ~ 5 月，果期 6 ~ 8 月。

（3）观赏特性与园林应用

1）花语：秀色可餐、纯净无瑕。

2）枝叶秀丽，春日开花，满树雪白，如雪似梅，适于在草坪、路边、假山、庭院角隅作为点缀树种；在常绿树丛边缘片植，宛若层林点雪，饶有雅趣；老桩可制作盆景。

6. 银芽柳

（1）分布与生境

1）原产日本，杂种起源，现我国江苏、上海、浙江等地广泛栽培。

2）喜光，也耐阴。耐寒，生长适温为12～28℃，越冬温度不宜低于－10℃。

3）对土壤要求不严，适应性强，耐湿，也耐干旱。

（2）生长发育规律　扦插繁殖。适应能力强，生长强健，栽培管理粗放，冬季叶片会逐渐脱落，露出紫红色的苞片，苞片开展后即露出满覆银白色柔顺细毛的花芽，花期可达3月之久，花后枝叶开始生长。

（3）观赏特性与园林应用

1）花语：希望光明、自由、无拘无束、生命的光辉，有招财进宝之意。

2）优良的早春观芽（银色花序）植物，夏季绿叶婆娑，潇洒自然，适合丛植或列植于池畔、河岸、湖滨以及草坪、林缘等处，也适于瓶插、切花观赏。

7. 毛樱桃

（1）分布与生境

1）原产中国东北、华北、西北、西南地区，日本也有分布。

2）喜光，也耐阴，耐寒力强，也耐高温，对土壤要求不严，耐干旱瘠薄。

（2）生长发育规律　播种繁殖。适应性极强，根系发达，寿命较长。3～4月花稍先叶开放，5月下旬果实成熟。

（3）观赏特性与园林应用

1）花语：乡愁。

2）株丛密集，春天白花满树，结果早而丰盛，集观花、观果、观型为一体的优秀观赏植物，常用于公园、庭院、小区等孤植点景，亦可与草花、观赏草、小灌木等搭配组合复层植物群落景观，极富活泼自然、田园韵味。

8. 紫叶小檗

（1）分布与生境

1）原产日本，现我国东北南部、华北及华东一带广泛栽培。

2）喜凉爽湿润环境，较耐寒，喜阳也能耐阴，在光线稍差或密度过大时部分叶片会返绿。

3）对各种土壤都能适应，耐干旱，不耐水涝。

（2）生长发育规律　扦插繁殖。萌蘖性强，耐修剪，初春枝上萌发一簇簇黑紫色的芽苞，叶片由春到秋颜色逐渐变深、变艳，4月开黄花，秋日果实红艳似火，经久不落，冬季叶片半常绿状态。

（3）观赏特性与园林应用

1）花语：善与恶。

2）重要色叶灌木，常与金叶女贞、大叶黄杨组成色块、色带及模纹花坛，也可植于路旁或点缀于草坪之中，也是极佳的盆景材料。

9. 郁李

（1）分布与生境

1）天然分布于我国华北、华中、华南地区。

2）生长适应性极强，喜光，耐寒，不择土壤，能在微碱土生长，耐干旱瘠薄。

（2）生长发育规律　分株、扦插繁殖。根萌芽力强，3～4月花与叶同时开放，6月底果熟，秋季开始落叶，冬季－15℃下可安全越冬。

（3）观赏特性与园林应用

1）花语：忠实、困难。

2）花果俱美的观花、观果树种，宜丛植于草坪、山石旁、林缘、建筑物前，或点缀于庭院路边，或与棣棠、迎春等早春花木配植，作花径、花篱栽培。

10. 紫丁香

（1）分布与生境

1）产于我国东北、华北、西北等地，现广泛栽培于世界各温带地区。

2）耐寒性较强，喜光，稍耐阴，阴处或半阴处生长衰弱，开花稀少。

3）喜湿润、肥沃、排水良好的土壤，较耐干旱瘠薄，忌积水湿涝。

（2）生长发育规律　播种、扦插繁殖。根系分蘖能力强，3月下旬至4月开花，6～10月果实渐成熟。

（3）观赏特性与园林应用

1）拥有天国之花的光荣外号，花语：光荣、不灭、光辉。

2）中国特有的名贵花木，植株丰满秀丽，具独特的芳香，广泛栽植于庭园、厂矿、居民区等。常丛植于建筑及设施前面、周围，园路两旁，草坪之中；或与其他种类丁香配植成专类园；也可盆栽、促成栽培、切花等用。

11. 紫荆

（1）分布与生境

1）产于我国东南部，北至河北，南至广东、广西，西至云南、四川，西北至陕西，东至浙江、江苏和山东等省区。

2）暖温带树种，喜温暖、湿润环境，喜光，有一定的耐寒性。喜肥沃、排水良好的土壤，不耐湿。

（2）生长发育规律　播种繁殖。萌蘖性强，耐修剪，3月末至4月初在二年生以上的老枝上开花，先花后叶，5月叶片开始变色，10月开始落叶。因5年生老枝开花逐渐减少，可在休眠期修剪，加强对开花枝的更新。

（3）观赏特性与园林应用

1）花语：亲情、兄弟和睦、家业兴旺，象征家庭和美、骨肉情深。

2）株丛高大密集，花色艳丽，多丛植于草坪边缘、建筑物旁、园路角隅或树林边缘，也常以常绿松柏为背景配植或植于浅色的物体前或岩石旁。

12. 锦鸡儿

（1）分布与生境

1）分布于中国长江流域及华北地区的丘陵、山区的向阳山坡地。

2）喜光，喜温暖、湿润，耐寒强，在－50℃的低温环境下可安全越冬。

3）适应性强，具根瘤，耐干旱瘠薄，耐轻盐碱，忌湿涝。

（2）生长发育规律　播种、扦插繁殖。根系发达，萌芽力、萌蘖力较强，能自然播种繁殖。春季4月上旬发芽，4～5月开花，6月上中旬坐果，7月中下旬种子成熟。

（3）观赏特性与园林应用

1）花语：谦逊、卑下、幽雅整洁。

2）干似古铁，枝叶秀丽，花朵金黄艳丽，宜布置于林缘、路边，或建筑物旁、岩石旁、小路边，或作绿篱用，亦可作盆景材料。

13. 黄刺玫

（1）分布与生境

1）天然分布于我国东北、华北至西北地区。

2）喜光，稍耐阴，耐寒力强。

3）对土壤要求不严，在盐碱土中也能生长，耐干旱瘠薄，不耐水涝。

（2）生长发育规律　分株繁殖。华北地区早春3月下旬萌芽，4月中旬展叶，4月底进入花期，花后结果，9～10月果熟并开始落叶。长江以南花期较早，在3～4月。

（3）观赏特性与园林应用

1）花语：希望与你泛起激情的爱。

2）适应能力强，是重要的水土保持树种，园林中适合庭园丛植，或花篱观赏。

14. 香茶藨子

（1）分布与生境

1）原产北美洲，现我国东北及华北地区常见栽培。

2）耐寒力强，怕湿热，喜光，较耐阴。

3）对土壤要求不严，喜肥，耐瘠薄，喜湿润、肥沃而排水良好的砂壤土，有一定的耐盐碱力，不耐积水。

（2）生长发育规律　扦插繁殖。华北地区4月展叶，4月下旬至5月上旬黄花开满全株，7月黑紫色浆果挂满枝头，10月开始落叶落果。

（3）观赏特性与园林应用　花色金黄艳丽，花香浓郁，是优良的观花、芳香蜜源树种，宜丛植于草坪、林缘、坡地、角隅、岩石旁，也可作花篱栽植。

15. 金银木

（1）分布与生境

1）广泛分布于我国南北各省。

2）温带树种，喜温暖湿润气候，耐寒性较强，喜光，较耐阴。

3）对土壤的酸碱性要求不严，喜深厚肥沃的砂质壤土，在钙质土中也生长良好，耐干旱。

（2）生长发育规律　播种、扦插繁殖。华北地区4月底开花，花初开时白色，后变为黄色，夏天叶色碧绿，秋天果实红艳夺目。

（3）观赏特性与园林应用

1）花语：美丽华贵、金银无缺。

2）集观姿、观花、观果为一体的花木，其树势旺盛，枝叶丰满，树形饱满开展；花朵清雅芳香，优良的蜜源树种；秋后红果鲜艳夺目，经冬不凋，是鸟类的美食，优良的生态树种。适合庭院观赏，以及公共绿地的水滨、草坪栽培。

16. 欧李

（1）分布与生境

1）天然分布于我国北方多个省市，生于荒山坡或沙丘边。

2）喜光，耐寒，对土壤要求不严，耐旱也耐水涝，耐瘠薄，耐盐碱。

（2）生长发育规律　播种、扦插繁殖。华北地区3月底至4月初先花后叶或花叶同时开放，夏季绿叶婆娑，7月底果熟，在晚秋时节部分品种经霜后叶色变红，10月下旬始落叶进入休眠。

（3）观赏特性与园林应用　花果观赏价值俱佳，宜栽植于庭院、公园、街道、高速公路两旁等地，或栽植花坛、花篱。

17. 花木蓝

（1）分布与生境

1）天然分布于我国吉林、辽宁、河北、山东、江苏（海州）等省份，常生于山坡灌丛及疏林内或岩缝中。

2）适应性强，强阳性树种，对土壤要求不严，耐贫瘠，耐干旱，也较耐水湿，抗病性较强。

（2）生长发育规律　分株、播种繁殖。分蘖能力强，生长旺盛。北方地区花期6~7月，长江以南花期在4~5月，果熟期8~10月。

（3）观赏特性与园林应用　北方少有的夏花植物，适宜做花篱，也适于做公路、铁路、护坡、路旁绿化，还是花坛、花境优良材料。

18. 锦带

（1）分布与生境

1）天然分布于我华北、东北等省，生于杂木林下或山顶灌木丛中。

2）喜温暖湿润、阳光充足的环境，耐阴，耐寒。

3）对土壤要求不严，耐瘠薄，怕水涝，对氯化氢抗性强。

（2）生长发育规律　扦插繁殖为主。适应性强，分蘖旺，华北地区3月中下旬展叶，初期叶片紫红色，后慢慢变绿色，4月中下旬开花，花期2~3个月。

（3）观赏特性与园林应用

1）花语：前程似锦、绚烂、美丽。

2）华北地区重要的春季至夏季开花灌木，适宜庭院墙隅、湖畔群植，也可在树丛林缘作花篱、丛植配植，或点缀于假山、坡地。

19. 棣棠

（1）分布与生境

1）原产我国华北至华南。

2）喜温暖、湿润的气候条件，较耐阴，不耐严寒。

3）对土壤要求不严，以肥沃、疏松的砂壤土生长最好，不耐干旱。

（2）生长发育规律　分株、扦插繁殖。3月中旬萌芽，4~5月开金黄色花，6~8月果熟，冬季枝干亮绿色。

（3）观赏特性与园林应用

1）花语：高贵。

2）枝叶翠绿细柔，金花满树，冬季枝干碧绿亮泽，宜丛植于水畔、坡边、林下和假山旁，也可用于花丛、花径和花篱，还可栽在墙隅及管道旁。

20. 牡丹

（1）分布与生境

1）中国是世界牡丹的发祥地和世界牡丹王国，中国牡丹园艺品种根据栽培地区和野生原种的不同，可分为4个牡丹品种群，即中原品种群、西北品种群、江南品种群和西南品种群。

2）宜凉怕冻，宜暖怕热，宜光怕阴，宜干怕湿。开花适温为17~20℃，不耐夏季烈日暴晒，温度在25℃以上则会使植株呈休眠状态，最低能耐-30℃的低温，南方的高温高湿天气对牡丹生长不利。

3）喜中性和排水性良好的砂壤土，怕湿，怕黏土，忌酸性土壤。

（2）生长发育规律　分株、嫁接繁殖。华北地区3月下旬萌芽展叶，4月下旬开花，自然花期10～15天，11月落叶休眠。

（3）观赏特性与园林应用

1）花语：圆满、浓情、富贵。

2）花大色艳，富丽堂皇，素有“花中之王”的美誉，广泛应用于专类园、公园、庭院、居住区、山坡等园林绿化中。

21. 野蔷薇

（1）分布与生境

1）原产中国的华北、华中、华东、华南及西南地区，主产黄河流域以南各省区的平原和低山丘陵，品种甚多。朝鲜半岛、日本均有分布。

2）喜光，耐半阴，耐寒，对土壤要求不严，以肥沃、疏松的微酸性土壤最好，耐干旱瘠薄，也较耐水湿。

（2）生长发育规律　扦插繁殖。适应性极强，栽培范围较广，华北地区4月中下旬叶芽开放，5月上旬开始展叶，5月上中旬至6月初开花，8月中下旬果熟期，10～11月落叶。

（3）观赏特性与园林应用

1）花语：浪漫的爱情。

2）枝条密集丛生，花繁叶茂，芳香清幽，适用于花架、花柱、长廊、粉墙、门侧、假山石壁、立交桥的垂直绿化，也可丛植或列植于溪畔、路旁及园边、角隅等处点景。

22. 月季

（1）分布与生境

1）中国是月季花的原产地之一，栽培品种较多，全国各地广泛栽培。

2）喜凉爽温暖的气候环境，怕高温，最适宜的温度是18～28℃，当气温超过32℃时，花芽分化就会受到抑制，不开花，或开花量较少，冬季气温低于5℃即进入休眠。

3）喜光，在生长季节要有充足的阳光，每天至少要有6小时以上的光照，否则，只长叶子不开花。

4）对土壤要求不严，喜中性和排水良好的壤土和黏壤土，不宜用碱性土。

5）能吸收硫化氢、氟化氢、苯、苯酚等有害气体，同时对二氧化硫、二氧化氮等有较强的抵抗能力。

（2）生长发育规律　扦插繁殖。华北地区3月上中旬开始萌芽、展叶抽枝，5月中下旬开花，单花期15天左右。以后会多次重复萌芽、营养生长、开花，花期可持续到10月份，11月下旬进入落叶休眠期。

（3）观赏特性与园林应用

1）花语：初恋、优雅、高贵、感谢，花色不同，寓意有差异，中国十大名花之一，被称为“花中皇后”。

2）其花姿、花色多样，四时常开，可地栽或盆栽，适用于美化庭院，装点园林，布置花坛，配植花篱、花架，能构成赏心悦目的色彩景观，也是重要的切花和插花材料。

23. 平枝栒子

（1）分布与生境

1）天然分布于我国云、贵、川、甘、陕等地。

2）喜光，也耐半阴，喜温暖湿润环境，亦较耐干旱，较耐寒，不耐湿热。

3）对土壤要求不严，在肥沃且通透性好的砂壤土中生长最好，亦耐轻度盐碱，怕积水。

（2）生长发育规律　扦插和播种繁殖。3月中下旬萌芽展叶，叶小而稠密，4～5月开粉红色花，9～10月果熟，叶色变红，满树红果累累。

（3）观赏特性与园林应用　枝密叶小，红果艳丽，极佳的园林地被材料，常用于布置岩石园、庭院、墙沿基础种植、角隅等，也可制作盆景或用果枝插花。

24. 木绣球

（1）分布与生境

1）原产中国的长江流域、华中和西南以及日本、欧洲的地中海地区。

2）喜温暖、湿润、半阴环境，不耐寒，过强光照易灼伤叶片。

3）对土壤要求不严，适应性强。

（2）生长发育规律　扦插繁殖为主。萌芽、萌蘖力强，3月展叶，4～5月开花，初开带绿色，后转为白色，具清香，花朵不育，无种子。

（3）观赏特性与园林应用

1）花语：希望、忠贞、永恒。

2）夏季白花盈树，常孤植或丛植于疏林下、园路边缘，对植于建筑物入口处，列植于墙垣、窗前及园路两侧。

25. 猥实

（1）分布与生境

1）我国中部至西北部地区特产树种。

2）喜温暖、光照充足的环境，不耐高温，有一定的耐寒性，－20℃地区露地越冬。

3）适宜在肥沃而湿润的砂壤土中生长，耐干旱，怕水涝。

（2）生长发育规律　播种、扦插繁殖为主。分蘖能力强，花期4～5月，果期8～9月。

（3）观赏特性与园林应用　花密色艳，果形奇特，优良的观花观果树种，宜庭院及居住区丛植，或盆栽、切花应用。

26. 卫矛

（1）分布与生境

1）产于中国东北南部、华北、西北及长江流域各地，日本、朝鲜也有分布。

2）喜温暖向阳环境，喜光，稍耐阴，较耐寒，对土壤要求不严，耐干旱、瘠薄，对二氧化硫有较强抗性。

（2）生长发育规律　播种繁殖。适应性强，生长缓慢，萌芽力强，耐修剪，叶片早春初发时及初秋霜后变紫红色，5月开花，9～10月果熟，假种皮橙红色。

（3）观赏特性与园林应用　新叶及秋叶红艳，果裂鲜红，冬季落叶后枝翅如箭羽，多用于庭院绿化，也可植于假山石旁作配植，也是优良的城市道路绿化及山体环境保护植物。

27. 四照花

（1）分布与生境

1）产于我国长江流域诸省及河南、山西、陕西、甘肃等地。

2）温带树种，喜温暖气候和阴湿环境，喜光，亦耐半阴，夏季光照强及干燥环境叶尖易枯燥，能耐－15℃低温。

3）对土壤要求不严，宜于肥沃、排水良好的砂质土壤，有一定的耐干旱瘠薄能力。

（2）生长发育规律　播种、扦插繁殖。先叶后花，3月下旬开始发芽，4月上旬展叶，4月下旬至5月开花，9月果熟，红色。

（3）观赏特性与园林应用

1）花语：回礼。

2）树形整齐美观，初夏白花盖树，如群蝶起舞，秋季红果喜庆，优良的庭园观花、观果树种，园林绿地中可孤植、列植或丛植于草坪、路边、林缘、池畔，或与常绿树混植，至秋天叶片变为褐红色，红绿交融，妖娆美丽。

28. 雪柳

（1）分布与生境

1）产于我国黄河流域及长江下游地区，生于水沟、溪边或林中。

2）喜光，稍耐阴，喜温暖，亦较耐寒，喜疏松肥沃、排水良好的砂壤土。

（2）生长发育规律　播种、扦插繁殖。适应性强，萌蘖性强，耐修剪，先叶后花，4 月白花挂满枝头，6 月果实逐渐成熟，黄棕色，夏季枝叶繁茂，秋后逐渐落叶。

（3）观赏特性与园林应用

1）花语：殊胜，寓意五谷丰登。

2）叶形似柳，花白繁密如雪，是非常好的蜜源植物，适宜庭院中孤植、基础栽植，以及丛植于草坪角隅、池畔、坡地、路旁、林缘，亦是优良的防风林、绿篱、切花材料。

29. 接骨木

（1）分布与生境

1）产于我国东北、华北、华东、西北及西南地区，分布于林下、灌丛或平原路旁。

2）适应性较强，对气候要求不严，喜光，又较耐阴，耐寒。

3）对土壤要求不严，耐旱，忌水涝，抗污染性强。

（2）生长发育规律　扦插、分株繁殖。根系发达，萌蘖性强，耐修剪，先叶后花，华北地区 4 月中旬展叶，4 ~5 月开花，6 ~9 月果实逐渐成熟，红色，10 月叶色变黄渐脱落。

（3）观赏特性与园林应用

1）花语：热心、守护。

2）枝叶繁密，白花盈盈，红果累累，宜植于草坪、林缘或水边，也可用于城市、工厂的防护林等。

30. 红瑞木

（1）分布与生境

1）产于中国东北、华北、西北和华东地区，朝鲜、俄罗斯及欧洲也有分布。

2）喜温暖湿润的生长环境，喜光，耐半阴，耐寒强。对土壤适应强，较耐干旱瘠薄，耐湿。

（2）生长发育规律　扦插繁殖为主。萌蘖性强，耐修剪，华北地区 4 月下旬萌芽展叶，5 月中下旬开小白花，8 ~10 月果熟，白色，10 月中旬叶片渐变为紫红色，落叶后枝干红艳如珊瑚。

（3）观赏特性与园林应用

1）花语：勤勉、信仰。

2）秋叶鲜红，小果洁白，落叶后枝干红艳如珊瑚，是少有的观茎植物，可用于庭院观赏，园林中常丛植于草坪、林缘、河岸或与常绿乔木相间种植，得红绿相映之效果，也是良好的切枝材料。

二、夏季开花

1. 小花溲疏

（1）分布与生境

1）产于中国东北、华北等地区，朝鲜和俄罗斯亦常见，自然分布于阔叶林缘或灌丛中。

2）喜光，稍耐阴，耐寒性较强。

3）对土壤要求不严，喜深厚肥沃的土壤，耐旱，不耐积水，在盐碱土中生长不良。

（2）生长发育规律　扦插繁殖。花期6月，果期8～10月。

（3）观赏特性与园林应用　白花淡雅，小而繁密，初夏开花，可列植作自然式花篱，丛植于草坪、林缘、山坡及点缀假山，花枝可供瓶插观赏。

2. 雪果忍冬

（1）分布与生境

1）原产北美洲，现我国华北地区引种及栽培。

2）耐寒，喜光，稍耐阴，耐干旱瘠薄和石灰性土壤。

（2）生长发育规律　播种、扦插繁殖。6～8月开花，8～10月果实成熟，白色，宿存枝头越冬。

（3）观赏特性与园林应用　花色粉红，果实雪白，优良的观花及观果植物，适宜在庭院、公园、住宅小区绿化栽植，亦可作果篱及盆栽观赏。

3. 糯米条

（1）分布与生境

1）我国长江以南各省区广泛分布，北京有栽培。

2）喜阳光充足、温凉多湿的气候，稍耐阴，耐寒能力差，北方地区栽植，枝条易受冻害。

3）适应力较强，对土壤要求不严，耐干旱、耐瘠薄的能力较强。

（2）生长发育规律　播种、扦插繁殖。根系发达，萌蘖力、萌芽力均很强，生长旺盛。8～9月花朵陆续盛开，10月花瓣脱落，粉褐色萼片长期宿存枝上，远看好似盛开的花序。

（3）观赏特性与园林应用　枝条婉垂，树姿婆娑，小花洁白秀雅，白中带红，繁密而芳香，不可多得的夏秋花木，可群植或列植成花篱、花径，也可丛植于池畔、路边、草坪、墙隅等处加以点缀。

4. 紫珠

（1）分布与生境

1）产于我国辽宁、山东、安徽、浙江、江西、湖南等地，日本、朝鲜也有分布。

2）喜光，也耐阴，喜温暖、湿润、避风环境，较耐寒。

3）喜深厚肥沃的土壤，忌干旱。

（2）生长发育规律　播种、扦插繁殖。浅根系树种，根系发达，萌芽力强，早春3月下旬开始展叶，花果在5月下旬开始萌发，花果期比较长，从6月上旬到10月上旬，边开花边结籽。新梢生长快，一年有3次新梢，分春梢、夏梢和秋梢。

（3）观赏特性与园林应用

1）花语：聪明。

2）株形秀丽，花色绚丽，果实色彩鲜艳，珠圆玉润，犹如一颗颗紫色的珍珠，是一种可观花、赏果的优良植物，常用于庭院栽种，也可盆栽观赏，其果穗可瓶插或作切花材料。

5. 枸杞

（1）分布与生境

1）原产我国，分布在东北南部、华北、西北、西南、华中、华南和华东各省区。

2）喜冷凉气候，耐寒力强，喜光照，稍耐阴。

3）对土壤要求不严，耐盐碱、耐肥、耐旱，忌黏质土壤，怕水渍。

（2）生长发育规律　播种、扦插繁殖。4月下旬新枝展叶，花期7月延续至10月，初秋最盛，8～

11 月果熟。

（3）观赏特性与园林应用

1）花语：喜庆瑞祥。

2）生性强健，适应性强，入秋红果累累，鲜艳可爱，可丛植于池畔、台坡，也可作河岸护坡。或作绿篱栽植，也可做树桩盆栽。

6. 胡枝子

（1）分布与生境

1）天然分布于我国黑龙江、吉林、辽宁、内蒙古、河北、山西、陕西、河南等省。

2）适应性极强，喜光，稍耐阴，极耐寒又耐热。

3）对土壤要求不严格，喜湿润、肥沃而排水良好的土壤，耐干旱、耐瘠薄、耐酸、耐碱、耐盐、耐重金属。

（2）生长发育规律　播种、扦插繁殖。根系发达，萌芽性强，生长迅速，耐修剪。4 月中旬开始返青，6 月下旬开始现蕾，7 月下旬至 8 月中旬为开花期，8 月下旬至 9 月初为结实期，10 月初种子成熟。

（3）观赏特性与园林应用

1）花语：沉思、害羞。

2）适应性极强，可用于自然式园林栽植，又可作保持水土和改良土壤的地被植物。也是优良的饲用、绿肥、编筐灌木。

7. 华北珍珠梅

（1）分布与生境

1）天然分布于我国华北、西北地区。

2）喜温暖湿润气候，喜光也耐阴，抗寒能力强。

3）对土壤的要求不严，喜湿润肥沃、排水良好的土壤，较耐干燥瘠薄。

（2）生长发育规律　分株、扦插繁殖。萌蘖性强，耐修剪，生长迅速，抗病虫害。5 月中旬展叶，叶柄红色，6 月中旬开花，花期长达 3 个多月，果熟期 9～10 月。

（3）观赏特性与园林应用

1）花语：友情、努力。

2）树姿秀丽，叶片优雅，花序大而茂盛，小花洁白如雪而芳香，花期长且正值于北方夏季少花季节，可丛植于草坪、林缘、墙边、街头绿地、水旁，也可作花篱、作下木或在背阴处栽植。

8. 大花醉鱼草

（1）分布与生境

1）天然分布于我国长江流域，西南、西北等地也有。

2）喜阳光充足、温暖环境，生长适温为 25～30℃。耐严寒酷暑，北京可露地越冬，亦可耐 39℃高温。

3）对土壤要求不严，在土壤通透性较好的土壤上生长良好，抗逆性强，耐干旱瘠薄，抗风沙，病虫害少。

（2）生长发育规律　扦插繁殖。生长强健，栽培管理容易，株丛密集，可每 2～3 年修剪更新，以保证来年生长旺盛。自 6～10 月一直开花不断。

（3）观赏特性与园林应用

1）花语：信仰心。

2）叶茂花繁，花开于夏季少花季节，可丛植、孤植、篱植、球状组团或片植，用于假山、广场、街道、公园、道路两侧、高速公路中的色带，或点缀于庭院绿化。

3）花叶有毒，尤其对鱼类，不宜栽植于鱼池边。

9. 金叶莸

（1）分布与生境

1）人工培植灌木，主要栽种于华北、华中、华东及东北南部地区。

2）耐热又耐寒，在－20℃以上的地区能够安全越冬。

3）喜光，耐半阴。天气干旱，光照强烈，叶片越是金黄；长期处于半庇荫条件下，叶片呈淡黄绿色。

4）适应性强，耐干旱瘠薄，耐盐碱，忌水湿，在陡坡、多砾石及土壤肥力差的地区仍生长良好。若常积水或土壤湿度过大，其根、根颈及附近部位的枝条皮层易腐烂变褐，引起植株死亡。

（2）生长发育规律　扦插繁殖。萌蘖力强，生长迅速，耐修剪，生长季节愈修剪，叶片的黄色愈加鲜艳。一般4月初萌芽展叶，8月下旬现蕾开花，聚伞花序生于新枝上部叶腋，花期达1个多月。多年生长后株丛密集，应定期修剪更新。

（3）观赏特性与园林应用　春、夏、秋一片金黄，盛花期一片蓝色，是优良的观彩叶、观花植物，是点缀夏秋景色的好材料。可作大面积基础栽培、色块、色带、色篱、地被，片植效果极佳。

10. 八仙花

（1）分布与生境

1）产于中国和日本，现我国长江以南地区常见栽培。

2）喜温暖、湿润环境，生长适温18～28℃，不耐寒，华北地区地上部每年冬季会干枯，多年生长后枝条呈亚灌木状。花芽分化需5～7℃条件下6～8周，20℃温度可促进开花，高温强光会使花朵褪色快。

3）喜半阴，为短日照植物，每天黑暗处理10小时以上，约45～50天可形成花芽。

4）喜疏松、肥沃、排水良好的土壤，忌水渍，不耐旱。

（2）生长发育规律　分株、扦插繁殖。分株在落叶期间，扦插可采取嫩枝，一个月生根，二年可开花。花期6～7月，或延续很长。

（3）观赏特性与园林应用

1）花语：希望、忠贞、永恒、美满、团聚。

2）株形饱满圆整，伞形花序似雪球压枝，优秀的耐阴花木，可配置于林下、林缘、建筑物北侧，也可列植做花篱、花径。或室内盆栽观赏。

11. 日本绣线菊

（1）分布与生境

1）原产日本和朝鲜半岛，现我国华东、华北、华中地区有引种栽培。

2）喜光，略耐阴，较耐寒，能耐－10℃低温。

3）喜湿润、肥沃、富含有机质的土壤，耐旱，耐瘠薄，不耐湿涝。

（2）生长发育规律　分株、扦插繁殖。一般4月下旬展叶，6月开花，复伞房花序生于当年生枝端，开花长达2个月之久，8月结果。

（3）观赏特性与园林应用

1）花语：祈福、努力。

2）株丛密实圆整，花开整齐鲜艳，且花期正值少花的春末夏初，可做基础种植或观花地被植物，也可列植或片植于林缘、花篱、花坛、花径等，或丛植于庭园一隅，自然而亲切。

12. 百里香

(1) 分布与生境

1) 产于我国甘肃、陕西、青海、山西、河北、内蒙古等。

2) 喜温暖、光照和干燥的环境，耐寒性强。

3) 对土质要求不严，不耐潮湿，耐干旱贫瘠，耐盐碱。

(2) 生长发育规律　播种、扦插繁殖。植株低矮，具有沿着地表面生长的匍匐茎，近水平伸展，根系强大，适应能力强。通常 6 ~7 月开花。

(3) 观赏特性与园林应用

1) 花语：勇气。

2) 植株低矮密实，整株具有芳香，常用于做花境边缘、香料园或向阳处地被植物。

三、秋冬季开花

1. 蜡梅

(1) 分布与生境

1) 原产我国中部鄂、陕等省，现南北各省广泛栽培。

2) 喜阳光，也耐阴，较耐寒，暖地半常绿状。

3) 对土质要求不严，以排水良好的轻壤土为宜，耐旱较强，有“旱不死的蜡梅”之说，忌水湿、黏重土壤及碱地生长。

(2) 生长发育规律　扦插、分株繁殖。生长强健，分枝繁密，根茎部易生萌蘖。耐修剪，易整形，年久老干可修剪更新。花期 12 月至翌年 3 月，先叶开放。

(3) 观赏特性与园林应用

1) 花语：忠实、独立、坚毅、忠贞、刚强、坚贞、高洁。

2) 腊月傲雪开放，色娇香醇，是冬季色香俱备的观赏花木，宜于庭院、花坛中心栽植，也可与岩石、假山配植，或盆栽、桩景等观赏。

2. 结香

(1) 分布与生境

1) 产于中国河南、陕西及长江流域以南诸省区，日本和美国东南部有分布。

2) 喜温暖、半阴、湿润环境，耐寒性略差，能耐 -20℃以内的冷冻，北京以南可在室外越冬。

3) 宜湿润、排水良好的肥沃土壤，不耐积水，不耐干旱，忌盐碱。

(2) 生长发育规律　分株、扦插繁殖。生长健壮，根颈处易长蘖丛，适应性强，病虫害少，栽培管理容易。花朵 12 月至翌年 3 月，先叶开放，枝条可打结而不断，4 月展叶。

(3) 观赏特性与园林应用

1) 花语：喜结连枝。

2) 树冠球形，花芳香而美丽，宜植于庭园或盆栽观赏。其枝条柔软，弯之可打结而不断，常整成各种形状。

3. 木芙蓉

(1) 分布与生境

1) 原产我国，黄河流域至华南广为栽培。

2) 喜阳，略耐阴，喜温暖、湿润环境，不耐寒，在长江流域以北地区露地栽植时，冬季地上部分常冻死，第2年春季再从根部萌发新条，秋季能正常开花。

3）对土壤要求不高，瘠薄土地亦可生长，忌干旱，耐水湿。

4）对二氧化硫抗性特强，对氯气、氯化氢也有一定抗性。

（2）生长发育规律　扦插、分株繁殖。适应性强，生长较快，萌蘖性强。花开自8～10月，清晨花开白色或红色，傍晚则变深红色，果期10～11月。

（3）观赏特性与园林应用

1）花语：纤细之美、贞操、纯洁。

2）株丛高大粗壮，花朵硕大而色丽，适植于庭院、坡地、路边、林缘及建筑前，特别宜于配植水滨，开花时波光花影，相映益妍，分外妖娆，或栽作花篱。

3）优良的固土护坡、工矿区绿化树种。

【课题评价】

一、本地区常见落叶灌木环境因子的量化分析（表格内容可以调整）。

编号	名称	环境因子要求						
		温度/℃			光照	水分	土壤	其他
		最低	适宜	最高				
1								
2								
……								

二、收集整理当地落叶灌木常见园林应用形式的实例图片。

以小组形式，制作PPT上交。PPT制作要求：每一种落叶灌木的图片应包括场地环境、应用形式、应用目的、景观效果等。

课题5 常绿藤木的习性与应用

常绿藤木四季常绿，部分植物开花时鲜艳、芳香，或具有彩色叶片，观赏价值突出。大部分喜湿润、耐阴环境，可与落叶藤木搭配，适于攀附建筑物、围墙、陡坡、岩壁等处生长，是棚架和垂直绿化的优良植物材料，如图5-74～图5-79所示。

图5-74　金银花

图5-75　络石

图 5-76　常春藤

图 5-77　叶子花

图 5-78　炮仗花

图 5-79　龙吐珠

1. 金银花

（1）分布与生境

1）中国各省均有分布，朝鲜和日本也有分布。

2）喜温和、湿润、向阳环境，较耐阴，耐寒性强。

3）对土壤要求不严，以湿润、肥沃的深厚砂质壤土生长最佳，耐干旱，耐水湿。

（2）生长发育规律　播种、扦插繁殖。根系繁密发达，萌蘖性强，茎蔓着地即能生根，每年春夏两次发梢，花期 5～6 月。

（3）观赏特性与园林应用

1）匍匐生长能力比攀援生长能力强，适合栽植于林下、林缘、建筑物北侧等做地被应用，或绿化矮墙，或利用其缠绕能力制作花廊、花架、花栏、花柱以及缠绕假山石等。

2）蔓与蔓缠绕，地面覆盖高低不平，使人感觉杂乱无章。也是固土护坡的优良材料。

2. 络石

（1）分布与生境

1）原产我国山东、山西、河南、江苏等地，日本、朝鲜和越南也有。

2）喜温暖、湿润、半阴环境，亦耐烈日，耐暑热，较耐寒，忌干风吹袭。

3）对土壤要求不严，一般肥力中等的轻黏土及砂壤土均宜，较耐干旱，忌水湿。

（2）生长发育规律　压条、扦插繁殖。梅雨季节其嫩茎极易长气根，利用这一特性，将其嫩茎采用连续压条法，秋季从中间剪断，可获得大量的幼苗。花期5～7月。

（3）观赏特性与园林应用　匍匐性及攀爬性较强，在园林中多作地被，可搭配作色带、色块，或盆栽观赏。花芳香，适合庭院种植。

3. 蔓长春花

（1）分布与生境

1）原产于地中海沿岸、美洲、印度等地。在中国江苏、上海、浙江、湖北和台湾等地区有栽培。

2）喜温暖湿润，喜阳光，也较耐阴，耐热，稍耐寒，华北地区南部可露地越冬。

3）喜深厚、肥沃、湿润的土壤，在偏碱性、板结、通气性差的黏质土壤生长不良，忌湿怕涝，耐瘠薄土壤。

（2）生长发育规律　扦插、播种繁殖。嫩枝扦插，保持20～24℃，插后15～20天生根。生命力较强，开花从5月下旬至11月上旬，长达5个多月。

（3）观赏特性与园林应用　叶片四季常绿，花色绚丽，是优良的观叶、观花地被植物。

4. 常春藤

（1）分布与生境

1）原产欧洲、亚洲和北非，现在我国华中、华东等栽培较多。

2）喜温暖湿润气候，生长适宜温度18～20℃，温度超过35℃时叶片发黄，生长停止，不耐寒。

3）耐阴，也能生长在全光照的环境中，夏季忌烈日暴晒。

4）对土壤要求不严，喜湿润、疏松、肥沃的土壤，不耐盐碱。

（2）生长发育规律　扦插繁殖为主。多在春季4～5月和秋季8～9月进行，管理简单，栽植于土壤湿润、空气流通之处，生长旺盛。

（3）观赏特性与园林应用　枝叶稠密，四季常绿，耐修剪，茎上有许多气生根，容易吸附在岩石、墙壁和树干上生长，可作攀附、造型或悬挂栽培，是室内外垂直绿化、林下地被的理想材料。

5. 扶芳藤

（1）分布与生境

1）中国黄河流域以南广大地区均有分布，朝鲜、日本也有分布。

2）喜温暖，较耐阴，有一定耐寒性，北京可露地越冬。

3）对土壤要求不严，适宜在湿润、肥沃的土壤中生长，耐湿，耐干旱，也耐涝，耐瘠薄。

4）抗二氧化硫、三氧化硫、氯、氟化氢、二氧化氮等有害气体。

（2）生长发育规律　扦插繁殖为主。扦插苗生根快，根系多，一年四季均可种植。生长快，老枝干上的隐芽萌芽力强，极耐修剪整形，栽培管理简单。

（3）观赏特性与园林应用　株丛密集，叶色四季青翠，是地面覆盖的优良绿化观叶植物，也可作为空气污染严重的工矿区环境绿化树种。

6. 叶子花

（1）分布与生境

1）原产巴西，现我国南方广泛栽培。

2）喜温暖湿润、阳光充足的环境，光照不足会影响其开花，适宜生长温度为20～30℃，不耐寒，长江流域及以北地区露地不能越冬。

3）对土壤要求不严，在肥沃、疏松、排水好的砂质壤土能旺盛生长。耐瘠薄，耐干旱，耐盐碱，喜

水但忌积水。抗二氧化硫。

（2）生长发育规律　扦插、压条繁殖。生长势强，耐修剪，华南地区花期可从11月起至第二年的3～6月，姹紫嫣红的苞片展现，给人以奔放、热烈的感受，正处于冬春之际，又得名贺春红。长江流域花开于6～12月。

（3）观赏特性与园林应用　树势强健，花形奇特，花开时节格外鲜艳夺目，常用于南方庭院做花篱、棚架植物。北方盆栽，置于门廊、庭院和厅堂入口处，十分醒目。

7. 薜荔

（1）分布与生境

1）产于中国华东、中南、西南地区，华北地区偶有栽培，日本、越南北部也有分布。

2）喜光，较耐荫蔽，喜温暖、湿润气候，也耐暑热。

3）对土壤的适应性较强，砂土或黏土均宜，较耐干旱，耐贫瘠，耐水湿。

（2）生长发育规律　扦插繁殖为主。春秋皆可进行，保持温度25℃以上，利于生根，培育2～3个月可供定植。萌芽力和适应性强，花果期5～8月。

（3）观赏特性与园林应用　攀缘及生存适应能力强，在园林中可用于点缀假山石、垂直绿化墙垣、固土护堤。

8. 炮仗花

（1）分布与生境

1）原产南美洲巴西和巴拉圭，热带地区广泛栽培，现我国华南、西南有栽培。

2）喜光，喜暖热湿润气候，很不耐寒，最低温度13～15℃。

3）对土壤要求不严，喜肥沃、湿润、酸性的土壤。

（2）生长发育规律　压条、扦插繁殖。生长迅速，在广东等华南地区，能保持枝叶常青，可露地越冬。花期1～6月，已经开过花的枝条，来年不再开花，而新生长的枝条要孕蕾，应及时对一些老枝、弱枝剪除，以免消耗养分，影响第二年开花。

（3）观赏特性与园林应用　红花累累成串，形如炮仗，花期长，多植于庭院、棚架、花门和栅栏作垂直绿化。可地植作花墙，覆盖土坡，或用于高层建筑的阳台作垂直或铺地绿化，尤显富丽堂皇。矮化品种，可盘曲成图案形，作盆花栽培。

9. 素馨花

（1）分布与生境

1）产于云南、四川、西藏及喜马拉雅地区，越南、缅甸、斯里兰卡和印度亦有分布。

2）喜光，喜温暖、湿润环境，不耐寒。

3）土壤以富含腐殖质的砂质壤为好，不耐旱。

（2）生长发育规律　扦插、分株繁殖。生长较快，很少病虫害，花期8～10月。

（3）观赏特性与园林应用　开花时通体雪白，缀满枝头，且有清淡香气，是重要芳香植物，常庭院栽培观赏。

10. 马缨丹

（1）分布与生境

1）原产美洲热带地区。中国台湾、福建、广东、广西有逸生。

2）喜温暖、湿润、向阳环境，稍耐阴，耐高温，不耐寒，南方区域可露地栽培，长江流域及北方只能作盆栽观赏。

3）对土质要求不严，以肥沃、疏松的砂质土壤为佳，耐干旱，病虫害少。

（2）生长发育规律　播种、扦插繁殖。生性强健，根系发达，茎枝萌发力强，在热带地区周年可生长，冬季不休眠。几乎全年开花，花后重剪修枝后20～25天再次开花。

（3）观赏特性与园林应用　生长快，冠幅覆盖面大，是优良的地被、固土护坡植物。

11. 龙吐珠

（1）分布与生境

1）原产于热带非洲西部、墨西哥。

2）喜暖热、湿润和阳光充足环境，稍耐阴，耐高温，不耐寒，最低温度应大于15℃，低于－5℃茎叶受冻。

3）喜肥沃而排水良好的土壤。

（2）生长发育规律　扦插繁殖。每年春、秋季皆可扦插，3周可生根，花期3～5月。

（3）观赏特性与园林应用　花时深红色的花冠由白色的萼内伸出，状如吐珠，花形奇特，开花繁茂，主要用于温室栽培观赏，也可做花架、花篮、拱门、凉亭和各种图案等造型，或盆栽观赏。

12. 鸳鸯茉莉

（1）分布与生境

1）原产于中美洲及南美洲热带。

2）喜温暖、湿润、半阴、通风的环境。其耐寒性不强，生长适温18～30℃，不宜低于10℃，华东、华北地区作温室盆栽。

3）要求基质肥沃疏松、排水良好的微酸性土壤，喜湿润，耐干旱，不耐涝，不耐瘠薄。

（2）生长发育规律　扦插繁殖为主。常于春末秋初用当年生的枝条进行嫩枝扦插，环境温度在20～30℃之间，约4～6周后生根。花期4～10月。

（3）观赏特性与园林应用　花繁叶茂，叶色翠绿，花色艳丽且芳香浓烈，适宜庭院种植及盆栽观赏，清雅宜人。

13. 球兰

（1）分布与生境

1）原产中国东南部、华南、云南及台湾，印度、越南、马来西亚等有分布。

2）喜高温、高湿环境，不耐寒，生长适温为15～28℃，在高温条件下生长良好，冬季应在冷凉和稍干燥的环境中休眠，越冬温度保持在10℃以上，若低于5℃，易受寒害。

3）喜散光，喜半阴环境，耐荫蔽，忌烈日直射。

4）喜肥沃、透气、排水良好、稍干的土壤，不喜欢黏重的土壤。

（2）生长发育规律　扦插、压条繁殖。保持20～25℃，插后20～30天生根。花期4～6月。

（3）观赏特性与园林应用　聚伞花序球形，圆润可爱，花期长，芳香植物，适宜庭院及盆栽观赏。

14. 油麻藤

（1）分布与生境

1）产于我国西南、华南至华东地区。

2）喜温暖、湿润、耐阴的气候，较耐寒，长江以南地区可露地越冬。

3）对土壤要求不严，以排水良好的石灰性土壤最适宜，耐干旱。

（2）生长发育规律　扦插、播种繁殖。通常5～9月嫩枝扦插，播种繁殖应随采随播，也可干藏至翌春播种。生长迅速，蔓茎粗壮，叶繁荫浓，花期4～5月。

（3）观赏特性与园林应用

1）紫色花序及褐色条形荚果悬挂于盘曲老茎中，奇丽美观，是南方地区优良蔽荫、观花藤本植物。适用于大型棚架、绿廊、墙垣等攀援绿化；也可作陡坡、岩壁、高速公路护坡等垂直绿化及隐蔽掩体绿化，或整形成不同形状的景观灌木。

2）生命顽强，能盘树缠绕、攀石穿缝，可用于山岩、叠石、林间配置，颇具自然野趣。

【课题评价】

一、本地区常见常绿藤木环境因子的量化分析。

编号	名称	环境因子要求						
		温度/℃			光照	水分	土壤	开花对日照长短要求
		最低	适宜	最高				
1								
2								
……								

二、收集整理当地常绿藤木园林应用实例图片。

以小组形式，制作 PPT 上交。PPT 制作要求：每一种常绿藤木的图片应包括场地环境、应用形式、景观效果、应用目的等。

课题 6　落叶藤木的习性与应用

落叶藤木是春夏枝叶繁茂，秋冬落叶、休眠的藤木。常见有地锦、紫藤、凌霄、葡萄、云实等，大多具有适应性强，生长迅速，开花期观赏价值高等特点，园林中常用于棚架和垂直绿化，或攀附建筑物、围墙、陡坡、岩壁等。

1. 凌霄

（1）分布与生境

1）原产中国中部及北部地区，日本也有分布。

2）喜阳光充足，不适宜暴晒或无阳光，也耐半阴，耐寒。

3）以排水良好、疏松的中性土壤为宜，忌酸性土，耐旱、耐瘠薄、耐盐碱，不喜欢大肥，病虫害较少。

（2）生长发育规律　扦插或压条繁殖。幼苗耐寒力较差，需稍加保护，早春宜将组织不充实、过冬枯干及拥挤的枝条剪掉，以保持整洁，夏季开花。

（3）观赏特性与园林应用

1）花语是声誉、慈母之爱。

2）其干枝虬曲多姿，翠叶团团如盖，开花时朵朵黄、红小喇叭迎人而开，为优秀的庭院垂直绿化树种，多攀附于假山石或老树、花架、墙垣、竹篱等（见图 5-80）。

图 5-80　凌霄

2. 地锦

图 5-81 地锦

(1) 分布与生境

1) 原产北美，分布于中国东北至华南各省区，朝鲜、日本也有。

2) 气候适应性广泛，耐寒，在暖温带以南冬季也可以保持半常绿或常绿状态，喜光也耐阴。

3) 对土壤要求不严，耐旱，耐贫瘠，耐修剪，怕积水。

4) 对二氧化硫和氯化氢等有害气体抗性较强，对空气中的灰尘有吸附能力。

(2) 生长发育规律　扦插繁殖。生长快，绿化覆盖面积大，一根茎粗 2cm 的藤条，种植两年，每年枝条可增长 2～3m 不等，每个植株上可长出 5～12 个分枝，墙面绿化覆盖面可达 30～50m^2。

(3) 观赏特性与园林应用　蔓茎纵横，密布气根，翠叶遍盖如屏，秋后叶色变暗红，广泛用于垂直绿化。适于配植于宅院墙壁、围墙、庭园入口处、廊架、山石或老树干等，也可作地被植物（见图 5-81）。

3. 葡萄

(1) 分布与生境

1) 原产亚洲西部，世界各地均有栽培，主要集中分布于北半球。

2) 喜温暖气候，易受霜冻，喜光，不耐阴。

图 5-82 葡萄

3) 对土壤要求不严，以肥沃的砂壤土最为适宜，要求地势较高，不耐积水。

(2) 生长发育规律　扦插繁殖。我国华北地区多在 3 月下旬树液开始流动，当气温上升到 10～12℃，即 3 月下旬至 4 月上旬开始萌芽，至 5 月下旬，气温 20℃左右时开花，9～10 月果实成熟，秋季落叶后至翌年 2 月份前进行整形修剪。

(3) 观赏特性与园林应用　枝繁叶茂，果实累累，别具风趣，是观赏与果树兼用树种，宜植于墙垣、棚架、池畔或石旁等（见图 5-82）。

4. 紫藤

(1) 分布与生境

1) 原产中国，自南到北都有栽培。朝鲜、日本亦有分布。

2) 喜光，较耐阴，耐热，耐寒。

3) 耐水湿、耐瘠薄，适宜土层深厚、排水良好、向阳避风的环境栽培。

4) 对二氧化硫、氟化氢等有害气体抗性强，对空气中的灰尘有吸附能力。

(2) 生长发育规律　扦插繁殖。主根深，侧根浅，不耐移栽。生长较快，寿命长，缠绕能力强，对其他植物有绞杀作用。华北地区 4 月中下旬现蕾开花，夏季果实成熟。

(3) 观赏特性与园林应用

1) 先叶开花，紫穗满垂，烂漫而富有情趣，优良的庭园棚架观花藤木植物，适栽于湖畔、池边、假山、石坊等处，或盆景观赏（见图 5-83）。

2) 适应性强，抗性强，优秀的城市立体绿化、美化植物，具有增氧、降温、减尘、降低噪声等作用。

5. 云实

(1) 分布与生境

1) 分布于温带地区、亚洲热带以及长江流域以南各省。

2) 喜光，耐半阴，喜温暖、湿润环境，在肥沃、排水良好、土层深厚的微酸性砂质壤土生长较好。

(2) 生长发育规律　扦插或播种繁殖。生长较快，花、果期4~10月。

(3) 观赏特性与园林应用

1) 密生且枝干带有直钩状或倒钩状刺，常见河边、林边或作篱笆栽培（见图5-84）。

2) 种子有毒，其中茎毒性最大，误食后容易引起混乱、狂躁，园林应用中注意安全。

图5-83　紫藤

图5-84　云实

6. 猕猴桃

(1) 分布与生境

1) 中国是猕猴桃的原生中心，世界猕猴桃原产地在湖北宜昌市夷陵区雾渡河镇。主要分布及栽培在北纬18°~34°的亚热带或温带湿润半湿润气候带。

2) 阳性树种，怕晒，耐半阴，喜温暖、阴凉、湿润环境，耐寒，不耐早春晚霜，适宜生长温度在13℃，极端最低温度-8℃。

3) 喜湿润、肥沃而排水良好、pH值5.5~6.5微酸性的砂质土壤，怕旱、涝、风。

(2) 生长发育规律　嫁接、扦插繁殖。雌雄异株藤木植物，雄株多毛、叶小，花较早出现于雌花，雌株少毛或无毛，花、叶均大于雄株。一般早春当气温上升到10℃左右时，幼芽开始萌动，15℃以上时才能开花，20℃以上时才能结果，当气温下降至12℃左右时则进入落叶休眠期，整个发育过程需210~240天。花期为5~6月，果熟期为8~9月。

(3) 观赏特性与园林应用　藤蔓缠绕盘曲，枝叶浓密，花美且芳香，果实累累，多做果树生产，适用于庭院花架、庭廊、护栏、墙垣等的垂直绿化（见图5-85）。

图5-85　猕猴桃

7. 铁线莲

(1) 分布与生境

1) 分布于广西、广东、湖南、江西，生于低山区的丘陵灌丛中，山谷、路旁及小溪边。日本有栽培。

2) 喜温暖向阳环境，生长最适温度为夜间15~17℃，白天21~25℃，耐寒性强，可耐-20℃低温，夏季温度高于35℃时，叶片易发黄甚至落叶。

3）喜肥沃、排水良好的碱性壤土，忌积水或夏季干旱而不能保水的土壤。

（2）生长发育规律　播种、压条、扦插繁殖均可。春秋为生长旺盛期，花期5～6月，果期夏季，秋后温度5℃以下时，逐渐进入休眠期，休眠期的第1、2周，开始落叶。

（3）观赏特性与园林应用

1）花语：高洁，美丽的心，主要垂直绿化方式有廊架绿亭、立柱、墙面、造型和篱垣栅栏式（见图5-86）。

2）花有芳香，可用作切花，或攀缘常绿、落叶乔灌木上，也可用作地被。

8. 木香

（1）分布与生境

1）原产印度，现分布于中国四川、云南，全国各地均有栽培。

2）喜温暖湿润和阳光充足的环境，耐寒冷和半阴。

3）对土壤要求不严，不耐水湿，忌积水。

（2）生长发育规律　扦插、播种繁殖。种子容易萌发，幼苗期怕强光，播种后2年开花结实。萌芽力强，耐修剪，耐移植，花期4～5月，果熟期8月。

（3）观赏特性与园林应用　花密、色艳、香浓，优秀的垂直绿化材料，适于布置花柱、花架、花廊和墙垣（见图5-87）。

图5-86　铁线莲

图5-87　木香

【课题评价】

一、本地区常见落叶藤木的环境因子的量化分析。

编号	名称	环境因子要求						
		温度/℃			光照	水分	土壤	其他
		最低	适宜	最高				
1								
2								
……								

二、收集整理当地落叶藤木在园林应用的实例图片。

以小组形式，制作PPT上交。PPT制作要求：每一种落叶藤木的图片应包括场地环境、应用形式、应用目的、景观效果等。

单元六　观赏竹的习性与应用

观赏竹指可供人们观赏的具有较高经济价值的竹类植物，大都喜温暖湿润的气候，一般要求年平均温度为12~22℃，年降水量1000~2000mm，我国主产长江以南各地，以长江、珠江流域最多。一般山区和偏北地区以较耐寒的散生竹及矮竹为主，偏南的平原地区以耐寒性较差的丛生竹为主。再生性很强，繁殖容易，生长迅速，用途广泛，竹竿可供建筑、交通、农具、家具、造纸等用，竹笋可食用。其翠绿常青，挺秀风雅，具“值霜雪而不凋，历四时而常茂”的品格，是重要的造园、水土保持、固堤护岸材料，也是构成中国园林的重要元素，在我国园林绿化中占有重要地位。

课题1　单轴散生

1. 毛竹

（1）分布与生境

1）原产中国，分布于秦岭、汉水流域至长江流域以南海拔1000m以下广大酸性土山地，常组成大面积纯林。

2）喜温暖湿润气候，要求平均温度15~20℃，耐极端最低温度-16.7℃。

3）喜空气相对湿度大，喜肥沃、深厚、排水良好的酸性砂壤土，干燥的沙荒石砾地、盐地、碱地、排水不良的低洼地均不利生长。

（2）生长发育规律　通常用分株、移鞭或种子繁殖。毛竹竹鞭的生长靠鞭梢，在疏松、肥沃的土壤中，一年鞭梢的钻行生长可达4~5m。竹鞭寿命约14年。毛竹笋开始出土，要求10℃左右的旬平均温度。从出土到新竹长成约2个月时间。新竹第二年春季换叶，以后每两年换一次。毛竹的生长发育周期很长，一般50~60年，从实生苗起，经过长期的无性繁殖，逐渐发展生殖生长，进入成熟期。

（3）观赏特性与园林应用　竿高叶翠，四季常青，秀丽挺拔，值霜雪而不凋，历四时而常茂，最宜在风景区大面积种植，形成谷深林茂、云雾缭绕的景观，也可在湖边、房前屋后和荒山空地上种植，既改善、美化环境，又具有很高的经济价值。

2. 人面竹

（1）分布与生境

1）原产黄河流域以南各省区，但多为栽培供观赏，在福建闽清及浙江建德尚可见野生竹林。世界各地多已引种栽培。

2）喜温暖湿润气候，较耐寒，能耐极端低温-18℃。

3）适生于湿润、土层深厚的低山丘陵或平原地区，不耐盐碱和干旱。

（2）生长发育规律　分株或埋鞭繁殖。移植时应多带宿土，笋期4～5月。

（3）观赏特性与园林应用　基部节间畸形膨大，外形奇特如人面，株形优美，宜于庭院空地栽植，也可盆栽观赏。竿可做手杖、钓鱼竿、伞柄等工艺品。笋鲜美可食。

3. 早园竹

（1）分布与生境

1）原产河南、江苏、安徽、浙江、贵州、广西、湖北等省区。1928年由广西梧州西江引入美国。

2）喜温暖湿润气候。在年平均温度15～17℃，最低温度－13℃，年降水1200mm以上的地方均适宜生长，抗寒性强，能耐短期－20℃低温。

3）适应性强，轻碱地、砂土及低洼地均能生长。

（2）生长发育规律　分株繁殖。除大伏天、冰冻天和竹笋生长期外均可种植，但以5月下旬至6月的梅季和9月桂花季为好。早园竹喜湿润怕积水，喜光怕风，应种在背风、光照充足的地方。

（3）观赏特性与园林应用　姿态优美，生命力强，可广泛用于公园、庭院、厂区绿化等，也可用于绿化点缀边坡、河畔和山石。

4. 淡竹

（1）分布与生境

1）原产我国黄河流域及长江流域各地，尤以江苏、浙江、山东、河南为多。

2）耐寒、耐旱性较强，常生于平原地、低山坡地及河滩上。

（2）生长发育规律　分株繁殖。早春或梅雨季分株，较易成活。发笋率很高，栽培管理较容易。

（3）观赏特性与园林应用　竹林婀娜多姿，竹笋光洁如玉，适于大面积片植，也可制作小品，适用于庭园观赏。也用于“四旁”绿化，既可防风，又供农用。

5. 紫竹

（1）分布与生境

1）原产中国长江流域，现黄河以南各地广为栽培。印度、日本及欧美许多国家均引种栽培。

2）喜温暖、湿润气候，喜光，耐寒。适合排水性良好的砂质土壤。

（2）生长发育规律　分株或埋鞭繁殖。适应性强，栽培管理较容易，笋期4～5月。

（3）观赏特性与园林应用　株型优美，竿紫黑色，极具观赏价值。宜植于庭园山石之间或书斋、厅堂四周、园路两旁、池旁水边，也可盆栽观赏。

6. 黄槽竹

（1）分布与生境

1）原产北京、浙江等地。黄河流域至长江流域常见栽培。

2）适应性强，耐严寒，耐轻度盐碱。

（2）生长发育规律　分株或埋鞭繁殖。适应性强，繁殖力强，栽培管理容易。

（3）观赏特性与园林应用　竿皮绿色，纵槽黄色，株形优美，北方常作庭园绿化用。可植于建筑物前后、山坡、草坪一角，也可在居民小区、风景区种植。

7. 桂竹

（1）分布与生境

1）原产我国，北自河北、南达两广北部，西至四川、东至沿海各地的广大地区均有分布或栽培。

2）喜温暖湿润气候，耐寒性强，可耐 -18℃低温。喜深厚肥沃、排水良好的砂质壤土。

（2）生长发育规律　分株或埋鞭繁殖。出笋较晚，笋期5月下旬至6月。适应性广，栽植管理容易。

（3）观赏特性与园林应用　竿高叶翠，四季常青，最宜在风景区大面积种植，也可在湖边、房前屋后和荒山空地上种植，既改善、美化环境，又具有很高的经济价值。

8. 金竹

（1）分布与生境

1）原产我国黄河至长江流域及福建等地，西南地区亦广为栽培。

2）喜温凉气候，耐寒，喜光，对土壤要求不严。

（2）生长发育规律　分株或埋鞭繁殖。适应性广，管理容易。

（3）观赏特性与园林应用　竿及枝呈黄绿至金黄色，是优良的观赏竹，可植于庭园或山坡供观赏。

9. 苦竹

（1）分布与生境

1）原产我国长江流域及西南各地，华东地区常见栽培。

2）喜温暖湿润气候，耐寒，喜肥沃、湿润的砂质土壤。

（2）生长发育规律　分株或埋鞭繁殖。适应性强，栽植管理容易。笋期6月，幼竹高生长阶段，初期生长缓慢。

（3）观赏特性与园林应用　植株呈小乔木或灌木状，竿密叶绿，四季常青，常植于庭院供观赏。

课题2 合轴丛生

1. 孝顺竹

（1）分布与生境

1）原产中国、东南亚及日本。长江流域及其以南地区常见栽培。

2）喜温暖湿润气候及排水良好、湿润的土壤，是丛生竹类中分布最广、适应性最强的竹种之一。

（2）生长发育规律　分株、埋竿或枝条扦插繁殖。适应性强，栽植管理容易。

（3）观赏特性与园林应用　枝叶清秀，姿态潇洒，为优良的观赏竹类。多栽培于庭院供观赏，或种植于宅旁作绿篱用，也常丛植于湖边、河岸或列植于道路两侧。

2. 佛肚竹

（1）分布与生境

1）原产于广东，现我国南方各地以及亚洲的马来西亚和美洲均有引种栽培。

2）喜光，喜温暖湿润气候，抗寒力较低，能耐轻霜及极端0℃左右低温，但遇长期4~6℃低温，植株受寒害。

3）喜深厚、肥沃、湿润的酸性土，耐水湿。

（2）生长发育规律　分株或移蔸繁殖。氮肥不宜施用过多，以免每节生长过长，不形成佛肚状，降低观赏价值。

（3）观赏特性与园林应用　竿短畸形，状如佛肚，姿态秀丽，四季翠绿。常用于装饰小型庭园，适于庭院、公园、水滨等处种植，与假山、崖石等一同配置，更显优雅，亦可室内盆栽观赏。

3. 粉单竹

（1）分布与生境

1）原产福建、广东、广西、湖南南部和云南东南部等的低海拔地区。

2）喜温暖湿润气候，喜光，喜肥沃湿润的土壤，耐水湿。

（2）生长发育规律　分株或埋竿繁殖。适应性强，栽植管理容易。

（3）观赏特性与园林应用　竿形亭亭玉立，竹丛姿态优美，是一种美丽的观赏竹，适于河岸、湖边及草地中丛植，也可植于山坡、院落或道路、立交桥边。

4. 慈竹

（1）分布与生境

1）原产我国长江流域至华南、西南，北至甘肃和陕西南部，多生于平地和低山丘陵。

2）喜温暖湿润气候，喜肥沃疏松土壤，不耐干旱瘠薄。

（2）生长发育规律　分株繁殖。笋期6~9月或自12月至翌年3月，生长较慢，次年方成竹。

（3）观赏特性与园林应用　竿顶弧形下垂，枝叶茂盛秀丽，适于庭院池旁、窗前、宅后栽植。

课题3 混　生　型

1. 阔叶箬竹

（1）分布与生境

1）产于我国华东、华中及陕西汉江流域，多生于低山、丘陵和向阳坡。

2）喜温暖湿润的气候，稍耐寒，喜光。

3）喜肥厚湿润的土壤，稍耐干旱，在轻度盐碱土中也能正常生长。

（2）生长发育规律　分株繁殖。适应性强，栽植管理容易。

（3）观赏特性与园林应用　植株低矮，叶片宽大，常植于庭院供观赏，或栽作地被植物和绿篱，也可植于河边、路边、石间、台坡等处点缀。

2. 菲白竹

（1）分布与生境

1）原产日本，我国华东地区有栽培。

2）喜温暖湿润气候，较耐寒，忌烈日，宜半阴。

3）喜肥沃、疏松、排水良好的砂质土壤。

（2）生长发育规律　分株繁殖。生长季移植必须带土，否则不易成活。栽后要浇透水并移至阴湿处养护一段时间。

（3）观赏特性与园林应用　植株低矮，叶片秀美，常植于庭园观赏。栽作地被、绿篱或与假石相配很合适，也是盆栽或盆景中配植的好材料。

3. 铺地竹

（1）分布与生境

1）原产日本。适于在北京以南的所有地区推广引种，在北京和山东潍坊生长良好。

2）喜温暖湿润的气候，较耐寒，喜光。

3）对土壤要求不严，但以疏松肥沃土壤生长为好，较耐旱。

（2）生长发育规律　分株繁殖。竹笋出土后全高一次生长定形，个体高生长呈现出“慢—快—慢”的特性。耐修剪。

（3）观赏特性与园林应用　竹竿矮小密集，叶色翠绿秀丽，新叶具黄白条纹，常作地表绿化或盆栽观赏。

4. 鹅毛竹

（1）分布与生境

1）原产我国江苏、安徽、浙江、江西等地。

2）喜温暖湿润的气候，较耐寒，喜光，也较耐阴，喜肥沃湿润的土壤。

（2）生长发育规律　分株繁殖。适应性强，栽植管理容易。

（3）观赏特性与园林应用　竹丛矮小，竹竿纤细，叶形秀丽，可丛植于假山石间、路旁或配植于疏林下作地被点缀，或植为自然式绿篱，也适于盆栽观赏。

【单元评价】

一、本地区常见观赏竹环境因子的量化分析。

编号	名称	环境因子要求						
		温度/℃			光照	水分	土壤	其他
		最低	适宜	最高				
1								
2								
……								

二、收集整理当地观赏竹园林应用实例图片。

以小组形式，制作 PPT 上交。PPT 制作要求：每一种植物的图片应包括场地环境、应用形式、应用目的、景观效果等。

单元七　棕榈类植物的习性与应用

棕榈类植物被称为“热带植物之王”，属于棕榈科，约220属2800种，分布于热带和亚热带，主产热带亚洲和热带美洲。喜温暖湿润气候，不耐寒，大多数植物最适生长温度18~28℃，低于10℃表现生长停滞状态，寒害或冻害温度在8~-7℃之间，喜光，耐半阴，对土壤要求不严，生长慢，抗风力强。我国约22属77种，主产云南、广西、广东、海南和台湾。

棕榈科是单子叶植物中最重要的木本植物科，具有重要的经济价值和园林观赏价值。如椰子、伊拉克海枣的果实可吃，油棕种仁可榨油，蒲葵的叶可为扇，棕榈叶鞘的纤维（即棕衣）和椰子的果壳的纤维可编绳或编蓑衣或制床垫，槟榔子入药或为染料，有些种类的木材很硬，可为建筑材料。

棕榈科许多种类树形优美、四季常青、景观独特，既可孤植、丛植作庭园绿化，又可对植、列植作景观树和行道树，还可盆栽观赏，是热带、南亚热带各地城镇和海滨绿化观赏的主要园林树种。

1. 棕榈

（1）分布与生境

1）原产中国，分布于长江以南各省区。日本、印度和缅甸也有分布。

2）喜温暖湿润气候，喜光，稍耐阴，耐寒性较强。

3）喜排水良好、湿润肥沃的中性、石灰性或微酸性土壤，耐轻盐碱，也耐一定的干旱与水湿。

4）抗烟尘和二氧化硫、氯气等有毒气体，不抗风。

（2）生长发育规律　播种繁殖。一年中早春3月萌动返青，夏秋为生长高峰期。浅根系，须根发达，生长缓慢，8~10年生幼树干茎基本稳定，生长开始加快，8~20年后逐渐生长缓慢衰退。在长江以北虽可栽培，但冬季茎干须裹草防寒。

（3）观赏特性与园林应用

1）株形挺拔秀丽，翠影婆娑，颇具南国风光特色，通常列植、对植于路边、入口处和庭前，孤植、丛植或片栽于草地边角、窗前或林缘。

2）也常用盆栽或桶栽作室内或建筑前装饰及布置会场。

2. 蒲葵

（1）分布与生境

1）原产我国华南和日本琉球群岛，我国长江流域以南各地常见栽培。

2）喜温暖多湿的气候，不耐寒，喜光，也耐阴。

3）喜肥沃、湿润、有机质丰富的黏壤土，能耐短期水涝和盐碱。

4）抗风力强，抗SO_2、Cl_2等有毒气体。

（2）生长发育规律　播种繁殖。秋冬播种，约3年，可出掌叶六七片，再移植。在夏天生长快，冬

天生长则较慢。

（3）观赏特性与园林应用　四季常青，树冠伞形，叶大如扇，姿态优美。常列植于道路两旁、建筑物周围和河流沿岸，作行道树、庭荫树，也可丛植、孤植于草地、山坡，作园景树。嫩叶可制作葵扇，是园林结合生产的理想树种。

3. 假槟榔

（1）分布与生境

1）原产澳大利亚昆士兰州。现只有在我国华南沿海地区才能露地栽培，其他地区只能盆栽观赏。

2）喜高温多湿气候，不耐寒，喜光，但不耐暴晒。

3）喜土层深厚肥沃的微酸性土，不耐旱，也怕水涝。

（2）生长发育规律　播种繁殖。种子自播繁衍能力强，在沟谷雨林中常成为稳定的下层树种。耐粗放型管理，一般5年生大苗方宜出圃，12～15年生开始结实。

（3）观赏特性与园林应用

1）树干端直，树姿优美，叶形雅致，为优良的庭园树和行道树，特别适于建筑前、道路两侧列植，也可片植成林，或在草坪上散植、丛植，在庭院、广场孤植。

2）幼株可大盆栽植，供展厅、会议室、主会场等处陈列。

4. 王棕

（1）分布与生境

1）原产古巴，现广植于世界各热带地区。我国广东、海南、广西和台湾等地有引种栽培。

2）喜温暖湿润的气候，不耐寒，幼龄期稍耐阴，成龄树喜光。

3）喜土层疏松、深厚肥沃的酸性土，不耐瘠薄，较耐干旱和水湿。

4）抗风力强。

（2）生长发育规律　播种繁殖。春、夏播种，翌年春季或夏季分苗移栽。根系粗大发达，耐粗放型管理。

（3）观赏特性与园林应用　树干挺拔，树姿优美，常列植为行道树，也可孤植、丛植或片植于庭院或广场，具有独特的热带风光效果。

5. 鱼尾葵

（1）分布与生境

1）原产中国。分布于中国福建、广东、海南、广西、云南等省区，亚热带地区有分布。

2）喜温暖湿润的气候，较耐寒，能耐受短期－4℃低温霜冻，耐阴，茎干忌暴晒。

3）喜肥沃、湿润、排水良好的酸性土壤，不耐干旱。

（2）生长发育规律　播种繁殖。实生苗生长缓慢，一般2～3年才可移栽。根系发达但根系较浅，根为肉质。

（3）观赏特性与园林应用　茎干挺直，叶片奇特，花色鲜黄，果实如圆珠成串，富有热带风光情调，是优良的庭园观赏植物与街道绿化树种，可片植成林，或在草坪上散植、丛植，在庭院、广场上孤植，也作盆栽观赏。

6. 长叶刺葵

（1）分布与生境

1）原产非洲西部加那利群岛，现已广泛种植于世界各地，特别是地中海气候地区和亚热带地区。

2）喜高温多湿的热带气候，较耐寒，喜光。

3）喜轻质、排水良好的砂质土壤，耐盐碱，忌积水。

（2）生长发育规律　播种繁殖。幼株生长较缓慢，宜用袋栽培育，可适当遮阴，大苗生长较快，要有充足阳光。成株移栽需带完整土球，并适量剪取基部叶片，减少水分蒸发。

（3）观赏特性与园林应用　单干粗壮，树形美观，富有热带风情。在华南栽作行道树、园景树或在滨海城市沿岸地段配植；黄淮地区盆栽观赏，温室越冬。

7. 国王椰子

（1）分布与生境

1）原产马达加斯加南部。引入我国后表现良好，在华南各地广泛种植。

2）喜温暖湿润的气候，喜光，耐半阴，较不耐寒，生长适温22～30℃。

3）喜肥沃湿润的土壤。

（2）生长发育规律　播种繁殖。生长速度较快，播种后1～3个月即可发芽，翌年春季或夏季分苗移栽。养护较为容易，管理粗放。

（3）观赏特性与园林应用　单干通直，基部膨大，裂片扭曲，飘逸轻盈，可作庭园配植和行道树，也作盆栽观赏。

8. 散尾葵

（1）分布与生境

1）原产非洲马达加斯加，我国华南地区、长江流域及北方都有应用。

2）喜温暖湿润气候，极耐阴，喜高温，不耐寒，最低温度5℃。

3）喜疏松肥沃且排水良好的壤土。

（2）生长发育规律　播种或分株繁殖。分株繁殖时，每丛须有2～3株，保留好根系，避免强光长时间照射。

（3）观赏特性与园林应用

1）热带园林景观中最受欢迎的棕榈植物之一，其枝叶茂密，茎干如竹，四季常青，姿态优美，富有热带风情。

2）华南常用于庭院丛植观赏，长江流域及北方城市常盆栽观赏，其切叶是插花的好材料。

9. 袖珍椰子

（1）分布与生境

1）原产墨西哥、危地马拉，现世界各地广泛栽培。

2）喜温暖、潮湿气候，不耐寒（最低温度10℃），耐阴性较强。

3）喜肥沃且排水良好的砂壤土。

（2）生长发育规律　播种或分株繁殖。夏季多浇水，避免阳光直射，冬季休眠期控制浇水量。

（3）观赏特性与园林应用　形态小巧玲珑，美观别致，适宜盆栽观赏，可置于案头、桌面，供厅堂、会议室、候机室等处陈列，为美化室内的重要观叶植物，在暖地也可配植于庭院。

10. 棕竹

（1）分布与生境

1）产于中国东南部及西南部，广东较多，日本也有分布。野生于林下、林缘、溪边等阴湿处。

2）喜温暖湿润的环境，耐阴，不耐寒。

3）喜湿润而排水良好的微酸性土壤，不耐积水。

（2）生长发育规律　播种、分株繁殖。生长缓慢。早春将原株丛分成数丛后置于遮阴处栽植，有利于植株生长恢复。

（3）观赏特性与园林应用

1）棕竹秀丽青翠，叶形优美，株丛饱满，富含热带风光。

2）华南地区常植于建筑的庭院、山石旁及小天井中，也可盆栽供室内布置。

11. 酒瓶椰子

（1）分布与生境

1）原产毛里求斯的罗得岛，我国华南有引种栽培。

2）喜高温多雨气候，怕霜冻，极限耐寒3℃左右，冬季需在10℃以上越冬，喜中性土壤，耐盐碱。

（2）生长发育规律　播种繁殖。生长慢，怕移栽。移栽后需遮阴保湿直到新根生长后才能转入全日照正常管理。

（3）观赏特性与园林应用　树干奇特，形似酒瓶，宜在暖地植于庭院作园景树，或盆栽观赏。

12. 老人葵

（1）分布与生境

1）原产美国及墨西哥，我国华南有少量引种。

2）喜温暖湿润气候，喜光也耐阴。

3）喜湿润肥沃的黏性土壤，稍耐水湿和咸潮，抗风抗旱力强。

（2）生长发育规律　播种繁殖。适应性强，生长快。幼苗移植宜在春季雨后或雨季进行。移后需适当遮阴，小树适当修剪枯叶、老叶，大树一般不修剪。

（3）观赏特性与园林应用　四季常青，叶大如扇，树冠优美，裂片间一缕缕白色纤维丝，犹如老翁白须。常列植于大型建筑物前、池塘边，道路两旁作行道树，或孤植于庭院作风景树。

【单元评价】

一、本地区常见棕榈植物环境因子的量化分析。

编号	名称	环境因子要求						
		温度/℃			光照	水分	土壤	其他
		最低	适宜	最高				
1								
2								
……								

二、收集整理当地棕榈植物的园林应用实例图片。

以小组形式，制作PPT上交。PPT制作要求：每一种植物的图片应包括场地环境、应用形式、应用目的、景观效果等。

单元八　草坪与地被植物的习性与应用

草坪与地被植物主要包括草坪草、地被植物、观赏草三大类。其中草坪草根据温度要求不同，分为冷季型草坪草、暖季型草坪草两类，地被植物介绍的是草本地被植物，观赏草为园林中常见应用种类。

课题 1　草坪草的习性与应用

草坪草的园林应用主要通过建植草坪来体现，其目的是保护环境、美化环境，以及为人类休闲、游乐和体育活动提供优美舒适的场地。

一、冷季型草坪草

1. 草地早熟禾

（1）分布与生境

1）原产于欧洲、亚洲北部、非洲北部，后引种到北美洲，现遍及全球温带地区。我国华北、西北、东北地区、长江中下游冷湿地带有野生分布。

2）喜冷凉湿润，耐－30℃以下低温，不耐夏季高温干旱，超过 32℃，地面部分叶片发黄，进入休眠。

3）喜全光照环境，耐轻微遮阴，遮阴过强及冷湿环境，易患白粉病及生长不良。

4）喜潮湿、排水良好、肥沃、pH 值为 6～7 中等质地的土壤，不耐酸碱、贫瘠土壤，能忍受潮湿、中等水淹土壤条件及含磷很高的土壤。

（2）生长发育规律　播种繁殖。根茎具有强大生命力，主要分布在 15～25cm 的土层中。华北地区早春 3 月上中旬返青，4～6 月旺盛生长，6 月抽穗开花，7～8 月高温干旱，生长停滞并进入休眠或半休眠状态，9 月种子成熟，9～10 月初进入第二次旺盛生长期，11 月受寒冷限制，生长停止。

（3）观赏特性与园林应用

1）叶片质地细腻，叶色柔和，且具有强大根系及较强的再生能力，常常单独种植并适用于运动场、城市各类绿地、公共场所、高尔夫发球台和球道等对草坪质量要求中等的场地。

2）与其他冷季型草坪草混播，如高羊茅、多年生黑麦草等，应用于运动场及城市绿地，提高对环境的适应性。

2. 高羊茅

（1）分布与生境

1）原产于欧洲。在我国主要分布于华北、华中、中南和西南地区。

2）喜寒冷潮湿、温暖的气候，抗低温性差，耐热性较强。

3）对土壤的适应范围很广，对肥料反应明显。

4）耐阴性中等，耐干旱、耐践踏、耐盐碱及耐水湿能力较强，可忍受较长时间的水淹。

（2）生长发育规律　播种繁殖。适于春季播种建坪，生长速度较快，完全成坪需要2个月时间。再生性较差，修剪高度宜稍高，不适宜低修剪草坪。华北地区春季3月中旬返青，4~6月为旺盛生长期，夏季生长稍停滞，秋季进入第二次旺盛生长期，10月下旬生长逐渐停止。

（3）观赏特性与园林应用

1）叶片宽大粗糙，具有适应能力强、耐干旱、耐践踏等特点，一般单独种植或与草地早熟禾、狗牙根等混播，用于运动场、城市绿地、机场、高尔夫障碍区等中、低质量的草坪。

2）耐贫瘠、根系深、建坪较快，适用于斜坡防护、牧草等。

3. 匍匐剪股颖

（1）分布与生境

1）原产于欧亚大陆，在我国分布于东北、华北、西北及江西、浙江等地区，多见于湿草地或疏林下。

2）喜冷凉湿润，耐寒能力最强的冷季型草坪之一，较耐高温。

3）耐瘠薄、耐践踏、耐荫能力中等较强，耐低修剪、剪后再生力强，耐水淹能力强。

4）对土壤要求不严，在微酸至微碱性土壤上均能生长，最适pH值在5.6~7.0之间，耐盐碱性强。

（2）生长发育规律　播种繁殖。春季返青较慢，春秋为生长旺盛期，夏季高温能适当抑制生长，造成茎及根系伤害，秋季天气变冷时，叶片易较早变黄。生长期适宜低矮修剪、高水平的养护管理，避免形成过多的芜枝层，可形成细致、植株密度高、结构良好的毯状草坪。

（3）观赏特性与园林应用

1）人工低矮修剪，可形成细致、平整、观赏价值最高、最美丽的草坪；由于其具有侵占性很强的匍匐茎，不适合与直立生长的冷季型草等混播，常常单一种植，适用于高尔夫球道、果岭、足球场、保龄球场，以及养护管理精细的城市绿地、庭院、花园等高质量的草坪。

2）单独种植作为观赏草坪或用于暖季型草坪草占主导的草坪地冬季覆播。

4. 多年生黑麦草

（1）分布与生境

1）原产于亚洲和北非的温带地区，现广泛分布于世界各地的温带地区。

2）喜温凉湿润，宜夏季凉爽、冬季不太严寒地区生长，生长适温是10~27℃，难耐-15℃的低温，35℃以上易枯萎死亡。

3）不耐阴，不耐旱，能耐湿。

4）对土壤要求比较严格，喜肥不耐瘠，适宜排水良好、湿润肥沃、pH值为6~7的土壤。

（2）生长发育规律　播种繁殖。种子发芽率高、发芽快、成坪快，春、秋都适合直播建坪，以秋播较好。需中等或中等偏低的管理水平，叶片宽大、硬、纤维状，不耐较低修剪。由于自身不能忍受极端冷、热、干旱，年生长量大，属于寿命较短的多年生草。

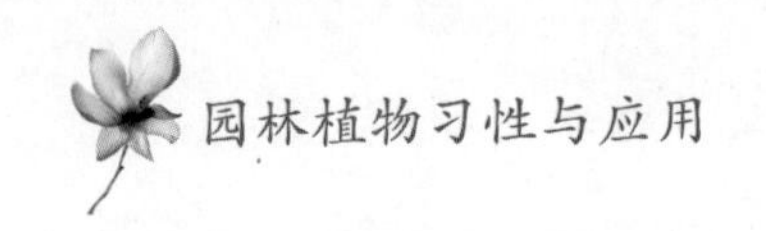

（3）观赏特性与园林应用

1）叶片宽大，质感较粗，发芽快，生长迅速，通常与其他冷季型草坪草混播，用种量不超过总用量的20%~25%。适用于公园、道路两旁绿地、高尔夫高草区等中等或中等以下质量的草坪，或做暖季型草坪冬季覆播材料。

2）单独种植主要用于快速建坪或短期临时植被覆盖。

二、暖季型草坪草

1. 狗牙根

（1）分布与生境

1）最具代表性的暖季型草坪草。原产非洲，我国黄河流域以南各地均有野生种，新疆伊犁、喀什、和田亦有分布，广泛分布于欧洲、亚洲的热带及亚热带地区。

2）喜温热气候和潮湿土壤，不耐寒，易遭受霜害；喜光不耐阴、耐干旱、耐热（可耐受43℃高温），在日平均24℃以上时，生长最好，当日均温下降至6~9℃、土温低于10℃时生长缓慢，叶片开始变黄；当日均温为2~3℃时，地上茎叶死亡，以根状茎和匍匐茎越冬，

3）喜pH值为6.0~7.0、排水良好、肥沃的土壤，在黏土上的生长状况比在轻砂壤土上要好，耐轻盐碱，较耐水淹。

（2）生长发育规律　主要通过短枝、草皮来建坪。其再生能力强，耐践踏，需要中等或中等较高的养护水平；耐低矮修剪。春季土温回升到10℃，越冬部分休眠芽重新萌发生长；气温20~35℃为旺盛生长期，当温度低于16℃时停止生长，当土壤温度低于10℃叶片开始褪色并逐渐休眠。华东地区的绿色期一般为250天左右。

（3）观赏特性与园林应用　根茎和匍匐茎发达，耐低矮修剪，耐践踏，能形成致密、整齐的优良草坪，通常单独种植，广泛用于公园、城市公共绿地、高尔夫球道及果岭、发球台、各类运动场等中高质量的草坪。

2. 结缕草

（1）分布与生境

1）分布于我国东北、山东、华中与华南的广大地区，多生在山坡、平原和海滨草地。朝鲜、日本也有广泛分布，北美有引种栽培。

2）喜温暖潮湿气候，耐热性强，耐寒性强，气温低于10~12.8℃之间时叶片开始褪色，整个冬季保持休眠。

3）喜光，也较耐阴；耐旱、耐盐碱、抗病虫害能力强；耐瘠薄、耐践踏能力强，耐一定的水湿。

（2）生长发育规律　主要通过短枝、草皮建坪。其再生能力强，耐践踏，需要中等或中等较高的养护水平；耐低矮修剪。春季土温回升到10~12.8℃之间，越冬部分休眠芽重新萌发生长，气温20~35℃为旺盛生长期，当气温低于10~12.8℃，叶片开始褪色并逐渐休眠。华东地区的绿色期一般为250天左右。

（3）观赏特性与园林应用

1）具强大的根茎和匍匐茎，能形成致密、整齐的优质草坪，广泛用于铺建草坪足球场、运动场地、儿童活动场地、城市中各类绿地。

2）具横走根茎，易于繁殖，是良好的固土护坡植物。

【课题评价】

一、本地区常见草坪草环境因子的量化分析。

编号	名称	环境因子要求						
		温度/℃			光照	水分	土壤	其他
		最低	适宜	最高				
1								
2								
……								

二、收集整理当地草坪草园林应用形式的实例图片。

以小组形式，制作 PPT 上交。PPT 制作要求：每一种草坪草的图片应包括场地环境、应用形式、应用目的、景观效果等。

课题 2 草本地被植物的习性与应用

草本地被植物通常具有广泛的适应性、抗逆性；繁殖容易，扩展能力强，生长快，施工简易；绿色期长，全年覆盖效果好，为全生育期在露地的多年生或自生能力强的一年生植物，有很强的自然更新能力。它们通常有艳丽的花朵、色彩丰富的叶片、观赏周期长，可根据不同的气候特点和环境条件，因地制宜，单一或多种组合，与其他乔灌木构建生态稳定的植物群落，营造多层次、多季相、多色彩的景观效果。

1. 白三叶

（1）分布与生境

1）原产于欧洲和小亚细亚，目前在世界温带、亚热带地区广为种植。我国东北、华北、华东、西北、西南等都有分布。

2）喜温暖湿润的气候，耐热，耐寒。

3）喜光照充足，耐半阴。

4）适生于排水良好的中性或微酸性土壤，不耐旱，不耐盐碱。

（2）生长发育规律　通常种子繁殖。种子在 1 ~ 5℃时开始萌发，最适气温为 19 ~ 24℃。幼苗期根瘤菌尚未生成，生长缓慢，易受杂草危害，后期匍匐茎可生长不定根，生长加快。再生能力强，较耐修剪，夏季开花末期，花瓣干枯，可在花后进行修剪。华北地区绿色期可长达 240 多天。

（3）观赏特性与园林应用

1）绿色期长，密实平整，可作为观赏草坪或作为水土保持植被，也可用于草坪混合播种，固氮养草（见图 8-1）。

2）可布置花境，点缀岩石园或林下地被成片栽植。

2. 铜锤草

（1）分布与生境

1）原产于南美巴西，现在我国华北和长江中下游地区常见栽培。

2）喜温暖湿润气候，耐寒，忌炎夏高温干旱和烈日直射，常呈半休眠状态越夏。

3）喜阳，稍耐阴。

4）喜湿润、富含腐殖质、排水良好的砂质壤土，较耐旱，忌积水。

（2）生长发育规律　春季分株繁殖。华北地区4月上旬萌动返青，5月份盛长，新老球茎萌芽繁盛，地上部花叶并茂，6月下旬花朵渐萎，7月下旬生长缓慢，基本上处于休眠状态。花后的种子多不能自然结实，8月中下旬渐恢复生长，9月下旬二次开花。冬季浓霜过后地上部分叶片枯萎，以根茎在土壤中越冬。

（3）观赏特性与园林应用

1）植株低矮、整齐，花多叶繁，花期长，花色艳，覆盖地面迅速，又能抑制杂草生长，适合在疏林地及林缘大片种植，或组合花境，或花坛组字或模纹图案（见图8-2）。

图8-1　白三叶

图8-2　铜锤草

2）盆栽布置广场、室内阳台，庭院绿化镶边等。

3. 蛇莓

（1）分布与生境

1）原产于我国辽宁以南，至云南、四川等地，多生于山坡、河岸、草地、潮湿的地方。

2）喜阴湿环境，耐寒，不耐旱，喜湿润、肥沃疏松土壤。

（2）生长发育规律　播种繁殖，能自播繁衍；或走茎自生繁衍能力强，匍匐茎节着土可萌生新根，形成新植株。华北地区3月上旬萌动，生长快，覆盖地表快，花期4~6月，果期7~10月，12月上旬地上部枯萎。

（3）观赏特性与园林应用

1）植株低矮，枝叶茂密，春季返青早，耐阴，绿色期长，春季赏花、夏季观果，优良的林荫下地被植物（见图8-3）。

2）不耐践踏，适宜封闭的绿地内，也可盆栽观赏。

4. 小冠花

（1）分布与生境

1）原产于欧洲南部及东地中海地区，亚洲西部、非洲北部、美国、加拿大有栽培。我国于20世纪70年代引种栽培。

2）喜温暖湿润气候，能耐-30℃低温，不耐热。

3）喜光，稍耐阴。

4）对土壤要求不严，耐贫瘠，耐湿性差，忌水涝。

（2）生长发育规律　播种繁殖。苗期生长缓慢，成株后根系发达，根上不定芽再生力强，保持根系水平蔓延，地上分枝强，华北地区在3月中旬萌动，生长蔓延较快，6~8月开花，9~10月种子成熟，

11月地上部逐渐枯萎，以根系在土中越冬。武汉及以南地区冬季绿期长，地上部接近常绿。

(3) 观赏特性与园林应用

1) 生长蔓延快，覆盖度强，抗逆性也强，花期长，适用于公路、铁路两侧护坡、河堤固岸、水库大坝的护理和侵蚀坡地的保水保土，园林中成片栽植，或林缘种植，是较好的观花地被植物（见图8-4）。

2) 小冠花有毒素，能引起单胃动物中毒，应注意应用场所。

图8-3　蛇莓

图8-4　小冠花

5. 石蒜

(1) 分布与生境

1) 原产于我国长江流域及西南各省，日本也有分布。

2) 喜半阴，也耐暴晒，喜湿润，也耐干旱，喜冷凉或温暖，稍耐寒，高温不开花，各类土壤均能生长，以疏松、肥沃的腐殖质土最好。

(2) 生长发育规律　5月下旬至6月上旬叶片枯黄将休眠时，挖取鳞茎分球繁殖。夏末先抽出花莛开花，花末期或花谢后才出叶，即花期8月下旬至9月中旬，10月中旬叶片开始生长，在11月中旬叶片出土，冬季叶丛青翠，次年3月份叶片盛长，分生新的鳞茎，5月中旬左右开始进入休眠。华北地区需保护越冬。

(3) 观赏特性与园林应用

1) 又称彼岸花，其传说多出自佛教，俗称“黄泉路上的花”，花语是优美纯洁。

2) 优良的宿根草本地被植物，园林中常用作背阴处绿化，或作花坛或花境材料，亦是美丽的切花（见图8-5）。

6. 紫花地丁

(1) 分布与生境

1) 原产于我国东北、华北、西北、华东、华中、华南等地区。朝鲜、日本、俄罗斯也有分布。

2) 喜凉爽气候，耐寒，忌炎热及雨涝。

3) 喜阳又耐阴，耐旱又耐湿，耐瘠薄土壤，自生繁衍能力强。

(2) 生长发育规律　播种繁殖，华北地区可自播繁衍，3月上旬萌动，花期3月下旬至5月上中旬，果期4月下旬至5月中旬，夏季高温多雨，生长缓慢，9月下旬个别植株会二次开花，11月底至12月上旬地上部枯萎。

(3) 观赏特性与园林应用

1) 植株低矮，生长整齐，株丛紧密，花期早且集中，适合用于早春花坛、花境、模纹花坛的构图、岩石园等（见图8-6）。

2）自播能力强，在半阴条件下表现较强竞争性，可大面积群植，做林荫下地被，在阳光下可与低矮草本植物共生，或小型盆栽用于室内布置，或做成盆景。

图 8-5　石蒜

图 8-6　紫花地丁

7. 金叶过路黄

（1）分布与生境

1）原产于欧洲、美国东部等地，我国自荷兰引种，现华北、东北等地较多栽培。

2）喜光，耐半阴，耐旱，较耐寒，对土壤适应性较强。

（2）生长发育规律　扦插繁殖。枝条蔓性，匍匐生长，夏季 6 ~ 7 月开花，冬季叶片常绿略带暗红色，沈阳露地栽培需保护。

（3）观赏特性与园林应用　色叶地被植物，作为色块，与宿根花卉、小灌木等搭配，或镶嵌岩石缝隙及岩石园中，也可盆栽观赏（见图 8-7）。

8. 金叶马蹄金

（1）分布与生境

1）原产于我国长江流域，其中以浙江、江西、湖南分布广泛。

2）适应性强，既抗寒又耐湿热，在北京地区可以露地越冬，适宜生长温度 15 ~ 30℃，宜于疏松砂壤土中生长。

（2）生长发育规律　播种或分植匍匐茎繁殖。生长迅速，在肥水充足条件下，40 天能覆盖地面。

（3）观赏特性与园林应用　叶形、叶色美丽，可用作向阳地被，或作林下地被，同时也是河堤及公路旁护坡的理想植物材料（见图 8-8）。

图 8-7　金叶过路黄

图 8-8　马蹄金

9. 丛生福禄考

(1) 分布与生境

1) 原产于北美，日本引种成功，在我国华北和长江中下游等地区较多栽培。

2) 喜光，喜冷凉气候，极耐寒，－32℃可越冬，－12℃叶片仍呈绿色，耐42℃的高温，但高温多雨生长不良。

3) 耐旱，耐贫瘠，不耐涝，喜肥沃、深厚、湿润、排水良好土壤。

(2) 生长发育规律　扦插和分株繁殖。花期4～5月，5～6月分生新短枝及萌发分蘖芽，8～9月有时也有零星花开，开花之后，要剪去开过花的枝蔓和不整齐的枝蔓，如果植株过密，可在花后或夏季适度修整。冬季地上部叶片常绿或变褐绿色。

(3) 观赏特性与园林应用

1) 植株低矮，丛生密集，叶片常绿，开花时如粉红色的地毯，被誉为“开花的草坪”“彩色地毯”。在日本被称作“铺地之樱”，与樱齐名，多种植于裸露空地上，做模纹、组字或同草坪间植，彩色对比鲜明强烈，效果极佳，群植观赏效果极佳，是优良的地被植物（见图8-9）。

2) 适合庭院配植花坛、花境镶边、点缀绿地、与球根花卉或不同花期的草花混种，或在岩石园中，镶嵌于岩石空隙间，或种植在边坡地段，美化和固土，也可吊盆栽植。

10. 连钱草

(1) 分布与生境

1) 原产于我国，分布于青海、新疆、甘肃之外的全国各地。生于林缘、林下。

2) 耐寒又耐热，喜光又耐阴，耐旱又耐湿，耐瘠薄土壤。

(2) 生长发育规律　播种繁殖。华北地区3月上旬萌动，花期3月下旬至5月，果期4月下旬至5月下旬，9月下旬个别植株会二次开花，地上部半常绿。长江以南地区冬季地上部常绿。

(3) 观赏特性与园林应用　适应能力强，耐阴性强，适用于林荫下、河岸溪边的地被植物，也可用作岩石园和花境材料（见图8-10）。

图8-9　丛生福禄考

图8-10　连钱草

11. 山麦冬

(1) 分布与生境

1) 我国除黑龙江、吉林、辽宁、内蒙古、青海、新疆、西藏各省区外，其他地区广泛分布和栽培，也分布于日本、越南。生于海拔50～1400m的山坡、山谷林下、路旁或湿地。

2）喜阴湿，忌阳光直射，对土壤要求不严，以湿润肥沃为宜。

（2）生长发育规律　分株繁殖，全年均可进行，但以春秋季为佳。或用种子繁殖，但生长较慢，幼苗整齐度差。在长江流域终年常绿，北方地区可露地越冬，但叶枯萎，次年重发新叶。

（3）观赏特性与园林应用　四季常绿，蔓延生长快，适宜在城市绿化中作耐阴地被植物；也可用于点缀山石，或作树池、花境的镶边材料（见图8-11）。

图8-11　山麦冬

12. 沿阶草

（1）分布与生境

1）分布于我国的华东地区多地，生于海拔600～3400m的山坡、山谷潮湿处、沟边、灌木丛下或林下。

2）耐阴，既能在强阳光照射下生长，又能忍受阴湿环境。

3）耐寒，能耐受－20℃的低温而安全越冬。

4）耐湿，在雨水中浸泡7天仍无涝害症状。

5）耐热，可耐受最高气温46℃。

6）耐旱，空气过于干燥，叶片常常会出现干尖现象。

（2）生长发育规律　播种或分株繁殖。适应能力强，根系发达，长势强健，冬季常绿。

（3）观赏特性与园林应用　植株低矮，覆盖效果好，可成片栽于风景区的阴湿空地和水边湖畔做地被植物。其叶色终年常绿，花莛直挺，花色淡雅，可作盆栽观叶植物。

13. 葱兰

（1）分布与生境

1）原产于南美，分布于温暖地区，在我国华中、华东、华南、西南等地均有引种栽培。

2）喜温暖而温润的环境，较耐寒，在长江流域可保持常绿，0℃以下亦可存活较长时间，在－10℃左右的条件下，短时不会受冻，但时间较长则可能冻死。

3）喜阳光充足，也耐半阴，适宜富含腐殖质和排水良好的砂质壤土。

（2）生长发育规律　易自然分球，分株繁殖容易。分株初期根系恢复慢，生长期应保持充分浇水，保持植株旺盛生长，长江流域冬季注意适当防寒。

（3）观赏特性与园林应用

1）花语：初恋、纯洁的爱。

2）株丛低矮、终年常绿、花朵繁多、花期长，繁茂的白色花朵高出叶端，在丛丛绿叶的烘托下，异常美丽，花期给人以清凉舒适的感觉。适合片植于林下、林缘或半阴处作地被植物，也可作花坛、花境的镶边材料，丛植用于缀花草坪，也可室内盆栽观赏（见图8-12）。

14. 八宝景天

（1）分布与生境

1）原产于我国东北地区，各地广为栽培。朝鲜有分布。

2）喜强光、干燥、通风良好的环境，耐轻度遮阴，耐－20℃的低温。

3）耐旱，较耐贫瘠，有一定的耐盐碱能力，不择土壤，忌雨涝积水，要求排水良好。

（2）生长发育规律　扦插或分株繁殖。生长季节可结合扦插，修剪1～2次，使株丛变矮而紧实，

延迟花期，霜后剪除地上部分。

（3）观赏特性与园林应用

1）适应能力强，株形紧凑，花期长，适合布置花坛、花境，点缀岩石园，或庭院容器栽培（见图8-13）。

2）片植于林缘、护坡做地被植物。

图8-12　葱兰

图8-13　八宝景天

15. 石竹

（1）分布与生境

1）原产于我国东北、华北、长江流域及东南亚地区，分布很广。

2）喜阳光充足、通风及凉爽湿润气候，生长适宜温度15～20℃，耐寒，不耐酷暑。

3）耐干旱，忌水涝，好肥，要求肥沃、疏松、排水良好及含石灰质的壤土或砂质壤土。

（2）生长发育规律　播种、扦插和分株繁殖。一般9月播种，播后约5～10天即可出苗，当长出4～5片真叶时即可移栽，翌年春季可开花观赏。春秋季生长旺盛，要求光照充足，夏季高温多生长不良，北方地区冬季地上部枯死。

（3）观赏特性与园林应用

1）花语：纯洁的爱、才能、大胆、女性美。

2）株型低矮，茎秆似竹，叶丛青翠，花期长，常大面积片植作景观地被材料，或用于花坛、花境、花台及盆栽，也可用于岩石园和草坪边缘点缀（见图8-14）。

3）可吸收二氧化硫和氯气等有毒气体，可用于工矿区绿化。

图8-14　石竹

16. 二月兰

（1）分布与生境

1）分布于我国东北、华北地区，遍及北方各省市。

2）耐寒性强，少有病虫害，在肥沃、湿润、阳光充足的环境下生长健壮，在阴湿环境中也表现出良好的性状。

3）耐干旱，对土壤要求不高，可适应中性或弱碱性土壤。

（2）生长发育规律　具有较强的自繁能力，一次播种年年能自成群落。每年5～6月种子成熟后，自行落入土中，9月长出绿苗，南方地区小苗越冬，冬季保持绿叶，早春开花，夏天结籽，年年延续；北京地区为一年生，一般3月下旬至5月开花，部分花期可延长至夏季，一个居群的花区可延续两个多月，冬季植株枯死，次年春季越冬种子萌发再生。

（3）观赏特性与园林应用

1）花语是谦逊质朴、无私奉献。

2）自播繁衍能力强，生命力顽强，是林荫处、荒坡、粗放管理区的优良地被植物，也是花境、缀花草地、岩石园的点缀材料（见图8-15）。

17. 虎耳草

（1）分布与生境

1）原产于我国秦岭以南、日本和朝鲜半岛，多见于茂密多湿的林下和阴凉潮湿的坎壁上。

2）喜阴凉潮湿环境，较耐寒，冬季气温5℃叶片不会受害，可保持常绿，较耐阴，夏季忌强光直射，土壤要求肥沃、湿润、排水良好。

（2）生长发育规律　分株繁殖。最适生长温度为15～25℃，即春秋凉爽季节为虎耳草旺长季，夏季环境温度过高，植株易休眠，可适当降温增湿，虎耳草开花后有一休眠期，应注意少浇水，冬季温度在5℃以上可安全越冬。

（3）观赏特性与园林应用

1）花语是持续，受到这种花祝福而生的人耐性超强，能够持之以恒慢慢累积成伟大的成就。

2）植株小巧，叶形美，茎长而匍匐下垂，茎尖着生小株，适宜岩石园、墙垣及野趣园中种植，或大面积片植于林下，作地被使用（见图8-16）。

图8-15　二月兰

图8-16　虎耳草

18. 华东蹄盖蕨

（1）分布与生境

1）分布于我国东北、华北、西北、华中、华东及西南，朝鲜、日本也有分布，生于低山丘陵区林下或林缘湿地。

2）喜潮湿、半阴环境，耐寒。

（2）生长发育规律　分株繁殖，或挖取野生苗。晚春萌动返青，夏季生长高峰期，冬季地上部枯死，以地下根状茎越冬。

（3）观赏特性与园林应用　林下或林缘地被植物，或成丛点缀岩石园及隙地（见图8-17）。

19. 荚果蕨

(1) 分布与生境

1) 原产于我国东北、华北、华中、华东等，生山谷林下或河岸湿地，也广布于日本、朝鲜、俄罗斯、北美洲及欧洲。

2) 喜凉爽、湿润及半阴的环境，也能忍受一定光照，对土壤要求不严，但以疏松肥沃的微酸性土壤为宜。

(2) 生长发育规律　通常春秋两季进行分株繁殖。春季4月上中旬叶簇开始生长，8～9月叶片成熟。其适应性强，耐寒，也较耐干旱，北方可露地栽培，当冬季温度不低于10℃，地上部保持常绿。

(3) 观赏特性与园林应用　株形婀娜多姿，叶片颜色由翠绿变成黑绿，逐渐变成黄棕色，给人以赏心悦目的感觉，尤其正在展开的叶，有着动态的美，是优良的观叶植物，可露天片植做地被植物栽培，或盆栽观赏（见图8-18）。

图8-17　华东蹄盖蕨

图8-18　荚果蕨

20. 木贼

(1) 分布与生境

1) 原产于我国东北、华北、内蒙古和长江流域各省，在北半球温带地区均有分布。多生于山坡林下阴湿处，易生于河岸湿地、溪边，或杂草地。

2) 喜光，也耐阴，喜潮湿，耐寒，冬季不低于0℃地上部可保持常绿。

(2) 生长发育规律　孢子繁殖或分株繁殖。春季地下根状茎横走，分生新植株，夏季生长旺盛，冬季地上枯死，以地下根状茎越冬。

(3) 观赏特性与园林应用　作山坡、土丘、林缘或沟旁半阴处地被植物（见图8-19）。

图8-19　木贼

【课题评价】

一、本地区常见草本地被植物环境因子的量化分析。

编号	名称	环境因子要求						
		温度/℃			光照	水分	土壤	其他
		最低	适宜	最高				
1								
2								
……								

二、收集整理当地草本地被植物园林应用形式的实例图片。

以小组形式，制作 PPT 上交。PPT 制作要求：每一种草本地被植物的图片应包括场地环境、应用形式、应用目的、景观效果等。

课题3 观赏草的习性与应用

观赏草种类繁多，习性要求各有不同，如对温度要求有冷季型、暖季型，对光照要求有喜光、耐阴型，对水分要求有耐旱、喜水湿类型。观赏草的观赏特性主要通过纤细飘逸的叶片、开展舒朗的株形、柔美多姿的花序、时间及空间的变化等体现其自身独特的质感、形态、色彩、动感，产生简朴自然、丰富多彩的景观效果。园林应用中，可单一种植，或孤植于节点处，引人注目，或列植做边界、屏障，或片植作地被覆盖地表，固土护坡；与其他园林植物混合配置，需要考虑形态、结构、色彩上的相互补充、相互衬托；也可单一或混合盆栽观赏、插花装饰。

1. 狼尾草

（1）分布与生境

1）原产中国、日本及东亚地区。常成片分布于开敞田边、路旁等。

2）喜温暖、湿润的气候条件，耐寒性强，当气温达到20℃以上时，生长速度加快。

3）喜光照充足，亦耐半阴，耐旱，耐湿，抗逆性强，抗倒伏，无病虫危害。

（2）生长发育规律　适宜5~6月播种，此期土壤温度稳定在15℃以上，发芽及生长迅速，但植株生长整齐性差，7月初开花，并持续到10月份，种子成熟脱落后可自繁。

（3）观赏特性与园林应用

1）茂密、纤柔的叶片及喷泉状的花序随风摇摆，极具自然野趣，适合做点缀植物、组成花境，也可丛植或成片种植，景观大气自然（见图8-20）。

图8-20　狼尾草

2）盆栽观赏。

2. 远东芨芨草

（1）分布与生境

1）原产中国、日本、朝鲜和俄罗斯等地。常生长在林下、森林边缘或山坡。

2）喜肥沃、湿润土壤；喜光，也耐半阴；耐寒性强。

（2）生长发育规律　播种繁殖。华北地区，从4月上中旬开始返青，7月开花，种子8月上旬至9月成熟，冬季地上枯萎。

（3）观赏特性与园林应用　茎秆高而细，具长芒，色彩亮丽清新，宜密植防倒伏，用于丛植或与其他观赏草和草花配置成花境，或在林下、路边成片种植，景观效果清新自然（见图8-21）。

3. 蓝羊茅

（1）分布与生境

1）分布于北温带地区。

2）耐寒能力强，耐 -35℃，冬季地上叶片不枯死，深蓝绿色；耐热性差，高温、高湿的夏季长势衰弱。

3）喜光照充足、干燥环境，亦耐适度荫蔽。

4）耐旱、耐贫瘠，忌低洼积水，中性或弱酸性疏松土壤长势好；稍耐盐碱。

（2）生长发育规律　分株繁殖，植株生长较缓慢。幼株高15～20cm时，植株低矮、密集、垫状丛生，冠幅与高度相当，蓝色保持较好。随着年限增长，植株外扩，中心部位逐渐死亡，剩下一个蓝色的圆环继续向外扩展，最终各自形成独立的株丛。为避免出现这种现象，通常2～3年挖出植株进行分株，有助于增强植株活力及颜色的保持。

（3）观赏特性与园林应用

1）丛生垫状，柔软、蓝绿的针状叶，冬季常绿，色彩、形状与其他植物形成鲜明对比，适合作花坛、花镜、道路两边镶边，或盆栽、地被成片种植、花境组合等（见图8-22）。

图8-21　远东芨芨草

图8-22　蓝羊茅

2）适宜用于岩石园、干旱环境等，效果独特。

4. 拂子茅

（1）分布与生境

1）分布范围广，欧洲、亚洲、北美等地都有分布，多生于湿润林地、灌木丛及林缘，形成密集的丛生植株，是组成平原草甸和山地河谷草甸的建群种。

2）冷季型，较耐旱，适应性广，对光照要求不严格，不择土壤。

（2）生长发育规律　种子落粒可自繁，有一定的环境风险，幼苗容易拔除，不会造成严重的入侵危害。常采用种子繁殖或分株扩繁。

（3）观赏特性与园林应用

1）植株密集丛生，直立向上，花序紧凑，可孤植或丛植组成花境，也可成片种植作背景，具有强烈的竖向线条感（见图8-23）。

2）秋冬季植株和花序变为黄色，景观独特。

5. 紫御谷

（1）分布与生境

1）人工选育的杂交种，适应性广。

2）耐高温和干旱，生长适温18～28℃，喜湿润。

3）喜光。光照充足条件下，叶片紫红色变深，叶片变窄；遮阴条件下，紫红色变淡，叶片变宽。

4）喜疏松、肥沃、排水良好的土壤。

（2）生长发育规律　一年生草本植物，自身采集种子育苗性状分离，应每年F1代种子育苗。高温、湿润以及排水良好、肥沃土壤上生长迅速。

（3）观赏特性与园林应用　植株粗壮挺拔，叶色雅致，适宜点缀、镶边组成花境，或成片种植，形成鲜艳花带。其粗大花序可作干花装饰及插花材料（见图8-24）。

图8-23　拂子茅

图8-24　紫御谷

6. 细茎针茅

（1）分布与生境

1）原产墨西哥和阿根廷，自然条件下分布在空旷田野、开阔的岩石坡地、干旱草地或疏林内。

2）喜冷凉气候，夏季高温时休眠。

3）喜光，也耐半阴。

4）非常耐旱，在干燥、排水良好土壤中生长茂盛。

（2）生长发育规律　种子育苗，也可分株繁殖。种子播种后，发芽率高，生长较迅速，花期长，从6月至9月，花序可一直保持到冬季。

（3）观赏特性与园林应用

1）观赏草中最纤细、最柔美的种类之一，与硬质材料（如景观石、岩石、园林设施及小品等）相配对比鲜明，能有效软化硬质线条，富有野趣。

2）适宜丛植，与其他植物配植做花境，片植做地被，花坛、花境镶边，以及室内盆栽观赏（见图8-25）。

7. 画眉草

（1）分布与生境

1）广泛分布在热带和亚热带地区荒芜田野草地上。

2）适应性广，喜温暖气候和向阳环境，不择土壤，非常耐干旱，适宜干旱和光照充足的坡地种植。

（2）生长发育规律　种子易自播繁衍。6～10 月开花后，地上颜色变枯黄，通常及时剪除地上部，并将花序收集，避免四处飘散，形成自繁苗。

（3）观赏特性与园林应用

1）茎秆细密丛生，质感细腻柔软，适宜颜色厚重、质感粗糙的硬质景观，或与色彩艳丽的草花配植。

2）适宜孤植，或用于花带、花境配植，片植能形成质朴的田园景观（见图 8-26）。

图 8-25　细茎针茅

图 8-26　画眉草

8. 花叶燕麦草

（1）分布与生境

1）广泛分布于我国东北、华北、西北等地。

2）喜光亦耐阴，喜凉爽湿润气候，在冬季 -10℃时生长良好，也能耐一定的炎热高温。

3）能耐 1～2 个月的干旱，也耐水湿，对土壤要求不严，在贫瘠土壤生长正常，但肥沃、深厚的壤土则更茂盛。

（2）生长发育规律　分株繁殖。1～5 月为正常生长期，5 月份后天气转暖，夜间最低气温达 25℃以上时生长缓慢，直至 8 月上旬，从 8 月上旬立秋后，天气转凉，又逐渐转为正常生长。

（3）观赏特性与园林应用　叶片色彩清洁明快，适宜布置花境、花坛和大型绿地（见图 8-27）。

图 8-27　花叶燕麦草

9. 发草

（1）分布与生境

1）分布于全世界温寒地区，中国主要分布在东北、华北、西北、西南、湖北神农架等地区。生长于海拔 1500～2800m 的河滩地、灌丛中及草甸草原。

2）冷季型，喜冷凉潮湿环境，不耐热，耐瘠薄，高温干旱长势差。

3）喜光，也耐半阴。

（2）生长发育规律　种子生产量少，常用分株繁殖。种植时保持一定的株行距，有利于植株充分生长，形成圆形簇生的株形。夏季高温高湿，老叶片会变黄，应及时清除，到秋季能恢复正常。

（3）观赏特性与园林应用

1）株形紧凑，圆整饱满，适宜做点缀植物和镶边材料，与色彩鲜艳的花卉、宽大的阔叶植物等在色彩、质地上形成对比，组成花境、花坛，或成片种植，开花时大片花序婀娜多姿，柔美可爱（见图8-28）。

2）叶色嫩绿清新，可室内盆栽观赏。

10. 花叶苔草

（1）分布与生境

1）主要分布于东北、西北、华北和西南温暖湿润地区，多生长于山坡、沼泽、林下湿地或湖边。

2）喜温暖、潮湿、肥沃的条件，喜光照充足，也耐半阴。

（2）生长发育规律　种子繁殖成活率极低，只有当水分条件较好时，才能有较多的植株开花结实，通常分根繁殖，成活后蔓生速度较慢。春季萌发早，5月开花，6月结实，夏初至秋季根茎再生性强，二次生长高峰。春秋生长季节对水分条件敏感，应有充足的雨水供给，否则影响地上生长。

（3）观赏特性与园林应用

1）叶片拱垂，叶色鲜亮，适宜林下、树池做地被覆盖，也可列植做镶边植物；或室内盆栽观赏（见图8-29）。

图8-28　发草

图8-29　花叶苔草

2）蔓生速度较慢，园林应用中应注意增加栽植密度。

11. 蒲苇

（1）分布与生境

1）原产于阿根廷和巴西。我国适宜栽植于华北、华中、华南、华东地区。

2）较耐寒，喜温暖湿润、阳光充足气候。

3）对土壤要求不严。

（2）生长发育规律　通常春季分株繁殖，秋季分株则死亡。生长季节易栽培，管理粗放，夏末或初秋开花，花期长，可一直延续到冬季。在温暖气候条件下，种子可自繁，容易入侵周边环境。

（3）观赏特性与园林应用

1）植株高大，花穗长而美丽，是极其理想的单株栽植、独赏植物，适宜中大型庭院或绿地作点缀或背景植物，壮观而雅致，或植于岸边、湖边作滨水景观。

2）用作干花，或花境、花坛等观赏草专类园内使用，具有优良的生态适应性和观赏价值（见图8-30）。

12. 血草

（1）分布与生境

1）原产日本、朝鲜和中国。

2）喜光，耐半阴，耐热。

3）喜湿润而排水良好的土壤，耐旱、耐贫瘠。

（2）生长发育规律　通常分株繁殖，多在春季进行。地下根茎发达，蔓延扩展能力强，成片种植时，应注意隔离，避免造成环境入侵。叶片直立生长，初期基部绿色，顶部红色，后期红色逐渐向下蔓延，一般很少开花。待冬季叶片颜色变淡至枯萎，以地下根茎休眠越冬。

（3）观赏特性与园林应用　彩叶观赏草，颜色鲜艳醒目，适宜做点缀植物，用于花境或花坛中，或成片种植做地被植物，也可盆栽及与其他植物组合栽植（见图8-31）。

图8-30　蒲苇做主景

图8-31　血草

13. 花叶虉草

（1）分布与生境

1）原种虉草在我国主要分布于东北、华北、华中、华东等地，在国外广泛分布在欧洲、亚洲及北美洲等地区。

2）花叶虉草为典型冷季型草，不耐高温；喜光照充足，利于叶色鲜亮。

（2）生长发育规律　通常分株繁殖，可长期保持种类的特点，新植株整齐一致。在我国温带地区返青早，一般于3月中下旬返青，6～8月开花，7月中下旬至8月下旬种子成熟，夏季高温时生长缓慢进入休眠，地上部易枯黄萎蔫，秋后可长出大量嫩绿亮丽叶片，至冬季茎叶绿色期保持较长。

（3）观赏特性与园林应用　叶色鲜亮，适宜配色组成花境，作镶边或点缀，或盆栽观赏（见图8-32）。

图8-32　花叶虉草

14. 柳枝稷

（1）分布与生境

1）原产地北美，从加拿大东部一直到墨西哥南部都有分布，生长在草地、开阔的林地或盐碱湿地。

2）适应性广，耐寒、喜光、耐旱，也较耐湿涝。

（2）生长发育规律　播种或分株繁殖。自然条件下，生命力极其顽强，生长迅速、易于存活，可分为低地型和高地型两种生态型。一年中春季发芽较晚，夏季高温条件下生长迅速，花果期7~10月，生长后期容易倒伏，冬季枯黄不倒。

（3）观赏特性与园林应用

1）茎干丛生直立，叶色多变，适宜孤植、丛植、混合配植组成花境，丰富群落色彩，质感细腻，可片植做背景屏障或分隔空间，也是冬季很好的景观植物（见图8-33）。

2）园林应用中应注意密植，不宜肥水过大，否则植株徒长、株形松散，容易倒伏。

15. 花叶芒

（1）分布与生境

1）分布于欧洲地中海地区的山坡、丘陵低地等开阔地带，适宜在我国华北地区以南种植。

2）喜光，耐半阴，全日照至轻度隐蔽条件下生长良好。

3）暖季型、较耐寒。

4）耐旱，也耐涝，适应性强，不择土壤。

（2）生长发育规律　分蘖能力强，通常分株繁殖，适宜春季进行，花果期8~10月。

（3）观赏特性与园林应用

1）彩叶观赏草，色彩明快亮丽，适宜园林景观中的点缀植物，或片植或盆栽观赏，也可与其他花卉组合搭配种植。

2）园林中常常用于花坛、花境、岩石园，也可做假山、湖边的背景材料。

16. 大油芒

（1）分布与生境

1）原产中国、日本、朝鲜及西伯利亚等温带地区，多生于山坡、林缘或与灌木混生。

2）耐寒性强，北京可露地越冬。

3）喜光，耐轻度遮阴，但会造成植株松散。

4）耐贫瘠、耐旱性强，无病虫害，耐盐碱性差。

（2）生长发育规律　种子或分株繁殖。适宜春季进行，再生性强，生长迅速，返青早，在东北4月初开始发芽，7月抽穗开花，8月中旬至9月种子逐渐成熟。

（3）观赏特性与园林应用　植株高大，花序长而突出，适宜丛植点缀，也可于大场地、开敞环境中成片种植，作背景和屏障（见图8-34）。

图8-33　柳枝稷

图8-34　大油芒

17. 荻

（1）分布与生境

1）广泛分布于温带地区，在中国的东北、西北、华北及华东均有分布，主要集中在沿江河流域、

湖畔滩涂、海滨港湾及内陆的低洼地带，尤其以长江流域及以南地区分布最为广泛。日本、朝鲜、西伯利亚及乌苏里也有分布。

2）适应性广，喜光，喜潮湿的土壤，也耐干旱瘠薄。

（2）生长发育规律　繁殖能力相当强，可用茎、根状茎和种子进行繁殖。地下根茎蔓延扩繁速度快，容易对环境造成入侵风险，一旦失去控制，很难彻底清除，但在重黏土上扩展速度慢。夏季生长旺盛，8～9月开花，花序可持续到冬季。

（3）观赏特性与园林应用

1）地下根茎蔓延能力强，植株高大，花期长，是优良的防沙护坡植物，适于大场景中应用，形成连片的壮观景色（见图8-35）。

2）园林应用中应注意隔离，防止扩展蔓延及侵占性。

图8-35　荻

18. 芦竹

（1）分布与生境

1）原产地中海地区，我国可分布于北京及以南地区。

2）喜温暖潮湿的气候，耐寒性不强。

3）喜光照充足，也耐轻度遮阴。

4）喜水湿，也耐干旱，耐轻度盐碱，对土壤要求不严格。

（2）生长发育规律　通常切割地下茎繁殖，一般春季进行。地下根茎生长速度很快，扩繁能力强，容易产生环境风险，尤其在温暖潮湿地区，应注意隔离。在温暖气候条件下为四季常绿植物，在北京地区，10月底叶片变黄，11月上旬地上部干枯，越冬前可将地上部剪除，以地下根茎越冬，来年春季重新萌发。

（3）观赏特性与园林应用　植株高大挺拔，适宜成片种植作背景，也可单株成丛种植。常用于开阔的滨水或湿地环境，形成壮观的观赏效果。

【课题评价】

一、本地区常见观赏草环境因子的量化分析。

编号	名称	环境因子要求						
		温度/℃			光照	水分	土壤	其他
		最低	适宜	最高				
1								
2								
……								

二、收集整理当地观赏草园林应用形式的实例图片。

以小组形式，制作PPT上交。PPT制作要求：每一种观赏草的图片应包括场地环境、应用形式、应用目的、景观效果等。

参考文献

[1] 刘燕. 园林花卉学 [M]. 北京：中国林业出版社，2003.
[2] 包满珠. 花卉学 [M]. 北京：中国农业出版社，2012.
[3] 傅玉兰. 花卉学 [M]. 北京：中国农业出版社，2001.
[4] 张天麟. 园林树木 1600 种 [M]. 北京：中国建筑工业出版社，2010.
[5] 陈有民. 园林树木学 [M]. 北京：中国林业出版社，2000.
[6] 姚永正. 园林植物及其景观 [M]. 北京：农业出版社，1991.
[7] 李春玲，张军民，刘兰英. 夏季花卉 [M]. 北京：中国农业大学出版社，2007.
[8] 武菊英. 观赏草及其在园林景观中的应用 [M]. 北京：中国林业出版社，2008.
[9] 吴泽民. 园林树木栽培学 [M]. 北京：中国农业出版社，2008.
[10] 辉朝茂，杜凡，杨宇明. 竹类培育与利用 [M]. 北京：中国林业出版社，1997.
[11] 庄雪影，冯志坚. 园林树木学（华南本）[M]. 3 版. 广州：华南理工大学出版社，2014.
[12] 方彦，何国生. 园林植物 [M]. 北京：高等教育出版社，2005.
[13] 臧德奎. 观赏植物学 [M]. 北京：中国建筑工业出版社，2012.
[14] 北京林学院. 树木学 [M]. 北京：中国林业出版社，1980.
[15] 何国生. 森林植物 [M]. 2 版. 北京：中国林业出版社，2014.
[16] 徐绒娣. 园林植物识别与应用 [M]. 北京：机械工业出版社，2014.
[17] 陈月华，王晓红. 园林植物识别与应用实习教程：东南、中南地区 [M]. 北京. 中国林业出版社，2008.
[18] 本书编写委员会. 园林景观植物识别与应用：灌木 藤本 [M]. 沈阳：辽宁科学技术出版社，2010.
[19] 北京林业大学园林系花卉教研组. 花卉学 [M]. 北京：中国林业出版社，1990.
[20] 陈其兵. 观赏竹配置与造景 [M]. 北京：中国林业出版社，2007.
[21] 石雷. 观赏蕨类 [M]. 北京：中国林业出版社，2002.
[22] 施振周，刘祖祺. 园林花木栽培新技术 [M]. 北京：中国农业出版社，1999.
[23] 徐民生，谢维荪. 仙人掌类及多肉植物 [M]. 北京：中国经济出版社，1991.
[24] 包满珠. 花卉学 [M]. 3 版. 北京：中国农业出版社，2008.
[25] 何济钦，唐振缁，等. 园林花卉 900 种 [M]. 北京：中国建筑工业出版社，2006.
[26] 韦三立. 水生花卉 [M]. 北京：中国农业出版社，2004.
[27] 陈开元. 家庭养花百科大全 [M]. 石家庄：河北科学技术出版社，2005.
[28] 柳骅，夏宜平. 水生植物造景 [J]. 中国园林，2003（3）：59-62.
[29] 胡惠蓉. 花卉的园林应用（下）[J]. 花木盆景：花卉园艺版，2002（11）：25.
[30] 余琼芳，石伟勇，王翠平，等. 优质东方百合栽培技术 [J]. 北方园艺，2006（5）：126-127.
[31] 董守聪. 朱顶红的栽培管理 [J]. 花田农技，2007（5）：60-61.
[32] 李海玲，韦静妮. 郁金香栽培与养护管理技术 [J]. 现代农业科技，2008（4）：16-19.
[33] 李宁义. 唐菖蒲的生态习性、繁殖方法及栽培管理 [J]. 北方园艺，2002（4）：36-37.
[34] 阎永庆，王崑，王洪亮，等. 仙客来种子结构与幼苗发育规律的研究 [J]. 北方园艺，2000（2）：36-37.

[35] 王彩云. 浅谈花卉在居室绿化装饰中的作用 [J]. 园林绿化, 2008 (1): 36-37.
[36] 刘建敏, 耿凤梅, 魏洪杰. 风信子的栽培与花期控制技术 [J]. 北方园艺, 2007 (3): 124-125.
[37] Allan M Armitage, Judy M Laushman. Specialty Cut Flowers: The Production of Annuals, Perennials, Bulbs, and Woody Plants for Fresh and Dried Cut Flowers [M]. 2nd edition. Portland: Timber Press, 2003.
[38] Linda Beutler. Garden to Vase: Growing and Using Your Own Cut Flowers [M]. Portland: Timber Press, 2007.